キリトリ

電磁気学マップ

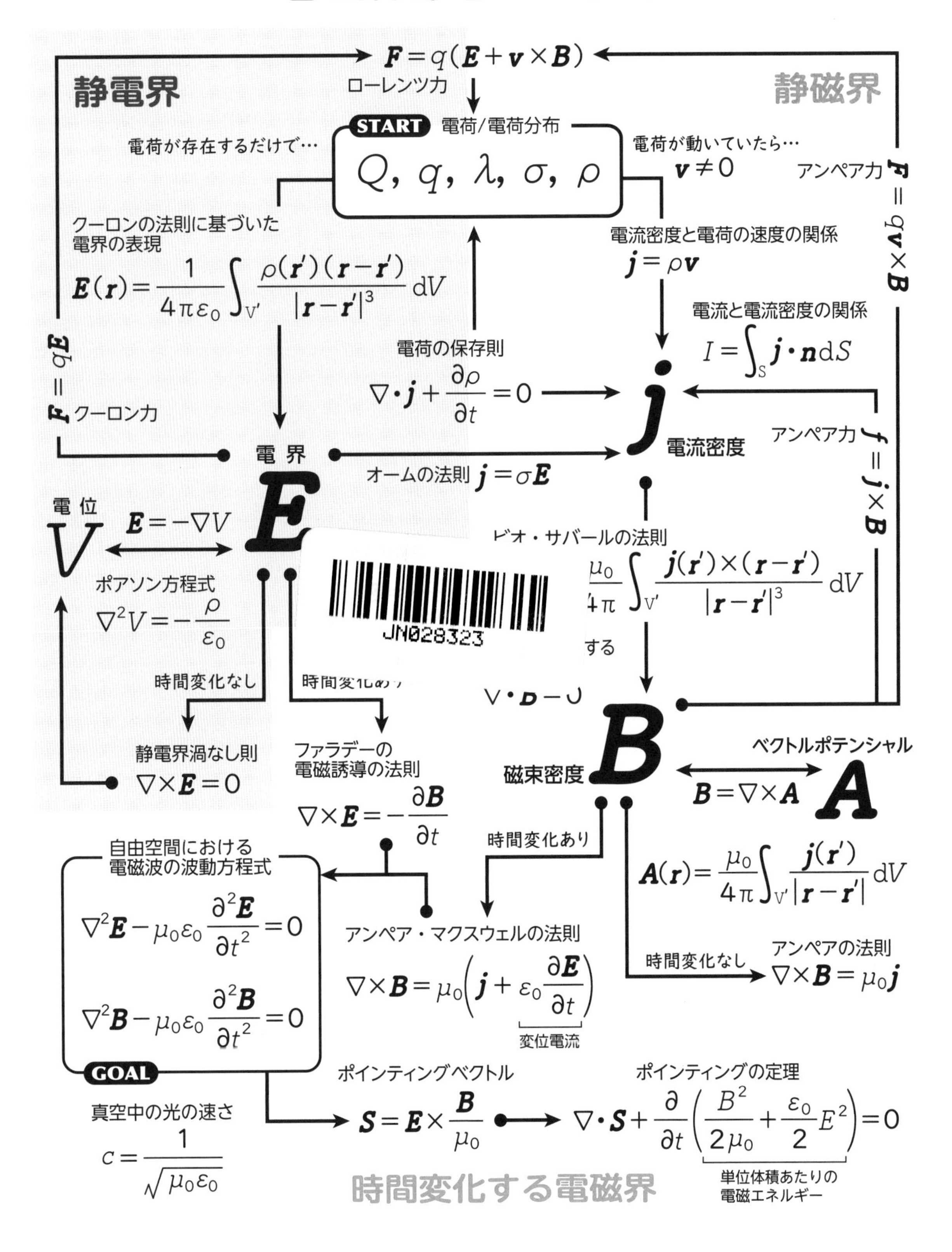

基礎電磁気学

電磁気学マップに沿って学ぶ

細 川 敬 祐 著

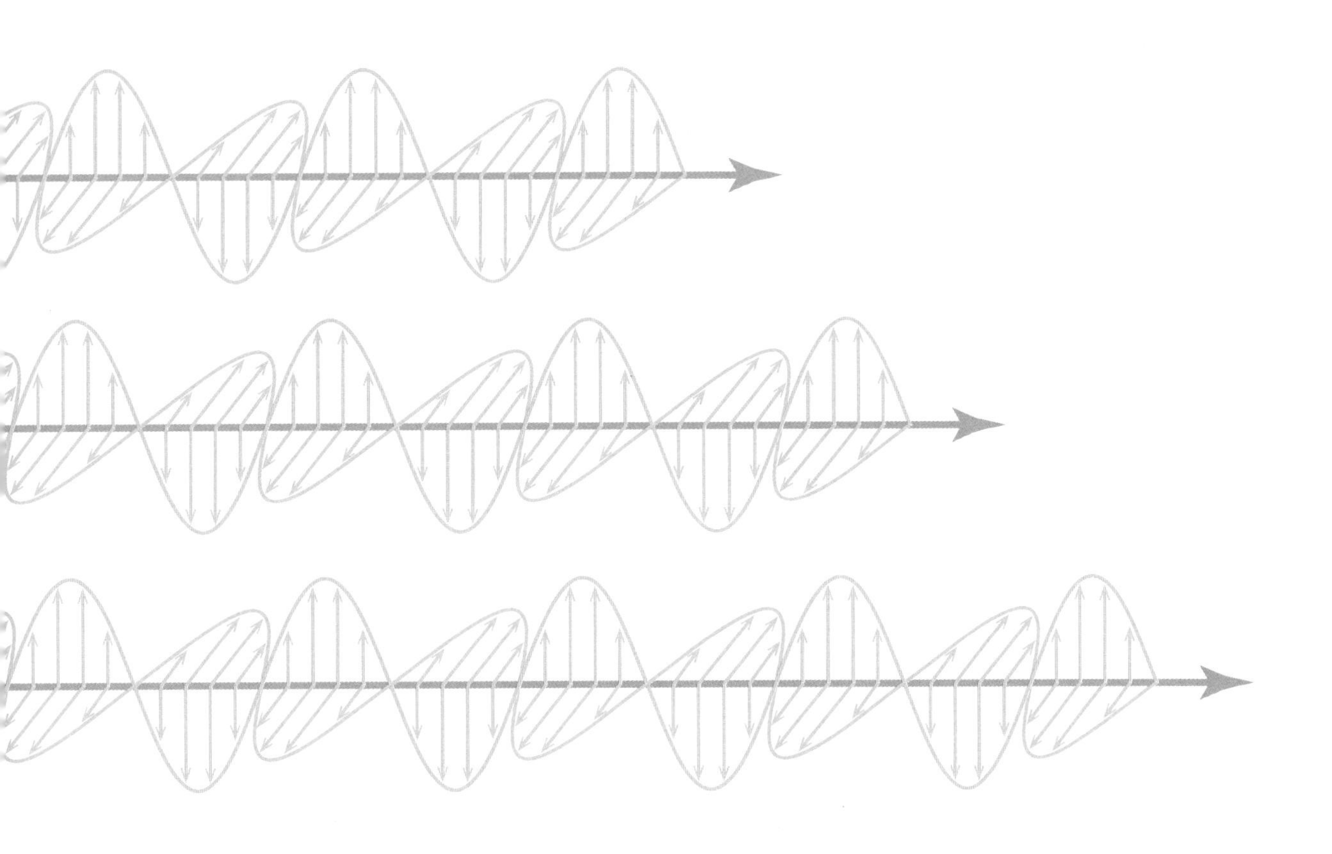

東京化学同人

［裏表紙写真］撮影：Vincent Ledvina

は じ め に

本書は，理工系大学の学部初年級で教えられている電磁気学の内容に対応した教科書です．理工系の分野を学ぶ大学生や高専生，社会人で改めて物理の基礎を学んでみたいと考えている方に，電磁気学の世界の全体像を理解してもらうことを目的として書きました．

そもそも“電磁気学を理解する”とはどういうことでしょうか？ 大学生や高専生のみなさんは，レポートで課された問題を解くことができて試験でよい点数がとれれば，電磁気学を理解することができたと思うかもしれません．しかし，個々の演習問題で正答を得ることよりも，電磁気学の世界の全体像をつかみ，電磁気学を物語として理解することがさらに重要だと私は考えています．電磁気学に現れるさまざまな物理量，そしてそれらの物理量を結び付けている物理法則は，それぞれが孤立した断片的な存在ではありません．互いに深くかかわりあいながら，全体として電磁気学の大きな体系を構成しています．その体系をあたかも地図のように頭の中に描きながら，個々の物理量や物理法則を地図のうえに落とし込んでいくことで，それらすべての登場人物がかかわりあって生まれる“電磁気学の物語”を理解することができます．

本書は，電磁気学の世界の大きな枠組みをみなさんに理解してもらうことを最優先に考えて執筆しました．その目的のために，電磁気学の世界の全体像を示す“電磁気学マップ”という“地図”を表紙の次のページに用意しています．電磁気学マップは，電磁気学に登場する物理量や物理法則がどのように関係しているかを示し，三つの世界（静電界，静磁界，時間変化する電磁界）を赤・青・緑に色分けして表現したものです（電磁気学の重要な法則には積分形と微分形の二つがありますが，マップには微分形のみを載せています）．電磁気学マップは切取り式になっています．本書から切り離して，マップを片手にもちながら電磁気学の世界を巡る旅に出ましょう．みなさんが途中で迷子にならないように，3 章以降では，冒頭でその章で取扱う内容が電磁気学マップのどの部分に対応しているのかを示しました．手にもっているマップと見比べて，自分が今電磁気学の世界のどの場所を歩いているのかを確認しながら進んでいきましょう．この本書独特のアプローチによって，俯瞰的な視点から電磁気学の体系を学ぶことができるでしょう．

電磁気学の大きな枠組みを理解するうえで，二義的な法則やさまざまな電磁気現象を網羅的に学ぼうとすることが障害になることがあります．電磁気学の体系の骨格，物語の本筋のようなものが，逆に見えなくなってしまうのです．この問題を避けるために，本書では，真空中の電磁気学のみを取扱うことにしました．また，電気双極子，磁気双極子などの内容も割愛し（本当はとても重要なのですが），電磁気学の本筋からできるだけ離れないように学習を進めていきます．これにより，電磁気学において最も重要な基本法則であるマクスウェルの方程式まで最短距離で到達し，そこから電磁波の存在を導くことが可能になります．本書によって真空中の電磁気学について習熟できていれば，本書では取扱わなかった物質中の電磁気学や，関連するさまざまな電磁気現象を理解することはそれほどむずかしいことではありません．

各章末には演習問題を用意しています．解答を巻末に掲載し，解説は動画で作成しました

(東京化学同人ウェブサイトの本書のページから見ることができます)．本書，電磁気学マップ，演習問題の解説動画を有機的に組合わせることで，みなさんが電磁気学の本質を，筋道立てて理解できることを願ってやみません．

本書を出版する機会を与えてくださり，原稿を隅々まで何度も確認してくださった東京化学同人の木村直子さんに深く感謝いたします．

2023 年 2 月 8 日

細　川　敬　祐

目　次

ADDITIONAL TIME

1

電磁気学マップ

電磁気学の世界で迷子にならないために

電磁気学の世界は複雑にみえます．いくつもの物理量や，それらの間の関係を表現するさまざまな法則が登場するので，迷宮のように感じられるかもしれません．本書では“電磁波の存在を証明すること”をゴールに設定して，複雑にみえる電磁気学の世界を学んでいきます．本章では，電磁気学の世界の大きな枠組み，いうなれば“マップ”を示し，これから語られる物語の“あらすじ”を述べます．特に，電荷の存在を出発点として静電界，静磁界という二つの独立した世界がつくられ，さらに電磁界の時間変化が許されることによってこの二つの世界が混じりあい，最終的には電磁波の存在証明につながっていく道筋について，前見返しにある電磁気学マップを眺めながら概観したいと思います．

まず，前見返しにある“電磁気学マップ”を切取って手元に置く．この“電磁気学マップ”を眺めながら，電磁気学の世界を概観してみよう．マップの一番上のSTART地点には**電荷/電荷分布**がある．電磁気学のすべての出発点は，この電荷もしくは電荷の分布である．電荷が存在するだけで，そこから**電界$\boldsymbol{E}$**が生まれ，マップの左側の赤色の領域に**静電界**が形づくられる．静電界には，電界$\boldsymbol{E}$や電位Vなどが登場するが，それらの物理量は時間変化することが許されていない．静電界の“静”は電界が時間とともに変化しないことを意味している．本書では，まず始めにこの赤色の領域について学ぶ．

電荷が存在するだけで電界がつくり出されるが，電荷が動くと**電流（電荷の流れ）**が生まれる．マップでは，電荷が動き電流が流れることを，**電流密度$\boldsymbol{j}$**という物理量が存在することによって表現している．電流が流れると**磁束密度$\boldsymbol{B}$**がつくられ，マップの右側の青色の領域に**静磁界**が形づくられる．静電界と静磁界はおおまかにみると非常に似通った“つくり”になっており，多くの場合において静電界に存在する物理量や法則はそれらに対応するものが静磁界にも存在する．本書では静電界の後で静磁界についての学びを進めるが，その二つの世界の“似ているところ”と“異なるところ”を意識するだけで，電磁気学の枠組みを理解することが容易になる．

静電界と静磁界は似たようなつくりになっているものの，両者は互いに混じりあわないことに注意したい．たとえば，静電界における**ガウスの法則**や静磁界における**アンペアの法則**は，それぞれ電荷から電界$\boldsymbol{E}$がどのようにできるのか，電流から磁束密度$\boldsymbol{B}$がどのようにできるのか，を記述する物理法則であるが，$\boldsymbol{E}$と$\boldsymbol{B}$が一つの法則の中に同時に出てくることはない．これは，静電界と静磁界が互いに影響しあうことなく，混じりあわない形で存在していることを意味している．

本書のクライマックスで述べることになる**電磁波**は，電界$\boldsymbol{E}$と磁束密度$\boldsymbol{B}$（これらをまとめて**電磁界**とよぶ）が，“互いを生み出しあう”ことによって波として空間を伝搬する現象である．しかし，前述したように，時間変化しない静電界や静磁界だけを考えていても$\boldsymbol{E}$と$\boldsymbol{B}$が互いに影響を及ぼしあう（互いを生み出しあう）ことがないため，電磁波が存在することが許されない．$\boldsymbol{E}$と$\boldsymbol{B}$が相互作用しながら波として空間を伝搬するためには“電磁界の時間変化を許す”必要がある．このような電磁界の時間変化が許された状況は，マップの下側の緑色の領域に描かれている．この状況において成り立つ**ファラデーの電磁誘導の法則**と**アンペア・マクスウェルの法則**から，電磁波の存在が直ちに導かれる．具体的には，左下に示されている電磁波の波動方程式を導くことができる．この部分が，本書が目指す最終的なGOAL地点である．

本書を読み進めるときは，迷子にならないために，電磁気学マップを常に手元において，各章の内容が電磁気学の世界のどの部分に位置し，周辺の物理量や法則とどのようにつながっているのかを押さえながら進んでいこう．特に，電磁気学マップの赤，青，緑のどの世界にいるのかを意識しながら進むことが大事である．

2

ベクトル解析の基礎

電磁気学の世界を旅するための道具

電磁気学に現れるいくつかの物理量，たとえば電界$\boldsymbol{E}$や磁束密度$\boldsymbol{B}$は，大きさだけでなく“方向も”もっているベクトル量です．電磁気学を正確に理解するためには，これらの物理量がベクトル量であり，方向をもたないスカラー量とは大きく異なることをはっきりと意識しなければなりません．また，電磁気学の重要な法則にはベクトル量の微分や積分が含まれているため，それらの法則の意味を正確に理解し使えるようになるには，**ベクトル解析**という数学を身に付ける必要があります．本章では，ベクトル量とスカラー量の違い，ベクトルの掛け算に関する確認を行なったあと，ベクトル解析の枠組みの中で，ベクトルの微分や積分をどのように行えばよいのかについて解説します．

2・1　ベクトル量とスカラー量

たくさんの物理量と法則
電磁気学が複雑に感じられるのは，いくつもの物理量が登場するためである．それらの物理量の間をつなぐ（関係を表す）法則の数も必然的に多くなり，全体を見通すことがむずかしくなる．3章以降で本格的な電磁気学の学びが始まるが，旅の途中で迷子にならないために，電磁気学マップを常に手元に置いて，“今，自分がどこにいるのか”を意識しながら学習を進めてもらいたい．

電磁気学の物語には，さまざまな**物理量**が入れ替わり立ち替わり登場する．代表的な登場人物として，電荷量Q，電荷密度ρ，電流I，電流密度$\boldsymbol{j}$，電界$\boldsymbol{E}$，磁束密度$\boldsymbol{B}$などがあげられるが，これらの中には方向に関する情報を含むものと含まないものがある．方向がなく大きさしかもたない物理量を**スカラー量**といい，大きさと方向の両方をもつ物理量を**ベクトル量**という．以下に示すように，電荷量Qや電荷密度ρ，電流Iなどはスカラー量であり，電界$\boldsymbol{E}$，磁束密度$\boldsymbol{B}$，電流密度$\boldsymbol{j}$などはベクトル量である．

スカラー量：大きさ“しか”もたない量　f
例）気体の数密度や質量密度，気温
電荷量Q，電荷密度ρ，電流I

ベクトル量：大きさと“方向”をもつ量　$\boldsymbol{F}$，$\vec{F}$
例）物体の速度，風速
電界$\boldsymbol{E}$，磁束密度$\boldsymbol{B}$，電流密度$\boldsymbol{j}$

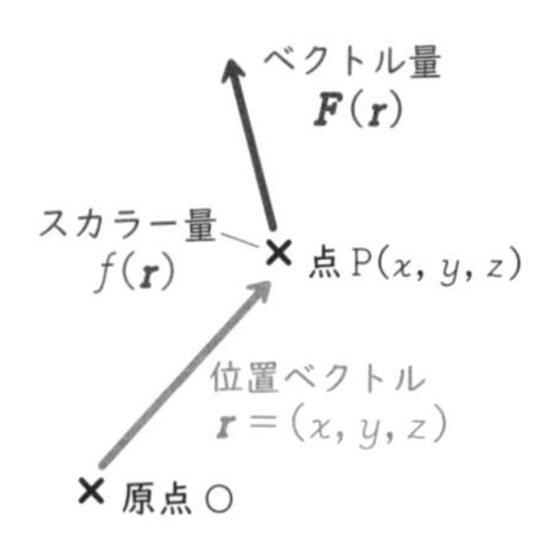

図2・1　位置ベクトル$\boldsymbol{r}$の関数として（場所の関数として）表現されるスカラー量$f(\boldsymbol{r})$やベクトル量$\boldsymbol{F}(\boldsymbol{r})$．直交座標で$(x, y, z)$に位置する点Pにスカラー量$f$やベクトル量$\boldsymbol{F}$が存在している．

電磁気学ではスカラー量とベクトル量の違いを意識し，明確に区別して記述することが重要である．スカラー量はfのように表現し，ベクトル量は$\boldsymbol{F}$のように太字で表すことが多い．

電磁気学では，物理量が場所の関数として与えられることが多い．その際，物理量が存在する“場所”を表現するために**位置ベクトル**が用いられる．図2・1に示すように，位置ベクトルとして，原点Oを始点とし，物理量が存在する場所（今の場合，点P）を終点とするベクトル$\boldsymbol{r}$を考えればよい．このとき，位置ベクトル$\boldsymbol{r}$の関数として（つまりは場所の関数として）スカラー量$f(\boldsymbol{r})$やベクトル量$\boldsymbol{F}(\boldsymbol{r})$を表現することができる．

2・2　ベクトルの内積と外積

まず，ベクトルの“掛け算”について復習する．ベクトルには2種類の掛け算があり，それぞれ**内積**，**外積**とよばれる．内積は式(2・1)のように定義される．

$$\boldsymbol{A} = (A_x,\ A_y,\ A_z) = A_x\boldsymbol{e}_x + A_y\boldsymbol{e}_y + A_z\boldsymbol{e}_z$$

（x成分　y成分　z成分）

$$\boldsymbol{B} = (B_x,\ B_y,\ B_z) = B_x\boldsymbol{e}_x + B_y\boldsymbol{e}_y + B_z\boldsymbol{e}_z \text{ のとき}$$

$$\text{内積}\quad \boldsymbol{A}\cdot\boldsymbol{B} = A_xB_x + A_yB_y + A_zB_z \qquad (2\cdot1)$$

ここでは直交座標において$\boldsymbol{A}$，$\boldsymbol{B}$という二つのベクトル量を考えている．$\boldsymbol{A}$と$\boldsymbol{B}$の内積である$\boldsymbol{A}\cdot\boldsymbol{B}$は，式(2・1) に示されるように，$\boldsymbol{A}$と$\boldsymbol{B}$の$x$成分どうし，$y$成分どうし，$z$成分どうしを掛けて，すべて足し合わせることによって求められる．重要なのは，ベクトル量どうしの掛け算であるにもかかわらず，“内積を計算した結果は方向をもたないスカラー量になる”ということである．

単位ベクトルについて

$\boldsymbol{e}_x$, $\boldsymbol{e}_y$, $\boldsymbol{e}_z$は，x, y, z方向の単位ベクトルをそれぞれ示している．ここでは直交座標で考えているため，これらの単位ベクトルを具体的に書きくだすと，

$$\boldsymbol{e}_x = (1, 0, 0)$$
$$\boldsymbol{e}_y = (0, 1, 0)$$
$$\boldsymbol{e}_z = (0, 0, 1)$$

のようになる．

図2・2 のようにθの角度をなす$\boldsymbol{A}$と$\boldsymbol{B}$という二つのベクトルの内積は，式(2・2)，式(2・3) のように表現できる．これらの式において，$|\boldsymbol{A}||\boldsymbol{B}| = |\boldsymbol{B}||\boldsymbol{A}|$であることから$\boldsymbol{A}\cdot\boldsymbol{B} = \boldsymbol{B}\cdot\boldsymbol{A}$であることもわかる．さらに，$\theta$が90°のとき，つまり$\boldsymbol{A}$と$\boldsymbol{B}$が互いに直交するときは，$\boldsymbol{A}\cdot\boldsymbol{B} = \boldsymbol{B}\cdot\boldsymbol{A} = 0$になることもわかる．

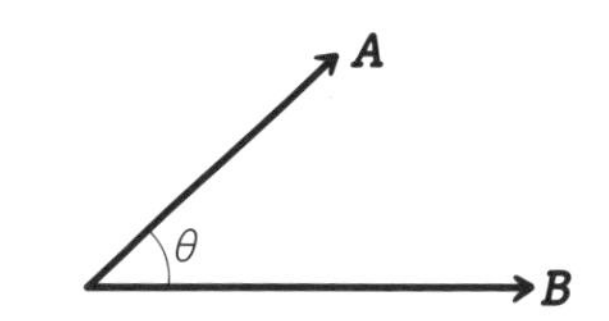

図2・2　θの角度をなすベクトル$\boldsymbol{A}$と$\boldsymbol{B}$の内積を考える．

$$\boldsymbol{A}\cdot\boldsymbol{B} = |\boldsymbol{A}||\boldsymbol{B}|\cos\theta \qquad (2\cdot2)$$

$$\boldsymbol{B}\cdot\boldsymbol{A} = |\boldsymbol{B}||\boldsymbol{A}|\cos\theta \qquad (2\cdot3)$$

（$|\boldsymbol{A}||\boldsymbol{B}|$と$|\boldsymbol{B}||\boldsymbol{A}|$：共通）

電磁気学において，内積がどのような場面で使われるのかを考えておこう．多くの場合，内積は図2・3のように，あるベクトル$\boldsymbol{A}$の，それとは別の“ある方向”への射影成分を求めるときに用いられる．ここでは，“ある方向”を与えるベクトルとして単位ベクトル$\boldsymbol{n}$を考えている．$\boldsymbol{A}$と単位ベクトル$\boldsymbol{n}$の内積をとることによって，式(2・4) のように$\boldsymbol{A}$の$\boldsymbol{n}$が与える方向への射影成分の“大きさ”を求めることができる．

$$\boldsymbol{A}\cdot\boldsymbol{n} = |\boldsymbol{A}||\boldsymbol{n}|\cos\theta = |\boldsymbol{A}|\cos\theta \qquad (2\cdot4)$$

（$|\boldsymbol{n}|$：単位ベクトルなので大きさは1，$|\boldsymbol{A}|\cos\theta$：$\boldsymbol{n}$が与える方向への射影成分）

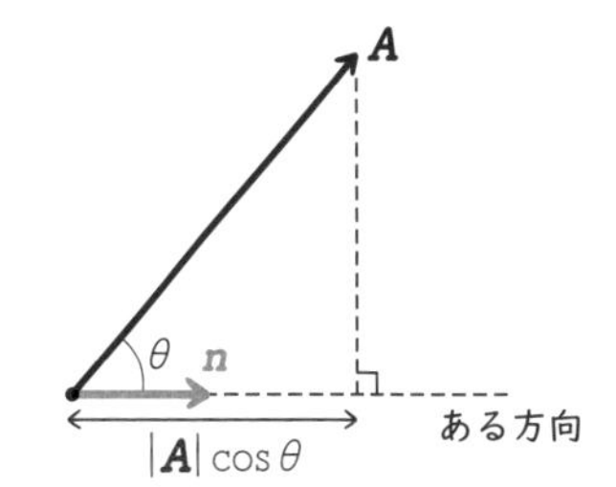

図2・3　$\boldsymbol{A}$というベクトルと，“ある方向”を与える単位ベクトル$\boldsymbol{n}$の内積をとることで，$\boldsymbol{A}$の“ある方向”への射影成分の大きさを求めることができる．

この後の章において，たとえば4章で登場するガウスの法則（積分形）の意味を理解するときなど，さまざまな場面で射影成分を抽出するために内積を用いる．

もうひとつのベクトルの掛け算である外積についてみていこう．内積のときと同じように，直交座標において$\boldsymbol{A}$，$\boldsymbol{B}$という二つのベクトル量を考える．$\boldsymbol{A}$と$\boldsymbol{B}$の外積である$\boldsymbol{A}\times\boldsymbol{B}$は式(2・5) のように定義される．

$$\boldsymbol{A} = (A_x,\ A_y,\ A_z),\ \boldsymbol{B} = (B_x,\ B_y,\ B_z) \text{ のとき}$$

外 積

$$\boldsymbol{A}\times\boldsymbol{B} = (A_yB_z - A_zB_y)\boldsymbol{e}_x + (A_zB_x - A_xB_z)\boldsymbol{e}_y + (A_xB_y - A_yB_x)\boldsymbol{e}_z \qquad (2\cdot5)$$

（x成分，y成分，z成分；$\boldsymbol{e}_x$, $\boldsymbol{e}_y$, $\boldsymbol{e}_z$：各成分の単位ベクトル）

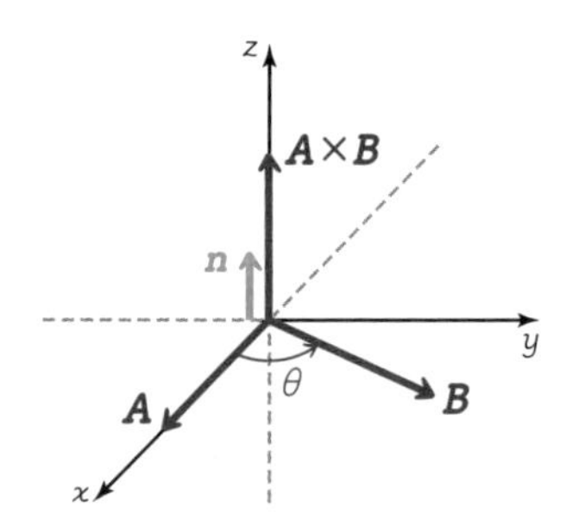

図2・4　外積の幾何的なイメージ．$\boldsymbol{A}\times\boldsymbol{B}$ は $\boldsymbol{A}$ と $\boldsymbol{B}$ の“双方に”垂直な方向（今の場合は z 方向）を向く．

内積の場合と異なり，“外積は計算した結果である $\boldsymbol{A}\times\boldsymbol{B}$ もベクトル量となる”ことに注意する．式(2・5）において $\boldsymbol{e}_x$，$\boldsymbol{e}_y$，$\boldsymbol{e}_z$ はそれぞれの方向の単位ベクトルを示し，その前におかれている部分が各成分の大きさを表す．

外積の計算は式(2・5）に従って機械的に行えばよいが，$\boldsymbol{A}\times\boldsymbol{B}$ が実際にどのような方向を向いているのかをこの式から想像することはむずかしい．$\boldsymbol{A}\times\boldsymbol{B}$ と $\boldsymbol{A}$ や $\boldsymbol{B}$ の間の関係を理解するために，図2・4で外積の幾何的なイメージを確認してみよう．直交座標において，ベクトル $\boldsymbol{A}$ は x 方向，ベクトル $\boldsymbol{B}$ は xy 面内にあり $\boldsymbol{A}$ と θ の角度をなしている．このとき $\boldsymbol{A}\times\boldsymbol{B}$ は，$\boldsymbol{A}$ と $\boldsymbol{B}$ の“双方に”垂直な方向（今の場合は z 方向）を向く．この方向を $\boldsymbol{n}$ という単位ベクトルで与えると，$\boldsymbol{A}$ と $\boldsymbol{B}$ の外積は式(2・6）のように表すことができる．

$$\boldsymbol{A}\times\boldsymbol{B} = \underbrace{|\boldsymbol{A}||\boldsymbol{B}|\sin\theta}_{\text{大きさ}}\,\boldsymbol{n} \qquad (2\cdot6)$$

（$\boldsymbol{n}$：方向を表現する単位ベクトル）

外積の大きさは，二つのベクトルの大きさに $\sin\theta$ を掛けたものになる．また $\boldsymbol{n}$ は，$\boldsymbol{A}$ を $\boldsymbol{B}$ の方向に向かって回転させたときに，その回転の方向が $\boldsymbol{A}\times\boldsymbol{B}$ に対して右ねじに巻付く方向を向く．“右ねじに巻付く”という表現は電磁気学において頻繁に用いられるが，図2・5のようにドライバーを使ってねじを締めることを想像すると感覚がつかみやすい．ねじに向かって時計回りにドライバーを回すとねじは締まる．このとき，ねじが入っていく方向に対して，ドライバーの回転方向は“右ねじに巻付いている”状態となる．

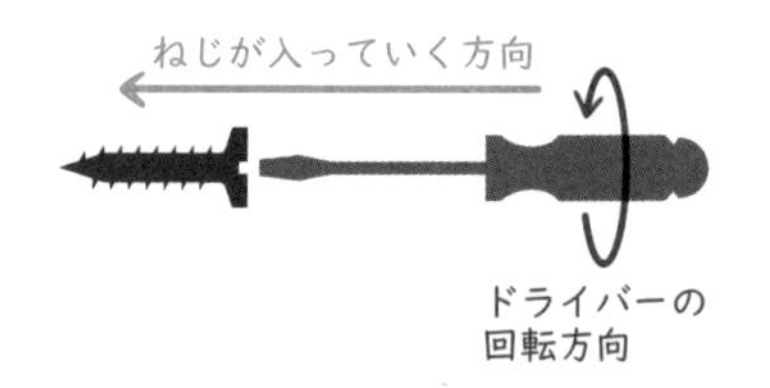

図2・5　右ねじに巻付く方向のイメージ．

2・3　ベクトル量の積分：線積分，面積分，体積積分

ベクトルに関する基礎事項の復習ができたので，ここからはベクトル解析（ベクトル量の微積分）について本格的に学んでいこう．積分とはスカラー量かベクトル量かにかかわらず，何かの量をある範囲にわたって足し合わせることである．電磁気学を理解するためには，ある線分に沿って物理量を足し合わせる**線積分**，ある面全体について足し合わせる**面積分**，ある体積領域全体について足し合わせる**体積積分**という3種類の積分がすべて必要となる．ここでは，線積分，面積分，体積積分の順に，次元をひとつずつ上げながら解説を進めていく．

> **積分の次元**
> 線積分はある線に沿った1次元的な積分である．面積分はある面にわたって行う2次元的な積分である．体積積分はある体積領域にわたって行う3次元的な積分である．

a. 線 積 分

図2・6のように空間に曲線状の経路Cを考え，その経路上の各点に存在する物理量を足し合わせていくことを考える．まず，経路C上のすべての場所にスカラー量 f が存在し，位置ベクトル $\boldsymbol{r}$ の関数 $f(\boldsymbol{r})$ として与えられている状況を考える．このスカラー量を経路Cに沿って採取し，すべて足し合わせる手続きを具体的に考えてみよう．まず，経路Cを n 個の区間（Δl_1 から Δl_n まで）に分割し，それぞれの区間内において $f(\boldsymbol{r})$ は一定の値（同じ値）をとると考える．

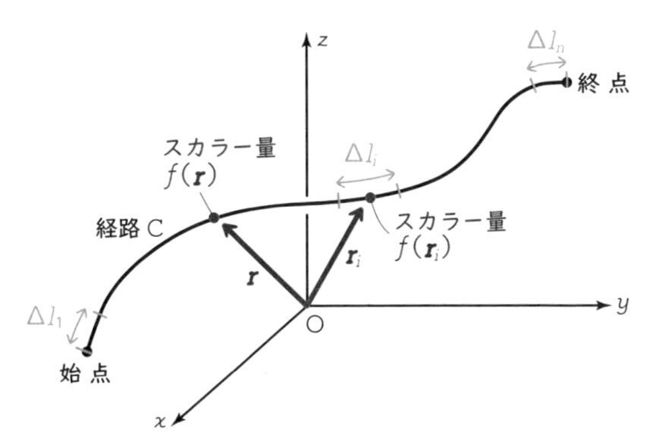

図 2・6　経路 C に沿ったスカラー量 f の線積分．経路 C 上のすべての場所において f が位置ベクトル $\boldsymbol{r}$ の関数 $f(\boldsymbol{r})$ として与えられている．

まず，式(2・7) の左側のように，それぞれの区間における物理量に区間の長さ（区間長）を掛けたものを足し合わせることを考える．ここで，それぞれの区間は有限の長さをもっていることを想定しているが，n を無限大まで増やし，区間長を無限小にするような極限をとると，式(2・7) の右側のような積分の形で表すことができる．これがスカラー量 $f(\boldsymbol{r})$ の線積分である．このとき dl を**線要素**とよび，経路 C に沿って微小な長さをもつ区間を表す．

$$\sum_{i=1}^{n} f(\boldsymbol{r}_i)\underbrace{\Delta l_i}_{\text{区間長}} \xrightarrow{n\to\infty} \int_C f(\boldsymbol{r})\underbrace{\mathrm{d}l}_{\text{線要素}} \qquad (2\cdot7)$$

次に，ある経路 C 上に存在するベクトル量 $\boldsymbol{F}(\boldsymbol{r})$ を積分することを考えてみよう．図 2・7 に示すように，経路 C 上のすべての場所にベクトル量 $\boldsymbol{F}$ が存在し，位置ベクトル $\boldsymbol{r}$ の関数 $\boldsymbol{F}(\boldsymbol{r})$ として与えられている状況を考える．

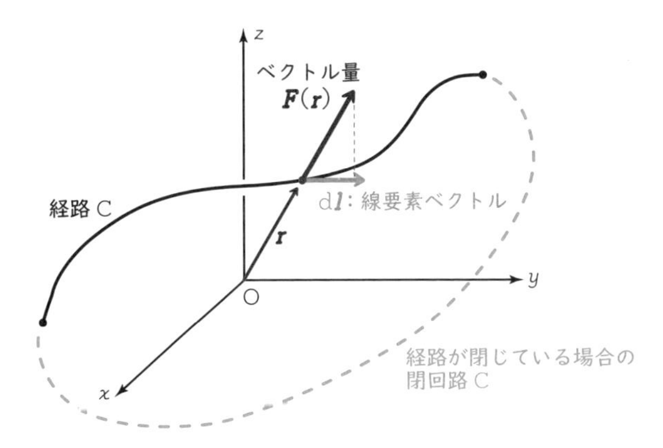

図 2・7　経路 C に沿ったベクトル量 $\boldsymbol{F}$ の線積分．経路 C 上のすべての場所において，$\boldsymbol{F}$ が位置ベクトル $\boldsymbol{r}$ の関数 $\boldsymbol{F}(\boldsymbol{r})$ として与えられている．

ベクトル量を線積分する場合，ベクトルのどの成分を足し合わせればよいのだろうか．ベクトル解析では，ベクトル量の“経路に沿った成分”のみを取出して，経路に沿って足し合わせることを線積分と定義している．経路に沿った成分を取出すために，式(2・8) のように，$\boldsymbol{F}(\boldsymbol{r})$ と**線要素ベクトル**

足し合わせと積分
式(2・7) の左側の式では，$f(\boldsymbol{r}_i)$ に区間長 Δl_i を掛けたものを足し合わせることによって線積分を行っている．これは，Δl_i の区間内で $f(\boldsymbol{r}_i)$ が同じ値をとることを前提としている．しかし，厳密には，区間 Δl_i の範囲内において，物理量 f の値は一定ではない．このため，式(2・7) の左側の表現は“近似としての”線積分にすぎない．n を無限大にする極限をとることで，区間長が微小量となる．この微小な区間 dl においては，f は同じ値をとると考えてよいため，“近似ではない”積分を行うことができる．

積分記号の添え字について
式(2・7) の右側の積分記号に C という添え字が付いている．これは，経路 C に沿って，端から端まで足し合わせを行うことを意味している．

経路 C 上にあるベクトル量
経路 C 上にベクトル量 $\boldsymbol{F}$ が存在するということは，$\boldsymbol{F}$ というベクトルの始点が経路 C の上にあるということである．図 2・7 では，経路 C 上の点が位置ベクトル $\boldsymbol{r}$ で表現されており，その点に，その場所を始点とするベクトル $\boldsymbol{F}(\boldsymbol{r})$ が存在している．

経路に沿った成分の抽出
経路Cの接線方向を与える $\mathrm{d}\boldsymbol{l}$ との内積をとることで接線方向の射影を抽出している．ただし，$\mathrm{d}\boldsymbol{l}$ は単位ベクトルではなく，微小な長さをもつベクトルであるため，抽出した接線方向の射影成分に微小長さ $\mathrm{d}l$ を掛けたものとなっていることに注意する．

線要素ベクトルの形式
直交座標において，線要素ベクトルは $\mathrm{d}\boldsymbol{l} = \mathrm{d}x\boldsymbol{e}_x + \mathrm{d}y\boldsymbol{e}_y + \mathrm{d}z\boldsymbol{e}_z$ のように表現できる．経路Cに沿って，x 方向に $\mathrm{d}x$ だけ変位したとき，y 方向には $\mathrm{d}y$，z 方向には $\mathrm{d}z$ の変位があることを意味している．

閉じた経路のイメージ
図2・7に緑色の破線で閉じた経路を示している．閉じた経路は，始点と終点がない"輪"になっている．

とよばれる微小ベクトル $\mathrm{d}\boldsymbol{l}$ の内積をとる．

$$\int_{\mathrm{C}} \boldsymbol{F}(\boldsymbol{r})\cdot \mathrm{d}\boldsymbol{l} \qquad (2\cdot 8)$$

内積　線要素ベクトル"接線方向を与える微小ベクトル"
接線方向の射影をとって微小長さを掛けたもの

線要素ベクトル $\mathrm{d}\boldsymbol{l}$ は，図2・7に示されているように"経路Cの接線方向を向き，微小な長さをもつベクトル"である．ここでは，$\boldsymbol{F}(\boldsymbol{r})$ と線要素ベクトルの内積をとることで接線成分を取出してから積分をしているため，積分の結果はスカラー量になる．

ここまでは，経路Cが閉じていない（始点と終点がある）場合を想定して説明をしてきた．しかし，電磁気学では，物理量を"閉じた"経路である**閉回路**に沿って線積分するという局面が頻繁に現れる．このような閉じた経路に沿った線積分を**周回積分**とよび，式(2・9) のように表現する．閉じた経路に関する積分であることを明示するために，積分記号に○が付いている．

経路Cが閉じている場合
$$\oint_{\mathrm{C}} \boldsymbol{F}(\boldsymbol{r})\cdot \mathrm{d}\boldsymbol{l} \qquad (2\cdot 9)$$

経路が閉じていることを表現

b. 面 積 分

図2・8のように，ある面Sを考え，この面上のすべての点においてスカラー量 $f(\boldsymbol{r})$ が与えられているとする．このスカラー量 $f(\boldsymbol{r})$ の面Sについての面積分は式(2・10) のように表現される．ここで $\mathrm{d}S$ は**面要素**とよばれ，図に示されているように面S上に存在する微小な面積を表す．この微小面積 $\mathrm{d}S$ の範囲内において $f(\boldsymbol{r})$ は一定（同じ値をとる）と考えてよいため，$f(\boldsymbol{r})$ に面要素 $\mathrm{d}S$ を掛けることで，この $\mathrm{d}S$ について物理量の足し合わせをすることができる．面S全体について積分を行うためには，面S上のすべての場所に面要素 $\mathrm{d}S$ を考え，それぞれについての $f(\boldsymbol{r})\mathrm{d}S$ をすべて足し合わせればよい．式(2・10) では，この操作が凝縮された形で表現されている．

直交座標における面要素
面積分の計算を実際に行う場合，用いる座標系によって面要素 $\mathrm{d}S$ の表現が異なる．2次元の直交座標の場合，図2・9のように，x 方向に $\mathrm{d}x$，y 方向に $\mathrm{d}y$ だけ微小変位させたときにできる微小面積

$$\mathrm{d}S = \mathrm{d}x\,\mathrm{d}y$$

が面要素となる．

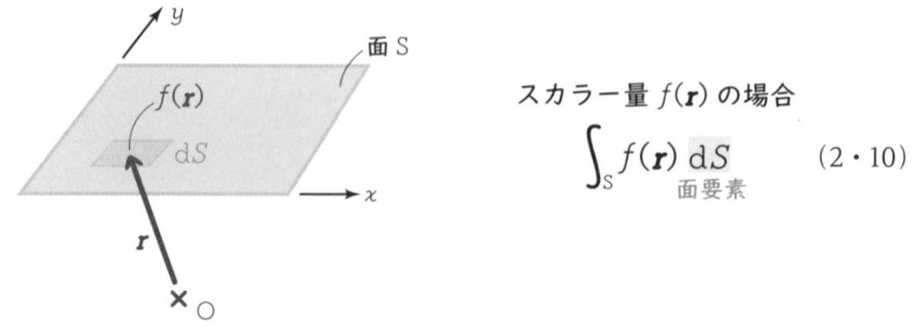

スカラー量 $f(\boldsymbol{r})$ の場合
$$\int_{\mathrm{S}} f(\boldsymbol{r})\,\mathrm{d}S \qquad (2\cdot 10)$$
面要素

図2・8　スカラー量 f の面積分．面S上のすべての場所において，f が位置ベクトル $\boldsymbol{r}$ の関数 $f(\boldsymbol{r})$ として与えられている．

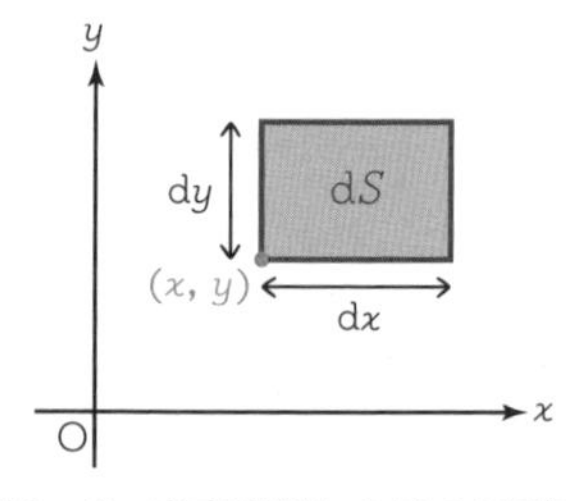

図2・9　直交座標における面要素．

次に，ベクトル量 $\boldsymbol{F}(\boldsymbol{r})$ の面積分について考える．スカラー量の場合と基本的な考え方は同じであるが，線積分のときと同様に，ベクトル量のどの成分を足し合わせるのかを考える必要がある．ベクトル解析では，図2・10に示すように，ベクトル量 $\boldsymbol{F}(\boldsymbol{r})$ の"面に垂直な成分"のみを抽出してから足し合わせを行う．垂直成分を取出すために，面要素 $\mathrm{d}S$ の法線ベクトル $\boldsymbol{n}$（大きさは1）との内積 $\boldsymbol{F}(\boldsymbol{r})\cdot\boldsymbol{n}$ をとることによって，法線方向の射影成分を抽出する．面に垂直な成分を取出してしまえば，式(2・11)に示すように $\mathrm{d}S$ を掛けて面全体にわたって足し合わせを行えばよい．

2次元の円柱座標における面要素

2次元の円柱座標の場合，面要素は図2・11のようになる．2次元の円柱座標では，(x, y) の代わりに，(r, ϕ) によって平面上の座標を表現する．r は原点からの距離，ϕ は x 軸からの回転角である．(r, ϕ) で与えられる点から，r 方向に $\mathrm{d}r$，ϕ 方向に $\mathrm{d}\phi$ だけ微小変位させたときにできる微小面積

$$\mathrm{d}S = r\,\mathrm{d}r\,\mathrm{d}\phi$$

が面要素となる．なお，3次元の円柱座標については次ページで解説する．また，ここで紹介した2次元の円柱座標を平面の極座標とよぶこともある．

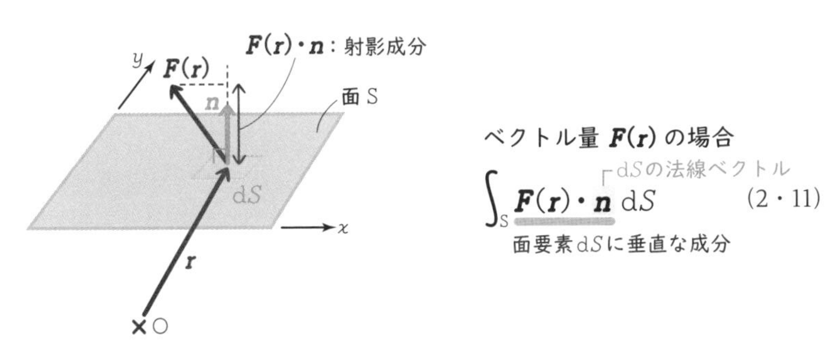

図2・10　ベクトル量 $\boldsymbol{F}$ の面積分．面S上のすべての場所において，$\boldsymbol{F}$ が位置ベクトル $\boldsymbol{r}$ の関数 $\boldsymbol{F}(\boldsymbol{r})$ として与えられている．

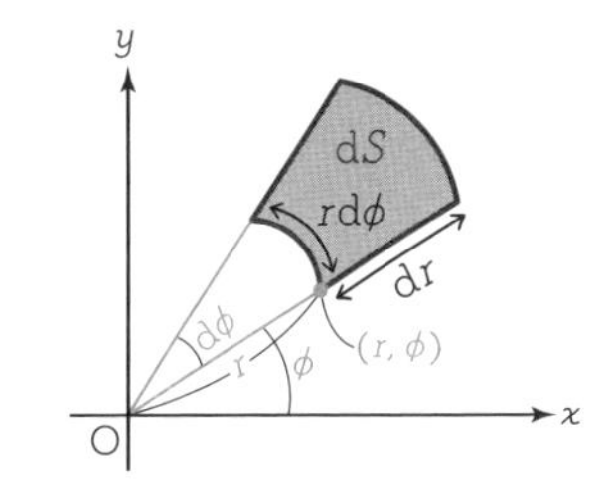

図2・11　2次元の円柱座標における面要素．

線積分のときにも経路が閉じている場合を考えたが，面積分を考えるときにも"閉じた"面というものが登場する．閉じた面のことを**閉曲面**とよび，図2・12に描かれている膨らませた風船のようなものを考える（風船の表面が閉曲面）．面積分を行う手続きは式(2・11)と同じであるが，面が閉じていることを明示するため，式(2・12)のように積分記号に○を付ける必要がある．また，面要素の法線ベクトル $\boldsymbol{n}$ は面上のどの場所でも外向きにとらなければならないことにも注意する．

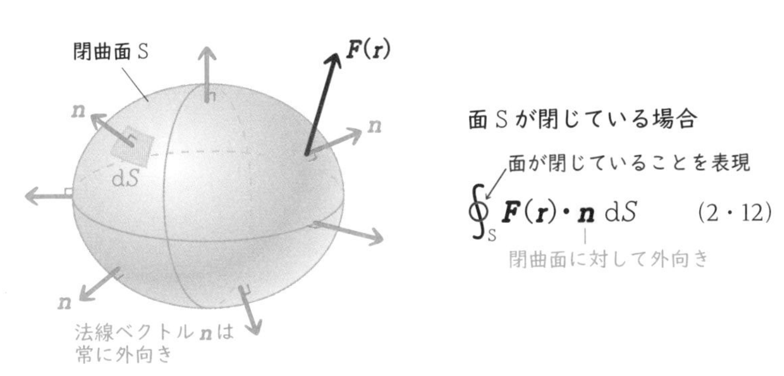

図2・12　閉じた面"閉曲面"についてのベクトル量 $\boldsymbol{F}(\boldsymbol{r})$ の面積分．面要素の法線ベクトル $\boldsymbol{n}$ を，表面上のすべての点において"外向き"にとることに注意する．

法線ベクトルは必ず外向き

閉曲面について面積分を行う際に，面要素の法線ベクトル $\boldsymbol{n}$ は表面のあらゆる点において常に外向きにとらなければならない．このことは，閉曲面の表面に存在するベクトル量を面積分する場合に，面に垂直かつ外向きの成分を抽出して足し合わせていることを意味する．この"外向き成分のみ"を足し合わせていることは，4章でガウスの法則の意味を理解する際に重要となる．

c. 体積積分

空間に存在する物理量を，ある体積領域にわたって足し合わせることを考える．スカラー量 $f(\boldsymbol{r})$ を体積領域Vにわたって足し合わせるとき，その体

積積分は式(2・13)のように表現することができる.

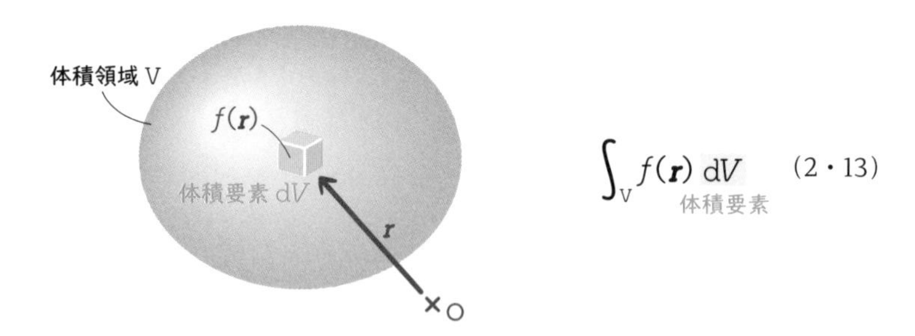

$$\int_V f(\boldsymbol{r})\,\mathrm{d}V \quad (2\cdot 13)$$

体積要素

図2・13　スカラー量 $f(\boldsymbol{r})$ の体積積分．体積領域V内のすべての場所において，f が位置ベクトル $\boldsymbol{r}$ の関数 $f(\boldsymbol{r})$ として与えられている．

図2・13に示されているように，$\mathrm{d}V$ を**体積要素**とよび，体積領域 V の中に考えた微小な体積領域を表す．この微小体積の中では，スカラー量 $f(\boldsymbol{r})$ は同じ値をとると考えてよいため，式(2・13)では物理量に $\mathrm{d}V$ を掛けたうえで体積領域 V 全体についての足し合わせを行っている．

面積分のときと同様，体積要素 $\mathrm{d}V$ は用いる座標系によって表現が異なる．ここでは直交座標，円柱座標，球座標という三つの座標について体積要素を考える．まず直交座標系について考える．図2・14に示すように (x, y, z) という座標をもつ点Pがある．点Pを出発点として，x 方向に $\mathrm{d}x$，y 方向に $\mathrm{d}y$，z 方向に $\mathrm{d}z$ だけ微小な変位を考えたとき，結果としてつくられる体積領域が $\mathrm{d}V$ である．$\mathrm{d}V$ は，$\mathrm{d}x$, $\mathrm{d}y$, $\mathrm{d}z$ を三辺とする赤い直方体の体積として式(2・14)のように与えられる．

面積分の場合
面積分の場合も，図2・10のように直交座標を考えたときと，図2・11のように円柱座標を考えたときで，面要素 $\mathrm{d}S$ の表現が異なっていた．

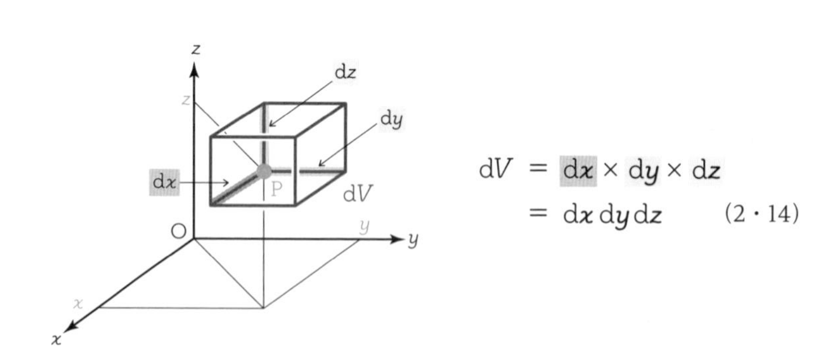

$$\mathrm{d}V = \mathrm{d}x \times \mathrm{d}y \times \mathrm{d}z = \mathrm{d}x\,\mathrm{d}y\,\mathrm{d}z \quad (2\cdot 14)$$

図2・14　直交座標における体積要素.

円柱座標は少しややこしくなる．図2・15に示すように，円柱座標では (r, ϕ, z) という三つのパラメータによって座標を表現する．r は z 軸からの距離，ϕ は x 軸からの角度，z は直交座標の z と共通である．直交座標との関係は式(2・15)のように与えられる．この円柱座標において，ある点 $\mathrm{P}(r, \phi, z)$ を考え，そこから r 方向に $\mathrm{d}r$，ϕ 方向に $\mathrm{d}\phi$，z 方向に $\mathrm{d}z$ だけ微小な変位を考えたときにつくられる体積領域が $\mathrm{d}V$ である．ϕ 方向に角度 $\mathrm{d}\phi$ だけ変位させたとき，対応する辺の長さは $r\,\mathrm{d}\phi$ になることに注意すると，$\mathrm{d}V$ は式(2・16)のように表現される．

角度方向の変位について
ϕ 方向に $\mathrm{d}\phi$ だけ角度を変位させたときの“弧の長さ”の変位は，半径である r に角度の変位量 $\mathrm{d}\phi$ を掛けたものになる．図2・11で示した2次元の場合と同じ考え方でよい．

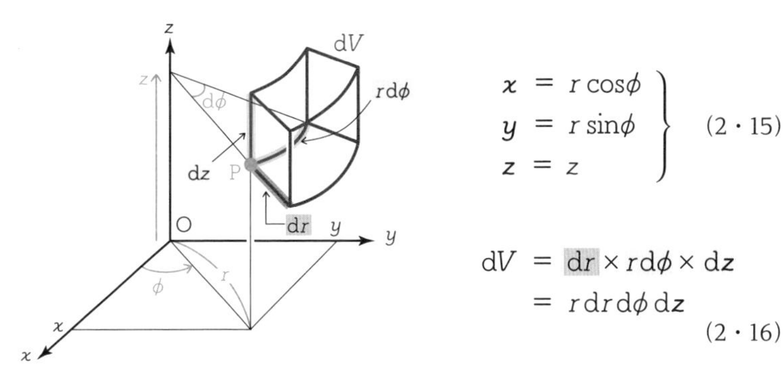

$$
\left.\begin{aligned} x &= r\cos\phi \\ y &= r\sin\phi \\ z &= z \end{aligned}\right\} \qquad (2\cdot15)
$$

$$
\begin{aligned} \mathrm{d}V &= \mathrm{d}r \times r\mathrm{d}\phi \times \mathrm{d}z \\ &= r\,\mathrm{d}r\,\mathrm{d}\phi\,\mathrm{d}z \end{aligned} \qquad (2\cdot16)
$$

図 2・15　円柱座標における体積要素．

円柱座標の使い道
円柱座標は，ある軸に対して対称な形状をもつ面や空間について考えるときに威力を発揮する．たとえば，ある有限の太さ，長さをもつ円柱があり，その中にスカラー量が分布しているような状況を考える．円柱の中に存在するスカラー量が r, ϕ, z の関数として表されていれば，円柱座標で体積積分をすることによって，円柱の中のスカラー量の総量を簡単に求めることができる．

球座標はさらに込み入ってくる．図 2・16 に表すように，球座標では (r, θ, ϕ) という三つのパラメータによって座標を表現する．r は原点からの距離，θ は z 軸からの角度，ϕ は x 軸からの角度として定められる．直交座標との関係は式(2・17) のように与えられる．これまでと同様に，球座標においてある点 $\mathrm{P}(r, \theta, \phi)$ を考え，そこから r 方向に $\mathrm{d}r$，θ 方向に $\mathrm{d}\theta$，ϕ 方向に $\mathrm{d}\phi$ だけ微小な変位を考えたときにつくられる体積領域が $\mathrm{d}V$ である．θ 方向に角度 $\mathrm{d}\theta$ だけ変位させたとき，対応する辺の長さは $r\,\mathrm{d}\theta$ になる．また，ϕ 方向に角度 $\mathrm{d}\phi$ だけ変位させたとき，対応する辺の長さは $r\sin\theta\,\mathrm{d}\phi$ になることを考えると，$\mathrm{d}V$ は式(2・18) のように表すことができる．

球座標は“3 次元の極座標”とよばれることもある．

角度方向の変位について
θ 方向に $\mathrm{d}\theta$ だけ角度を変位させたときの“弧の長さ”の変位は，半径である r に角度の変位量 $\mathrm{d}\theta$ を掛けたものになる．ϕ 方向の変位によってつくられる弧の長さは，弧の半径である $r\sin\theta$ に $\mathrm{d}\phi$ を掛けたものになる．

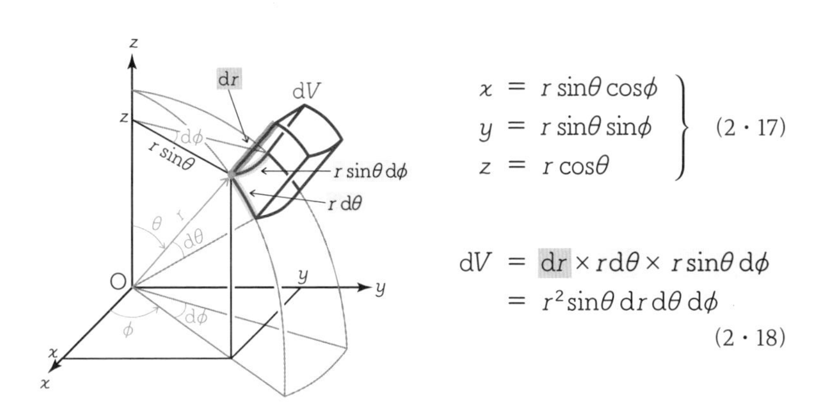

$$
\left.\begin{aligned} x &= r\sin\theta\cos\phi \\ y &= r\sin\theta\sin\phi \\ z &= r\cos\theta \end{aligned}\right\} \qquad (2\cdot17)
$$

$$
\begin{aligned} \mathrm{d}V &= \mathrm{d}r \times r\mathrm{d}\theta \times r\sin\theta\,\mathrm{d}\phi \\ &= r^2\sin\theta\,\mathrm{d}r\,\mathrm{d}\theta\,\mathrm{d}\phi \end{aligned} \qquad (2\cdot18)
$$

図 2・16　球座標における体積要素．

球座標の使い道
球座標は，ある点に対して球対称な形状をもつ面や空間について考えるときに威力を発揮する．たとえば，ある有限の半径をもつ球があり，その中にスカラー量が分布しているような状況を考える．球の中に存在するスカラー量が r, θ, ϕ の関数として表されていれば，球座標で体積積分をすることで，球の中のスカラー量の総量を簡単に求めることができる．

2・4　ベクトル量の微分：発散，回転，勾配

前節では 3 種類のベクトル量の積分を学んだ．ベクトルの積分があれば，ベクトルの微分もある．ここでは，ベクトル解析に現れる 3 種類の微分（発散，回転，勾配）について学んでいこう．

意味を理解するのが重要
3 種類の微分演算ができるようになることももちろん重要であるが，それ以上に，それぞれの演算の意味，特に微分演算の結果として得られたものが何を意味するのかを理解することが，電磁気学を学んでいくうえで重要となる．

a. 発散（divergence，ダイバージェンス）

直交座標において，ベクトル量 $\boldsymbol{F}$ の発散 $\mathrm{div}\,\boldsymbol{F}$ は式(2・19) のように定

義される．ここで$\boldsymbol{F}$の各成分は場所の関数（直交座標の場合であればx，y，zの関数）であると考えてよい．発散はベクトル量$\boldsymbol{F}$のx成分をxで，y成分をyで，z成分をzで微分したうえで，そのすべてを足し合わせたものになっている．これを$\nabla\cdot\boldsymbol{F}$と表すこともできる．$\nabla$は**微分演算子**とよばれるものでナブラと読む．式(2・19)に示されているように，このナブラと$\boldsymbol{F}$の内積をとることで発散の定義式を表現することができる．

$\boldsymbol{F} = (F_x, F_y, F_z)$のとき

$$\mathrm{div}\,\boldsymbol{F} = \nabla\cdot\boldsymbol{F} = \frac{\partial F_x}{\partial x} + \frac{\partial F_y}{\partial y} + \frac{\partial F_z}{\partial z} \qquad (2\cdot19)$$

ナブラ $\nabla \equiv \left(\frac{\partial}{\partial x}, \frac{\partial}{\partial y}, \frac{\partial}{\partial z}\right)$

微分演算子ナブラとは何者か？
“ナブラ”は三つの成分をもつため，一見するとベクトル量のようにみえるが，これは何かの量ではなく，微分するという“操作”をベクトルの形式で書いたもの（微分演算子）である．x成分にはxで偏微分をするという操作，y成分にはyで偏微分をするという操作，z成分にはzで偏微分をするという操作がおかれている．

ここで，ベクトル量$\boldsymbol{F}$の発散を計算した結果がスカラー量になっていることに注意する．得られるスカラー量が何を意味するかを理解するために，図2・17に灰色の矢印で示されているような，x成分しかもたないベクトル場$\boldsymbol{F} = F_x\boldsymbol{e}_x$を考えよう．ベクトル量$\boldsymbol{F}$は$x$成分しかもたないため，図は1次元の表現（$x$方向のみ）になっている．また，$y$成分と$z$成分が0であるために$\boldsymbol{F}$の発散は$\partial F_x/\partial x$の項のみとなる．

ベクトル場とは
ベクトル場という言葉がいきなり現れた．**ベクトル場**は，空間の任意の点にベクトル量が分布している状態を示す．具体的には，風速の分布をイメージするとよい．空間のあらゆる点に風速$\boldsymbol{U}$というベクトル量が場所の関数として存在していて，それらの分布が空気の流れを表現している．同様に，空間の任意の点にスカラー量が存在する状態を**スカラー場**とよぶ．気温Tのようなスカラー量が，場所の関数として空間に存在しているイメージをもてばよい．

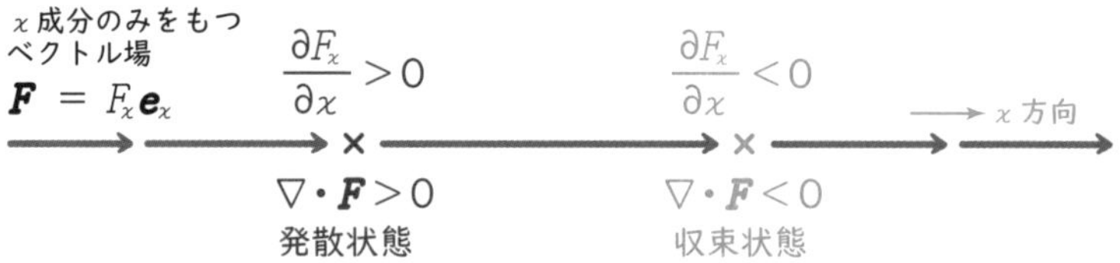

x成分のみをもつベクトル場 $\boldsymbol{F} = F_x\boldsymbol{e}_x$

$\frac{\partial F_x}{\partial x} > 0$　　$\frac{\partial F_x}{\partial x} < 0$　　→ x方向

$\nabla\cdot\boldsymbol{F} > 0$ 発散状態　　$\nabla\cdot\boldsymbol{F} < 0$ 収束状態

図2・17　発散（ダイバージェンス）の意味．

ベクトル$\boldsymbol{F}$は右側（x方向）を向いていて，その大きさ（矢印の長さ）が場所によって異なっている．赤い×印を書いた場所では，その左側のベクトルよりも右側のベクトルが長い，つまり，ベクトルがその点から湧き出している**発散**状態になっていることがわかる．この点では，$\boldsymbol{F}$のx成分であるF_xはxが増えるに従って増加しているので，F_xをxで微分したものは正になり$\nabla\cdot\boldsymbol{F}$も正となる．一方，青い×印を書いた場所では，左側よりも右側のベクトルが短くなっており，ベクトルが吸い込まれている**収束**状態になっていることがわかる．この点では，F_xはxが増えるに従って減少しているので，F_xをxで微分したものは負になり，$\nabla\cdot\boldsymbol{F}$も負となる．つまり図2・18に示すように，空間のある点において発散を計算した結果として得られる$\nabla\cdot\boldsymbol{F}$の正負は，その点においてベクトルが“湧き出している（発散）”のか“吸い込まれている（収束）”のかを示している．また，その絶対値の大きさは，湧き出しや吸い込みの強さを表現している．なお，$\nabla\cdot\boldsymbol{F}$が0になるときは，ある点に入っていくベクトルの量と出て行くベクトルの量が釣り合っていて（10入ってきたものが10出ていくような状況），発散も収束もしていない状態に対応している．

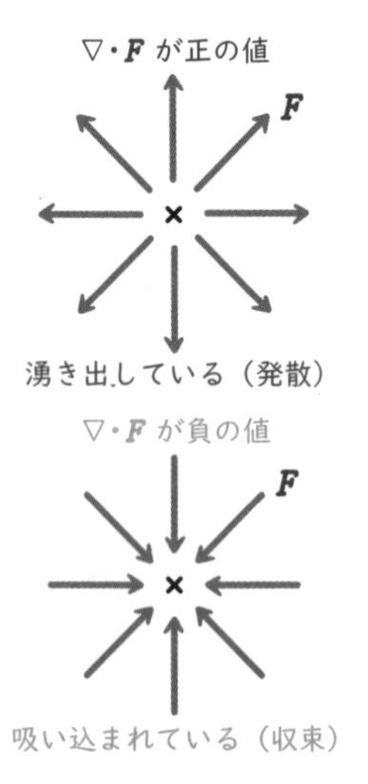

図2・18　発散と収束のイメージ．

b. 回転（rotation，ローテーション）

直交座標において，ベクトル量$\boldsymbol{F}$の回転 rot$\boldsymbol{F}$は，式(2・20) のように定義される．微分演算子ナブラと$\boldsymbol{F}$の外積をとることで計算を行うことができる．発散との大きな違いは，あるベクトル量$\boldsymbol{F}$の回転を計算したとき，得られる結果もベクトル量になるということである．

$\boldsymbol{F} = (F_x, F_y, F_z)$のとき

$$\mathrm{rot}\,\boldsymbol{F} = \underbrace{\nabla}_{\text{ナブラ}} \overset{\text{外積}}{\times} \boldsymbol{F}$$

$$= \underbrace{\left(\frac{\partial F_z}{\partial y} - \frac{\partial F_y}{\partial z}\right)}_{x\text{ 成分}}\boldsymbol{e}_x + \underbrace{\left(\frac{\partial F_x}{\partial z} - \frac{\partial F_z}{\partial x}\right)}_{y\text{ 成分}}\boldsymbol{e}_y + \underbrace{\left(\frac{\partial F_y}{\partial x} - \frac{\partial F_x}{\partial y}\right)}_{z\text{ 成分}}\boldsymbol{e}_z \quad (2・20)$$

回転の意味を理解するために，図2・19 に示すような，y成分のみをもつベクトル場$\boldsymbol{F}$を考える（図中の濃い青の矢印）．$\boldsymbol{F}$のy成分であるF_yは，xが増えるに従って大きくなるものとする．

発散や回転をいつ使うのか
空間に未知のベクトル場が存在するとき，つまり，空間のすべての点にベクトル量が場所の関数として存在しているとき，そのベクトルの性質を知るために用いる．たとえば，風が吹いていて，空間の任意の点で風速ベクトル$\boldsymbol{U}$が与えられているとき，風がどこから吹き出しているのか（発散），どこに吹き込んでいるのか（収束）を知りたいときには$\nabla\cdot\boldsymbol{U}$を計算すればよい．得られた値が正になる場所から風が吹き出していて，負になる場所に吹き込んでいる．また，風がどのように渦巻いているのかを知りたいときには，回転$\nabla\times\boldsymbol{U}$を計算すればよい．計算の結果得られたベクトルに右ねじに巻付く方向に，風が渦巻いていることがわかる．

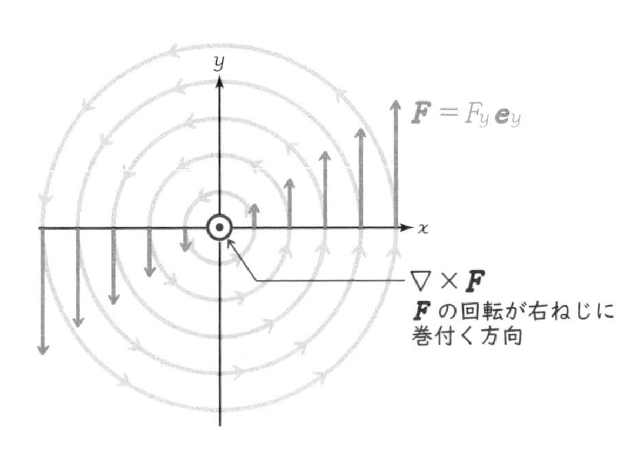

図2・19　回転（ローテーション）の意味．

このベクトル場はy成分しかもたないが，xy面を上から見たときに，反時計回りに回転するような要素（水色の矢印で描かれた渦）が感じられないだろうか．結論から述べると，ここで考えているベクトル場$\boldsymbol{F}$は回転する要素をもっていて，$\nabla\times\boldsymbol{F}$はその回転の向きや回転の強さを表現しているのである．

図2・19 の場合について，式(2・20) に従って$\nabla\times\boldsymbol{F}$を計算してみよう．まず，$F_y$は$x$が増えるに従って大きくなっているので，$F_y$を$x$で微分したものは正の値をもつ．また，$F_x$と$F_z$は0であり，$F_y$は$z$に依存していないので（$z$で微分したものは0になるので）式(2・20) の$z$成分のみが残り，その値は正になる．このことから$\nabla\times\boldsymbol{F}$は$z$方向を向くことがわかる．この$z$方向を向いたベクトルは，ベクトル場$\boldsymbol{F}$の回転の向きを示していて，図2・20 に示すように，$\boldsymbol{F}$が$\nabla\times\boldsymbol{F}$に右ねじに巻付くような関係になる．また，

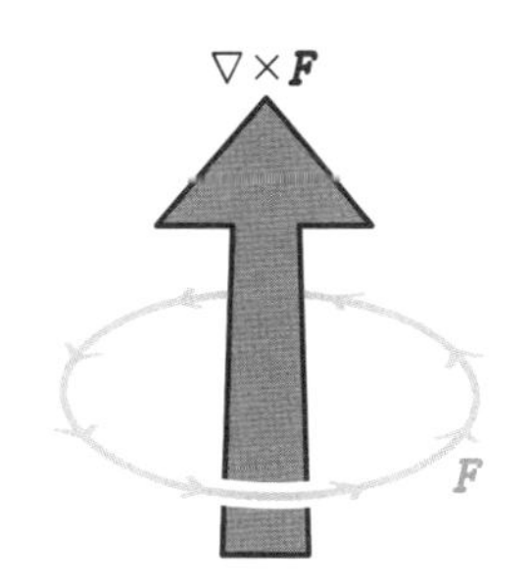

図2・20　$\boldsymbol{F}$と$\nabla\times\boldsymbol{F}$の関係．$\boldsymbol{F}$が$\nabla\times\boldsymbol{F}$に右ねじに巻付いている．

発散と回転の違い
図2・17からわかるように発散$\nabla\cdot\boldsymbol{F}$は，$\boldsymbol{F}$というベクトルがそれと平行な方向にどれくらい変化しているかを示している．回転は，図2・19に示されているように，$\boldsymbol{F}$というベクトルがそれと垂直な方向にどれくらい変化しているかを示している．

$\nabla\times\boldsymbol{F}$というベクトルの大きさは，$\boldsymbol{F}$の回転がどれくらい強いかを表現している．なお，$\nabla\times\boldsymbol{F}$が0ベクトルになるときは“$\boldsymbol{F}$が右ねじに巻付くことができる回転軸がない”ことを意味し，$\boldsymbol{F}$に回転する要素がない，つまり渦巻いていない，ことを表す．

c. 勾配（gradient，グラディエント）

勾配はベクトル解析で出てくる空間微分であるが，微分を行う対象となるのはスカラー場である．いま，直交座標において，場所の関数としてあるスカラー場$V(x, y, z)$が与えられているとする．このスカラー場Vの勾配$\mathrm{grad}\,V$は式(2・21)のように定義され，微分演算子∇を使うと∇Vのように表現できる．

勾配の各成分について
x成分はVをxで偏微分したもの，y成分はVをyで偏微分したもの，z成分はVをzで偏微分したものになる．この操作を行うことで，スカラー量について勾配を計算した結果がベクトル量になる．なお，ここでの偏微分は，x成分の場合で考えると，Vはx, y, zの関数であるがy, zは定数であると考えてxでのみ微分を行うことを意味している．

$$\mathrm{grad}\,V = \underset{\text{ナブラ}}{\nabla V} = \underbrace{\frac{\partial V}{\partial x}}_{x\text{成分}}\boldsymbol{e}_x + \underbrace{\frac{\partial V}{\partial y}}_{y\text{成分}}\boldsymbol{e}_y + \underbrace{\frac{\partial V}{\partial z}}_{z\text{成分}}\boldsymbol{e}_z \qquad (2\cdot21)$$

$$= \left(\frac{\partial V}{\partial x},\ \frac{\partial V}{\partial y},\ \frac{\partial V}{\partial z}\right)$$

スカラー場に対して勾配を計算した結果がベクトル量になっていることに注意する．このベクトル量が何を意味するのかを図2・21を用いて考えてみよう．

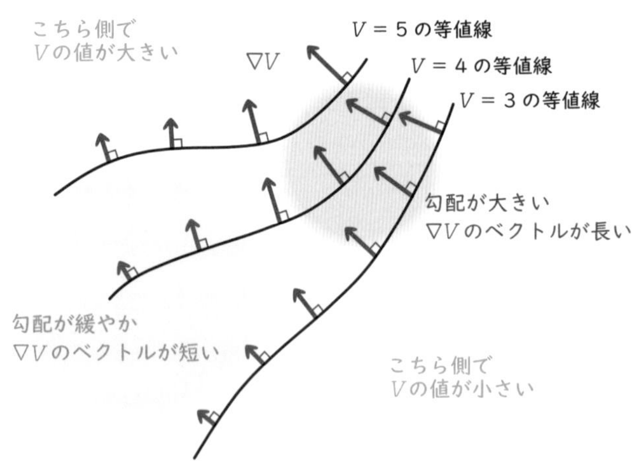

図2・21 勾配（グラディエント）の意味．

勾配をいつ使うのか
空間にスカラー量が分布しているとき，たとえば空間のあらゆる点で温度Tのデータが得られている，つまり温度がx, y, zの関数$T(x, y, z)$として表現されているような場合を考える．その空間の中でどちらに行けば暖かいかを知りたい場合に$T(x, y, z)$の勾配を計算する．∇Tというベクトルは，Tが最も増大している方向を指し示すので，∇Tが指し示す方向に歩いて行けば，最短距離で最も暖かい場所にたどり着くことができる．

ここでは，簡単のために2次元平面を考えており，その平面上にスカラー量Vが分布している．Vの値は場所によって異なるが，大きく見ると図の左上でVは大きな値をとり，右下で小さな値をとっているものとする．図中の$V=3$，$V=4$，$V=5$と書かれた黒線は，Vの等値線（同じVの値をもつ点をつないだもの）を示しており，Vが左上側に向かって大きくなっている傾向を読みとることができる．このようなスカラー場の勾配であるベクトル量∇Vを，図中に赤の矢印で示す．∇Vはそれぞれの点においてVが最も増大する方向を指し示しており，今の場合，左上の方向を向いている．

また，それぞれの場所において，∇V のベクトルは V の等値面（ここでは $V=3$，$V=4$，$V=5$ と書かれた等値線）に対して垂直になっていることもわかる．

∇V のベクトルの大きさは，その点において V がどれくらい増大しているか（V の傾き，つまり勾配のきつさ）を表している．図の左下側では，等値線の間隔が広く，V の勾配が緩やかであることがわかるが，そのような場所では ∇V の矢印が短くなっている．また，右上側では等値線の間隔が狭く V の勾配が急峻になっているが，この領域では ∇V の矢印が長くなっている．つまり，スカラー場が与えられたとき，∇V を計算して，その方向および大きさをみることによって，V がどちらの方向にどれくらいの傾きで増大しているかを理解することが可能になるのである．

演習問題

2・1 $\boldsymbol{A}=2\boldsymbol{e}_x+2\boldsymbol{e}_y$, $\boldsymbol{B}=3\boldsymbol{e}_x+3\boldsymbol{e}_y+3\sqrt{2}\boldsymbol{e}_z$ のとき，以下の (a)~(c) を求めよ．なお，$\boldsymbol{e}_x$, $\boldsymbol{e}_y$, $\boldsymbol{e}_z$ はそれぞれ x, y, z 方向の単位ベクトルである．

(a) $\boldsymbol{A}\cdot\boldsymbol{B}$　(b) $\boldsymbol{A}$ と $\boldsymbol{B}$ のなす角　(c) $\boldsymbol{A}\times\boldsymbol{B}$

2・2 $y=x\ (-1\leqslant x\leqslant 4)$ で与えられる経路 C がある．この経路 C について，ベクトル量 $\boldsymbol{F}(\boldsymbol{r})=xy\boldsymbol{e}_x-y\boldsymbol{e}_y$ の線積分 $\int_{\mathrm{C}}\boldsymbol{F}(\boldsymbol{r})\cdot\mathrm{d}\boldsymbol{l}$ を計算せよ．

2・3 半径 a の円板上に面電荷密度 $\sigma=\sigma_0 r$ で電荷が分布している．円板上の総電荷を求めよ．なお，r は円板の中心からの距離（2 次元の円柱座標の r と考えてよい）であり，a と σ_0 は定数である．

2・4 半径 a の球内に体積電荷密度 $\rho=\rho_0 r$ で電荷が分布している．球内の総電荷を求めよ．なお，r は球の中心からの距離（球座標の r と考えてよい）であり，a と ρ_0 は定数である．

2・5 ベクトル $\boldsymbol{r}=x\boldsymbol{e}_x+y\boldsymbol{e}_y+z\boldsymbol{e}_z$ のときの $\boldsymbol{r}/r^2$ の発散を求めよ．なお，r は $\boldsymbol{r}$ の大きさである．

2・6 直交座標においてある物理量の密度が $\rho(x,y,z)=4x^2y+y^3z^2+3xz^3$ で与えられているとする．点(1, 2, −1) における ρ の勾配を求めよ．

2・7 $\boldsymbol{F}=2x^3y\boldsymbol{e}_x+4xz\boldsymbol{e}_y-2yz\boldsymbol{e}_z$ のときの $\nabla\times\nabla\times\boldsymbol{F}$ を求めよ．

3 クーロンの法則と電界

本章では，右の電磁気学マップの中の赤文字の部分について学びます．電磁気学の START 地点は，この図の一番上に描かれている電荷 Q, q やその集団である電荷分布 λ, σ, ρ です．まず始めに，電磁気学の START 地点に立ち，電荷が空間にどのように分布しうるのかを整理します．そのあと，START 地点から左側の静電界の方向に出ている矢印をたどって，電界 $\boldsymbol{E}$ を目指します．その途中で，電荷の間に働く力を記述する基本法則であるクーロンの法則や重ね合わせの原理を学びます．最終的には，クーロンの法則という力の法則から，電界 $\boldsymbol{E}$ という物理量を考え出すに至った過程について述べます．

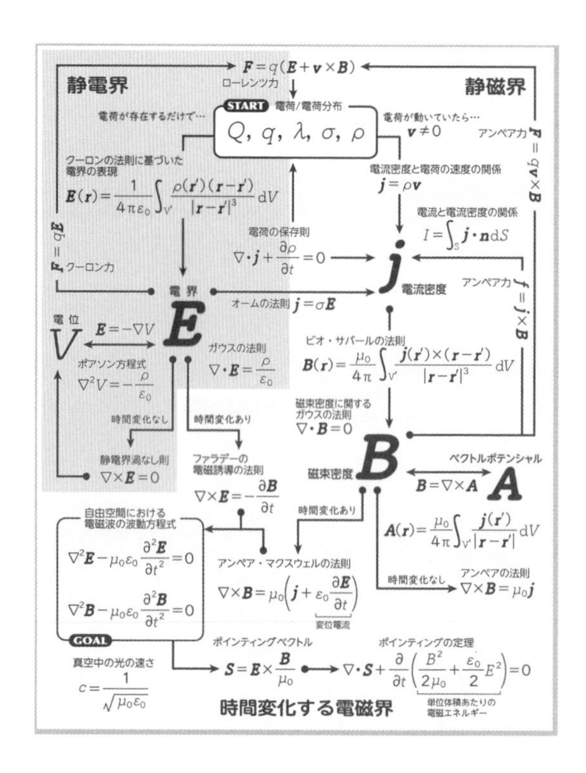

3・1 電荷の分布

単位について
本書では物理量を SI 単位系（MKSA 単位系）で表す．SI 単位系は，長さの単位 m（メートル），質量の単位 kg（キログラム），時間の単位 s（秒），電流の単位 A（アンペア）を基本単位とする単位系である．SI 単位系における電荷量の単位は C（クーロン）である．

電磁気学のすべての始まりである**電荷**が空間にどのように分布しうるのかを考えてみよう．みなさんに最もなじみのある電荷は，図 3・1(a) に示すような**点電荷**ではないだろうか．点電荷は空間のある 1 点に存在する電荷で，その電荷量は SI 単位系における電荷の単位である C（クーロン）を用いると q C のように表すことができる．点電荷は位置と電荷量をもつが，大きさ，つまり空間的な広がりをもたない．現実には，電荷が存在する領域には空間的な広がりがあるため，点電荷という電荷分布は理想化された非現実的なものである．

点電荷という非現実的な電荷分布をより現実に近づけるために，電荷が分布する領域に空間的な広がりを与えていくことを考えよう．まず，図 3・1(b) のように，電荷がある一つの方向に広がって分布する**線電荷**を考える．具体的には，ある経路 C に沿って電荷が分布しているような状況を考える．このとき，電荷量は**線電荷密度**という物理量によって与えられる．線電荷密度 λ は単位長さあたりの電荷量を表しており，単位は SI 単位系では C/m である．経路 C 上に存在する電荷の総量（総電荷）である Q を求めるためには，式 (3・1) のように線電荷密度 λ を経路 C に沿って線積分すればよい．

単位長さあたりの電荷量
SI 単位系における“単位長さあたりの量”を考えるときは，長さの基本単位である m を考えればよい．線電荷密度は，1 メートルあたり何クーロンの電荷があるか，を表している．

$$Q=\underbrace{\int_{\mathrm{C}}\lambda\,\mathrm{d}l}_{\text{線積分}} \tag{3・1}$$

線電荷によってある一つの方向には電荷の広がりができ，少しだけ現実の電荷分布に近づいた．しかし，この場合も電荷が分布する経路Cは，太さをもたない理想化された線であり，現実的であるとはいいがたい．この状況を解消するために，さらにもうひとつの方向に電荷の広がりを考えてみよう．具体的には，図3・1(c) に描かれているような**面電荷**とよばれる分布を考える．空間のある場所に，2次元的な広がりをもつ面Sが存在し，この面上に電荷が分布している．電荷量を表現するために，図中に青い座布団のような領域として示されている単位面積を考え，この単位面積に存在する電荷量を**面電荷密度**とする．面電荷密度σの単位はSI単位系では$\mathrm{C/m^2}$である．面S上に存在する総電荷Qを求めるには，式(3・2) のように，面電荷密度σを面Sにわたって面積分すればよい．面電荷分布では，電荷が2次元的に広がりをもって分布していてさらに現実に近い状況になっているが，電荷が分布している面には厚みがなく，まだ現実的な電荷分布とはいえない．

$$Q = \underbrace{\int_{\mathrm{S}} \sigma \, \mathrm{d}S}_{\text{面積分}} \tag{3・2}$$

さらにもうひとつの方向に電荷の分布が広がっている状況を考えると，図3・1(d) のようになる．この3次元的な広がりをもつ電荷分布では，風船のような体積領域Vの内部に電荷が分布している．電荷量を表すために，この体積領域Vの内部に青い立方体として書かれている単位体積を考え，その単位体積内の電荷量である**電荷密度**を考える．電荷密度ρの単位はSI単位系では$\mathrm{C/m^3}$である．この場合，風船の中の総電荷Qは，式(3・3) のように電荷密度ρを体積領域Vにわたって体積積分することによって求められる．

$$Q = \underbrace{\int_{\mathrm{V}} \rho \, \mathrm{d}V}_{\text{体積積分}} \tag{3・3}$$

単位面積あたりの電荷量
SI単位系における“単位面積あたりの量”を考えるときは，1平方メートルの面積を考えればよい．面電荷密度は，1平方メートルの面積に何クーロンの電荷があるか，を表している．

単位体積あたりの電荷量
SI単位系における“単位体積あたりの量”を考えるときは，1立方メートルの単位体積を考えればよい．電荷密度は，1立方メートルの体積に何クーロンの電荷があるか，を表している．

現実的な電荷分布
図3・1(a)，(b)，(c)はすべて理想化された非現実的な電荷分布である．現実の電荷分布は，どれほど小さい領域であったとしても，3次元的な広がりをもっている．われわれが目で識別できるかはともかく，現実の電荷分布は必ず (d) のような空間的な広がりをもっているのである．

体積電荷密度とはいわない
ここで出てきた電荷密度ρは，厳密にいえば“体積電荷密度”である．ただし，3次元的な電荷分布は，現実的な電荷分布を示している（理想化された状況ではない）ため，体積電荷密度を“電荷密度”とよぶことが多い．

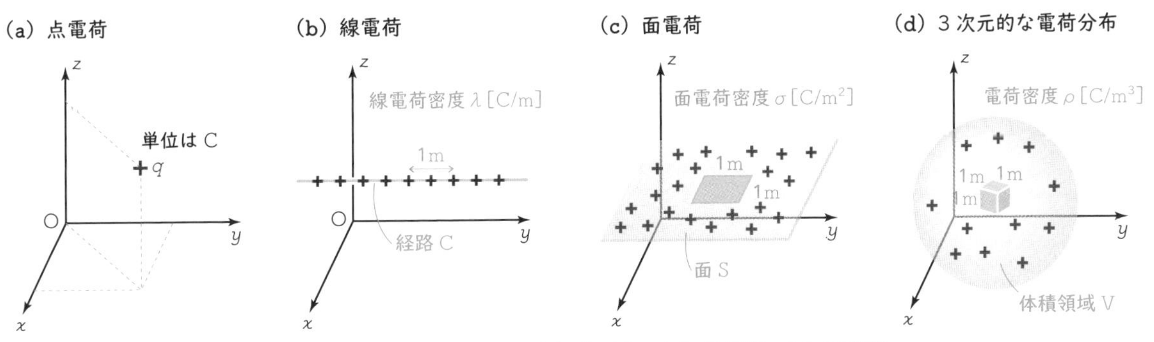

図3・1 さまざまな電荷の分布．(a) 点電荷，(b) 線電荷，(c) 面電荷，(d) 3次元的な電荷分布．

3・2　クーロンの法則と重ね合わせの原理

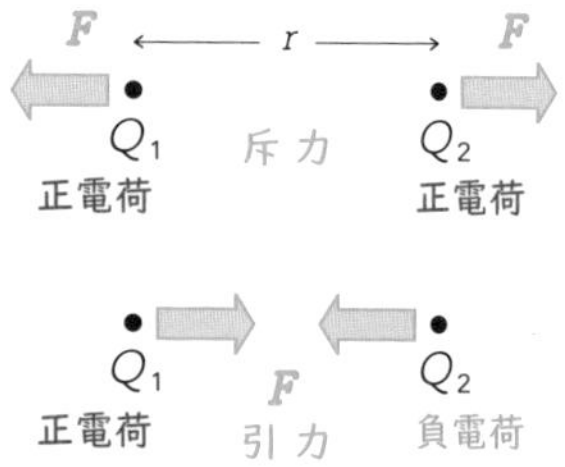

多くの物理法則は実験をきっかけとして導かれている．ここで説明する**クーロンの法則**は，フランス人のクーロンが行った実験から導かれたものである．クーロンは，Q_1，Q_2 という電荷量をもつ電荷が図3・2のように距離 r だけ離れて存在するとき，これらの電荷の間に働く力 $\boldsymbol{F}$ を計測した．Q_1 と Q_2 が同符号（正と正，もしくは負と負）であれば，電荷の間には互いを遠ざけようとする方向に力（斥力）が働き，Q_1 と Q_2 が逆符号であれば，互いが引きあう方向に力（引力）が働く．この実験に基づいて式(3・4）のようなクーロンの法則が見出された．

図3・2　クーロンの実験.

比例係数 $\boldsymbol{k}$ の大きさ
式(3・4）に現れる比例係数 k は，真空中においてSI単位系では $1/4\pi\varepsilon_0$ によって与えられる．ε_0 は真空の誘電率とよばれる量で，8.8541878128 $\times 10^{-12}\ \mathrm{C^2/(N\,m^2)}$ である．なお，本書では特に断らない限り，すべての章で真空中の電磁気現象を扱う．

$$F = |\boldsymbol{F}| = k\frac{Q_1 Q_2}{r^2} = \frac{1}{4\pi\varepsilon_0}\frac{Q_1 Q_2}{r^2} \qquad (3\cdot 4)$$

力の大きさ　比例係数　電荷量に比例　距離の２乗に反比例

力の大きさは，“電荷がもつ電荷量 Q_1，Q_2 に比例”し，“電荷の間の距離 r の２乗に反比例”する．つまり，電荷の間に働く力は，電荷量が大きいほど強くなり，距離が遠くなるほど急激に弱くなる．

式(3・4）には，力が“どの方向に働くか”つまり“力の方向”に関する情報が含まれていない．そこで，方向に関する性質を表現するために，式(3・4）をベクトルを用いた形式に書き換えてみよう．さらに，電荷が２個だけでなくたくさん存在する場合にも適用できる“一般的なクーロンの法則”を考えよう．ここでは電荷量 Q をもつ点電荷に働く力 $\boldsymbol{F}$ を考える．図3・3のように，この電荷のまわりには電荷量 Q_1，Q_2，… Q_n をもつ n 個の電荷が存在し，これらの電荷から Q への位置ベクトルをそれぞれ $\boldsymbol{r}_1$，$\boldsymbol{r}_2$，… $\boldsymbol{r}_n$ とする．電荷 Q は，Q_1 から Q_n までの n 個の電荷からの力を受けるが，まずは Q_1 から受ける力だけを考えてみよう．

一般的という言葉の意味
“一般的”という言葉は，電荷が２個しかないような特別な場合だけでなく“あらゆる場合において通用する”ことを意味している．

一般的なクーロンの法則

$$\boldsymbol{F} = \frac{QQ_1}{4\pi\varepsilon_0}\frac{\boldsymbol{r}_1}{|\boldsymbol{r}_1|^3} + \frac{QQ_2}{4\pi\varepsilon_0}\frac{\boldsymbol{r}_2}{|\boldsymbol{r}_2|^3} + \cdots + \frac{QQ_n}{4\pi\varepsilon_0}\frac{\boldsymbol{r}_n}{|\boldsymbol{r}_n|^3}$$
$$= \frac{Q}{4\pi\varepsilon_0}\sum_{i=1}^{n}\frac{Q_i\boldsymbol{r}_i}{|\boldsymbol{r}_i|^3} \qquad (3\cdot 5)$$

電荷量に比例　$\boldsymbol{r}_1$ に沿った方向　Q_1 による力　Q_2 による力　Q_n による力　距離の２乗に反比例　すべての電荷についての足し合わせ

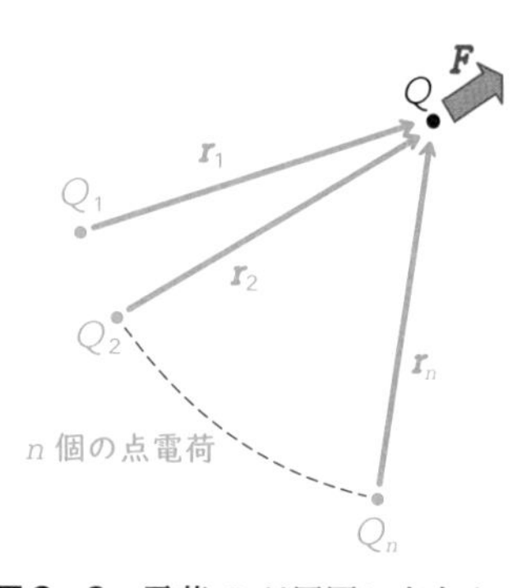

図3・3　電荷 Q が周囲に存在する複数の電荷から受ける力.

式(3・5）の１行目右辺第１項は電荷 Q が電荷 Q_1 から受ける力を表す．分子に $\boldsymbol{r}_1$ というベクトル量があることから $\boldsymbol{r}_1$ に沿った方向に力が働くことがわかる．その方向が $\boldsymbol{r}_1$ と同方向か逆方向かは，その前の QQ_1 の正負によって決まる．Q と Q_1 が同符号の場合は QQ_1 が正になるので $\boldsymbol{r}_1$ に沿った方向に力（斥力）が働き，逆符号の場合は QQ_1 が負になるため $\boldsymbol{r}_1$ と逆方向に力

(引力) が働く．力の大きさについて確認すると，式(3・4) で表現されているのと同じように，力の大きさは“電荷量に比例”し“距離の 2 乗に反比例”することがわかる．

ここまでは Q と Q_1 の間に働く力だけに注目してきたが，Q は Q_1 以外の電荷からも同様に力を受ける．式(3・5) の 1 行目は，Q_1 から Q_n までの電荷による寄与をすべて書きくだしたものである．式(3・5) の 2 行目では，添え字 i を使うことによって Q_1 から Q_n までの電荷が Q に及ぼす力をすべて足し合わせた形で表現している．このように，Q が受けるトータルの力は，おのおのの電荷から受ける力をベクトル量として足し合わせることによって求めることができる．これを**重ね合わせの原理**とよぶ．

距離の 2 乗に反比例
式(3・5) において，分子の $\boldsymbol{r}_i$ はベクトルで大きさは $|\boldsymbol{r}_i|$ である．一方，分母は $|\boldsymbol{r}_i|^3$ なので，この分数部分全体の大きさだけを考えると $|\boldsymbol{r}_i|$ の 2 乗に反比例する形になっている．つまり，力の大きさは距離の 2 乗に反比例していることになる．

クーロンの法則と重ね合わせの原理が適用できる例をみてみよう．図 3・4 のように 1 辺の長さが a の正三角形の三つの頂点に電荷量 Q の電荷が存在する状況を考える．ここで，y 軸方向上側の頂点に位置する電荷がそれ以外の二つの電荷から受ける力を，式(3・5) に従って求めてみよう．この頂点にある電荷は x 軸上の二つの電荷からそれぞれ $\boldsymbol{F}_1$，$\boldsymbol{F}_2$ という力を受けるので，式(3・5) を用いるとその合力 $\boldsymbol{F}$ は式(3・6) のように表すことができる．

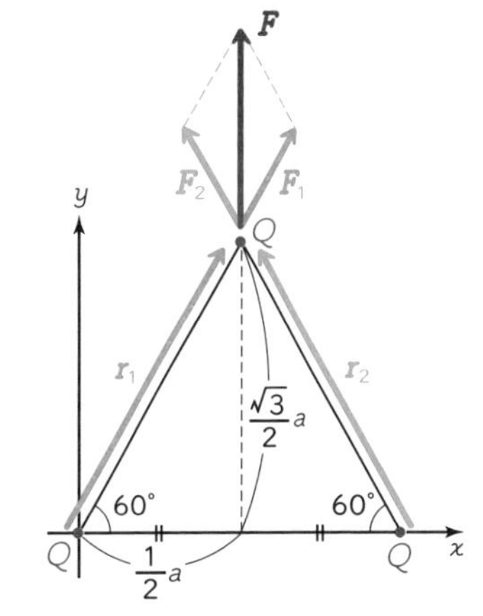

図 3・4 正三角形の三つの頂点に存在する電荷の間に働くクーロン力．

$$\boldsymbol{F} = \boldsymbol{F}_1 + \boldsymbol{F}_2 = \frac{Q^2}{4\pi\varepsilon_0}\frac{\boldsymbol{r}_1}{|\boldsymbol{r}_1|^3} + \frac{Q^2}{4\pi\varepsilon_0}\frac{\boldsymbol{r}_2}{|\boldsymbol{r}_2|^3} \qquad (3\cdot6)$$

ここで $\boldsymbol{r}_1$ と $\boldsymbol{r}_2$ の長さがどちらも a であることを考えると，合力 $\boldsymbol{F}$ は式(3・7) のように表すことができる．

$$\boldsymbol{F} = \frac{Q^2}{4\pi\varepsilon_0 a^3}(\boldsymbol{r}_1 + \boldsymbol{r}_2) \qquad (3\cdot7)$$

また，ベクトル $\boldsymbol{r}_1$，$\boldsymbol{r}_2$ は幾何的考察から式(3・8)，式(3・9) のように表せる．

ここでの幾何的考察は図 3・4 を見ればよい．ここで得た $\boldsymbol{r}_1$，$\boldsymbol{r}_2$ を式(3・7) に代入すると x 成分が打ち消しあうことが予想できる．

$$\boldsymbol{r}_1 = \frac{1}{2}a\boldsymbol{e}_x + \frac{\sqrt{3}}{2}a\boldsymbol{e}_y \qquad (3\cdot8)$$

($\boldsymbol{e}_x$：x 方向の単位ベクトル，$\boldsymbol{e}_y$：y 方向の単位ベクトル；$\frac{1}{2}a$：x 成分，$\frac{\sqrt{3}}{2}a$：y 成分)

$$\boldsymbol{r}_2 = -\frac{1}{2}a\boldsymbol{e}_x + \frac{\sqrt{3}}{2}a\boldsymbol{e}_y \qquad (3\cdot9)$$

($-$：$\boldsymbol{r}_1$ とはここの符号が逆)

ここで $\boldsymbol{r}_1$，$\boldsymbol{r}_2$ を式(3・7) に代入すると，式(3・10) のように頂点に存在する電荷に働く力を求めることができる．

$$\boldsymbol{F} = \frac{Q^2}{4\pi\varepsilon_0 a^3}\sqrt{3}a\boldsymbol{e}_y = \frac{\sqrt{3}Q^2}{4\pi\varepsilon_0 a^2}\boldsymbol{e}_y \qquad (3\cdot10)$$

x 成分は打ち消しあい y 成分のみが残る

3・3 電　界

前節で学んだクーロンの法則は，電荷と電荷の間に働く“力”を記述するものであった．この節ではクーロンの法則という“力の法則”を出発点にして，**電界**という物理量を導入することを考えてみよう．式(3・5) で与えられた一般的なクーロンの法則に従うと，電荷 Q_1 と Q_2 の間に働く力（厳密にいうと Q_1 が Q_2 から受ける力）を式(3・11) のように表すことができる．ここで $\boldsymbol{r}$ は Q_2 から Q_1 への位置ベクトルである．

遠隔相互作用のイメージ
Q_1 と Q_2 が，互いに遠く離れて存在しているにもかかわらず，なぜか互いの存在を認識しあっていて，直接的に力を及ぼしあっている（相互作用している）ようなイメージをもつとよい．力の作用が，何かによって中継（もしくは仲介）されていない状況ということもできる．

Q_1 と Q_2 のみが存在して力を及ぼしあっている

$$\boldsymbol{F} = \frac{Q_1 Q_2}{4\pi\varepsilon_0}\frac{\boldsymbol{r}}{|\boldsymbol{r}|^3} \qquad (3 \cdot 11)$$

この表現だけをみると，世の中には Q_1 と Q_2 だけが存在していて直接的に力を及ぼしあっている，つまり Q_1 は Q_2 から直接的に力を受けているように感じられる．この“ものの見方”を**遠隔相互作用**とよぶ．

ここで，式(3・11) の形のクーロンの法則を式(3・12) のように書き換えてみる．この新しい表現をみると，まず始めに Q_2 がまわりの空間に“何か”をつくり，そのあとで Q_1 がその“何か”を勝手に感じて力を受けているように感じられないだろうか．

近接相互作用のイメージ
Q_2 は Q_1 の有無にかかわらず，まわりのすべての空間に電界 $\boldsymbol{E}$ をつくり散らかしている．Q_1 は Q_2 が $\boldsymbol{E}$ をつくり散らかしている空間の中に“たまたま”存在し，Q_2 がつくり出した $\boldsymbol{E}$ を感じて力を受けている．“近接”という言葉は，Q_2 がつくり出している電界と，それを感じる Q_1 が“近接”していることを意味している．力の作用が電界 $\boldsymbol{E}$ によって仲介されているのである．

Q_1 は Q_2 がつくり出した“何か”によって力を受ける

$$\boldsymbol{F} = Q_1\left(\frac{Q_2}{4\pi\varepsilon_0}\frac{\boldsymbol{r}}{|\boldsymbol{r}|^3}\right) \qquad (3 \cdot 12)$$

Q_2 がまわりの空間につくり出す“何か” ＝ 電界 $\boldsymbol{E}$

この“何か”を，“電荷がまわりの空間に与える影響を表す物理量”として捉える．この物理量のことを**電界**とよび，ベクトル量であるため $\boldsymbol{E}$ という文字をあてて書き表す．そして，電界 $\boldsymbol{E}$ の導入につながったこのような“ものの見方”のことを**近接相互作用**という．

ADDITIONAL TIME　遠隔相互作用と近接相互作用

式(3・11) と式(3・12) において，クーロンの法則を少しだけ異なる2通りの方法で記述し，その意味を大きく異なる二つの立場（遠隔相互作用と近接相互作用）で解釈できることを述べた．遠隔相互作用の場合も近接相互作用の場合も，表現しているのは同じクーロンの法則である．捉え方が少し違うだけで，両者の差異にあまり大きな意味はないように感じた人も多いかもしれない．しかし，近接相互作用の立場に立って力が作用するプロセスを二つの段階に分割し，“力”とそれを伝える“電界”を切り離したことには実は大きな意味がある．電界のような物理量を“場の量”とよぶ．たとえば，“質量をもつ物体が周囲につくり出す影響を現わす物理量”のことを“重力場”という．場の量である“電界”（電場ともいう）を力の法則から抜き出しその存在を前提とすることによって，電磁気学の学問体系は大きく発展し，より整理されたものになった．本章では，場の量としての $\boldsymbol{E}$ を導いたが，本書の後半でも，同じような力に関する法則から“磁束密度 $\boldsymbol{B}$”という場の量を取出す．力の法則を出発点として $\boldsymbol{E}$ と $\boldsymbol{B}$ という二つの場の量（電場と磁場）を考え，その二つの場の振舞いや相互作用を考えることが，最終的には電磁波の存在証明につながっていく様子を，これからの章で順番に説明していく．

近接相互作用の立場では，電荷と電荷の間に働く力が二つの段階を経て作用していると考える．まず，Q_2 がその周囲の空間に電界をつくり出し，そのあとで Q_2 がつくった電界を Q_1 が感じて力を受ける，という二つの段階である．近接相互作用という考え方を導入し，力の法則であるクーロンの法則から電界という物理量を“分離して”取出したことは，その後の電磁気学の発展に大きく寄与したと考えられている．

では，電界を表現してみよう．最も簡単な例として，図3・5のように，原点に存在する点電荷 Q がまわりの空間につくり出す電界を表してみる．位置ベクトル $\boldsymbol{r}$ で表される点における電界 $\boldsymbol{E}$ は，式(3・13) のように表現することができる．

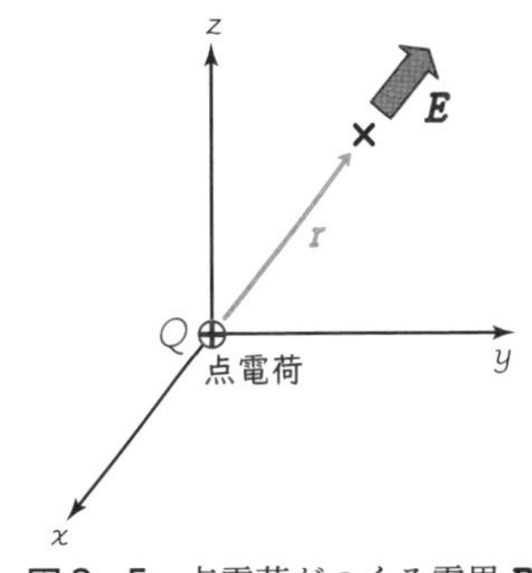

図3・5　点電荷がつくる電界 $\boldsymbol{E}$.

大きさが電荷量に比例　　$\boldsymbol{r}$ に平行な方向を向く

$$\boldsymbol{E} = \frac{Q}{4\pi\varepsilon_0}\frac{\boldsymbol{r}}{|\boldsymbol{r}|^3} \qquad (3\cdot13)$$

大きさが距離の2乗に反比例

クーロンの法則と同じで，電界の方向は Q が正電荷の場合は $\boldsymbol{r}$ と同じ方向になり，負電荷の場合は $\boldsymbol{r}$ と反対の方向（反平行）になる．また，電界の大きさはそれをつくり出す源となる電荷の電荷量 Q に比例し，距離の2乗に反比例する．

点電荷では不十分な理由
§3・1で述べたように，点電荷というものは広がりをもたない電荷で，現実には存在しえない．電界の一般的な表現を導くためには，図3・6のように電荷が3次元的に広がって分布している状況を考える必要がある．

次に，図3・6に示すように，電荷が集団として雲のように3次元的に分布している状況を考える．この電荷分布の外側に位置ベクトル $\boldsymbol{r}$ で表される点を考え，その点につくられる電界を表現する．重ね合わせの原理を考えると，電荷分布の中に存在するすべての電荷が電界の生成に寄与することになるため，それらの寄与をすべて足し合わせる必要がある．

個々の電荷の貢献をどのように見積もって，どのように足し合わせるかを考える．まず始めに，電荷分布の中に微小体積 $\mathrm{d}V$ を考え，その中に存在する電荷がつくる“微小電界 $\mathrm{d}\boldsymbol{E}$”を求める．微小体積 $\mathrm{d}V$ の中に存在する電荷の量は，電荷密度 ρ に微小体積 $\mathrm{d}V$ を掛けたものになる．さらに，微小体積 $\mathrm{d}V$ が存在する場所の位置ベクトルを $\boldsymbol{r}'$ とすると，式(3・13) を適用することで，微小電界 $\mathrm{d}\boldsymbol{E}$ を式(3・14) のように表現することができる．

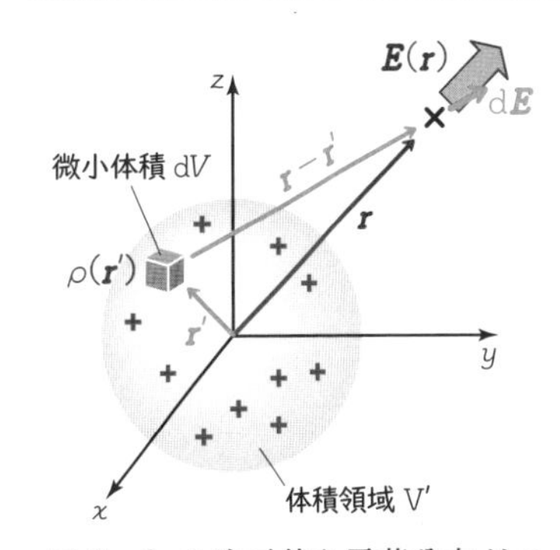

図3・6　3次元的な電荷分布がつくる電界 $\boldsymbol{E}$.

微小体積 $\mathrm{d}V$ の中の総電荷量

$$\mathrm{d}\boldsymbol{E} = \frac{\rho(\boldsymbol{r}')\mathrm{d}V}{4\pi\varepsilon_0}\frac{(\boldsymbol{r}-\boldsymbol{r}')}{|\boldsymbol{r}-\boldsymbol{r}'|^3} \qquad (3\cdot14)$$

微小電界　　微小体積の場所を原点としたときの位置ベクトル

微小体積内の総電荷量
電荷密度 ρ は“単位体積あたり何クーロンの電荷があるか”を意味するため，ρ に微小体積 $\mathrm{d}V$ を掛けると総電荷量になる．

式(3・13) に出てくる $\boldsymbol{r}$ は“電荷が存在する場所を基準にしたときの，電界を求めようとする場所の位置ベクトル”であるため，式(3・14) では $\boldsymbol{r}$ を $\boldsymbol{r}-\boldsymbol{r}'$ に置き換える必要があることに注意する．この微小電界 $\mathrm{d}\boldsymbol{E}$ を体積領域 V' 全体で積分することで，その内部に存在するすべての電荷による貢献を足し合わせた“全”電界を式(3・15) のように導出することができる．こ

2系統の位置ベクトル
$\boldsymbol{r}'$ は電荷が存在する場所を示す位置ベクトル，$\boldsymbol{r}$ は電界を求めようとする点を指し示す位置ベクトルである．

何について足し合わせるのか
式(3・15) において，体積積分は $\boldsymbol{r}$ についてではなく $\boldsymbol{r}'$ についてなされていることに注意する．つまり，V′ という体積領域の中で“取りうる”すべての $\boldsymbol{r}'$ について微小体積 dV を考え，それらの寄与をすべて足し合わせているのである．体積積分を行ったあと $\boldsymbol{r}'$ が積分によって消えるのに対し，$\boldsymbol{r}$ はそのまま残るため，$\boldsymbol{E}$ が $\boldsymbol{r}$ の関数として表現されることになる．

の式(3・15) によって，クーロンの法則に基づいた電界の一般的な表現が与えられる．

クーロンの法則に基づいた電界の一般的な表現

位置ベクトル $\boldsymbol{r}'$ の場所の電荷密度 ρ

$$\boldsymbol{E}(\boldsymbol{r}) = \int_{V'} \frac{\rho(\boldsymbol{r}')}{4\pi\varepsilon_0} \frac{\boldsymbol{r}-\boldsymbol{r}'}{|\boldsymbol{r}-\boldsymbol{r}'|^3}\,\mathrm{d}V \qquad (3 \cdot 15)$$

円柱座標系の採用
この例は，z 軸に対して軸対称な電荷分布を取扱っているので，円柱座標系を用いて考えていく．円柱座標において位置座標がどのように表されるか，ベクトル量がどのように表されるか，面積分を行うときの面要素がどのようになるか，を理解したい．

電荷分布が電界をつくる様子を理解するために，円板状の電荷分布を例にとって，つくられる電界 $\boldsymbol{E}$ を求めてみよう．図3・7のように，原点を中心とする半径 a の円板に，面電荷密度 σ_0 で一様に分布する電荷を考える．ここで，z 軸上の点 P(0, 0, z) にできる電界を式(3・15) に従って求めてみよう．

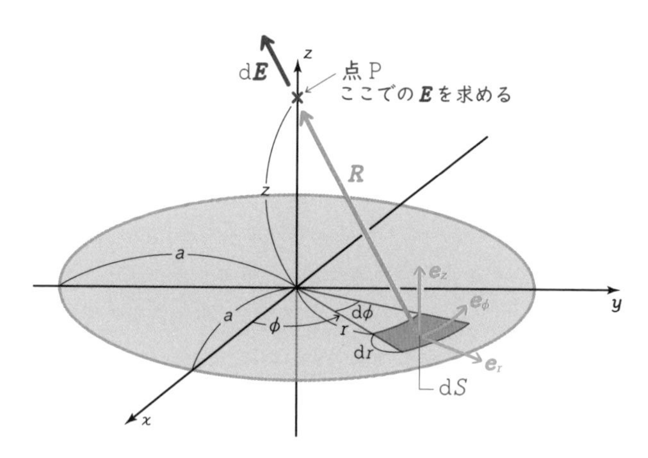

図3・7　円板状の電荷分布がつくる電界 $\boldsymbol{E}$.

円柱座標における面要素
図3・7の xy 平面上にある微小面積 dS を z 軸正の方向から見下ろすと図3・8のようになる．2次元の円柱座標において微小面積 dS に対応する面要素を考えれば，式(3・16) のようになる（図2・11も参照）．

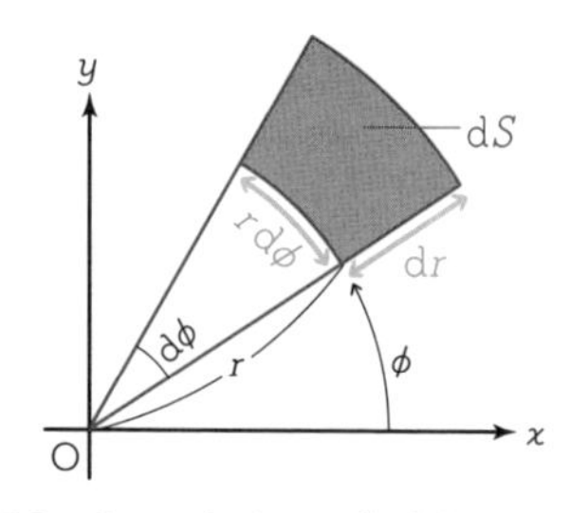

図3・8　2次元の円柱座標における面要素.

図3・7に示すように，xy 面内の原点から半径 r のところに微小面積 dS を考える．円柱座標における面要素 dS は式(3・16) のように書ける．

$$\mathrm{d}S = r\,\mathrm{d}r\,\mathrm{d}\phi \qquad (3 \cdot 16)$$

また，dS 上に存在する電荷 dQ は面電荷密度 σ_0 を用いて式(3・17) のように書ける．

$$\mathrm{d}Q = \sigma_0\,\mathrm{d}S \qquad (3 \cdot 17)$$

単位面積あたりの電荷量

位置ベクトル $\boldsymbol{R}$ について
式(3・18) の位置ベクトル $\boldsymbol{R}$ は，式(3・14) における $\boldsymbol{r}-\boldsymbol{r}'$ に相当する．円柱座標でベクトル量を表現するときには，各成分の単位ベクトルがどの方向を向いているかを考えるとよい．図3・7に円柱座標の単位ベクトルが示されているが，r 方向の単位ベクトル $\boldsymbol{e}_r$ は z 軸から離れる方向であるため，$\boldsymbol{R}$ の r 成分は $-r$ となる．

さらに，dS を基準としたときの点 P の位置ベクトル $\boldsymbol{R}$ は式(3・18) のように書ける．

$$\boldsymbol{R} = -r\boldsymbol{e}_r + z\boldsymbol{e}_z \qquad (3 \cdot 18)$$

r 方向の単位ベクトル　z 方向の単位ベクトル

これらを用いると，$\mathrm{d}S$ 上に存在する電荷 $\mathrm{d}Q$ が，点 P につくる微小電界 $\mathrm{d}\boldsymbol{E}$ を式 (3・19) のように表すことができる．

$$\mathrm{d}\boldsymbol{E} = \frac{\mathrm{d}Q}{4\pi\varepsilon_0}\frac{\boldsymbol{R}}{|\boldsymbol{R}|^3} = \frac{\sigma_0\,\mathrm{d}S}{4\pi\varepsilon_0}\frac{\boldsymbol{R}}{|\boldsymbol{R}|^3}$$

（注：$\mathrm{d}Q$ → $\sigma_0\,\mathrm{d}S$，$\mathrm{d}S$ → $r\,\mathrm{d}r\,\mathrm{d}\phi$，$\boldsymbol{R}$ → $-r\boldsymbol{e}_r+z\boldsymbol{e}_z$，$|\boldsymbol{R}|$ → $(r^2+z^2)^{1/2}$）

$$= \frac{\sigma_0\,r\,\mathrm{d}r\,\mathrm{d}\phi}{4\pi\varepsilon_0}\frac{-r\boldsymbol{e}_r+z\boldsymbol{e}_z}{(r^2+z^2)^{3/2}} \tag{3・19}$$

あとは，$\mathrm{d}\boldsymbol{E}$ を円板全体で面積分することで，すべての寄与を足し合わせた全電界 $\boldsymbol{E}$ を式 (3・20) のように求めることができる．積分の過程において $\mathrm{d}\boldsymbol{E}$ の r 成分は打ち消しあって消える．その結果，式 (3・20) からもわかるように，点 P にできる電界は z 成分のみをもつことになる．

$$\boldsymbol{E} = \int_S \mathrm{d}\boldsymbol{E} = \int_0^a\int_0^{2\pi}\frac{\sigma_0\,r\,\mathrm{d}r\,\mathrm{d}\phi}{4\pi\varepsilon_0(r^2+z^2)^{3/2}}(-r\boldsymbol{e}_r+z\boldsymbol{e}_z)$$

（注：S：円板全体で積分，a：r 方向の積分区間，2π：ϕ 方向の積分区間，$-r\boldsymbol{e}_r$ → 0：r 成分は1周積分すると打ち消しあって消える）

$$= \frac{\sigma_0 z\boldsymbol{e}_z}{4\pi\varepsilon_0}\int_0^a\frac{r\,\mathrm{d}r}{(r^2+z^2)^{3/2}}\int_0^{2\pi}\mathrm{d}\phi \quad (= 2\pi)$$

（注：r についての積分，ϕ についての積分）

$$= \frac{\sigma_0 z\boldsymbol{e}_z}{4\pi\varepsilon_0}\left[\frac{-1}{(r^2+z^2)^{1/2}}\right]_0^a 2\pi$$

$$= \frac{\sigma_0 z}{2\varepsilon_0}\left(-\frac{1}{\sqrt{a^2+z^2}}+\frac{1}{z}\right)\boldsymbol{e}_z \tag{3・20}$$

（注：$\boldsymbol{e}_z$：z 成分のみをもつベクトル量になる）

積分区間について
円板全体について積分を行うため，r 方向は原点から半径 a まで，ϕ 方向は 0 から 2π となる．

演 習 問 題

3・1 直交座標において，電荷量がそれぞれ Q である 4 個の点電荷が $(x, y, z)=(3, 0, 0)$，$(-3, 0, 0)$，$(0, 3, 0)$，$(0, -3, 0)$ におかれている．これらの 4 個の点電荷によって点 P(0, 0, 4) につくられる電界 $\boldsymbol{E}$ を求めよ．

3・2 無限に広がる xy 平面に，電荷が面電荷密度 σ_0 で一様に分布している．このとき，z 軸上の点 P(0, 0, h) における電界 $\boldsymbol{E}$ を求めよ．

4

ガウスの法則

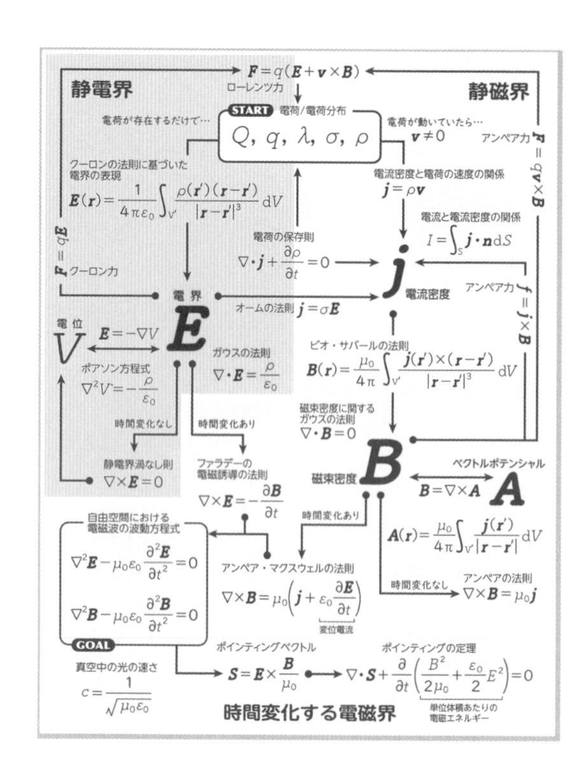

前章では，電荷分布が与えられたときに，クーロンの法則に基づいて電界がどのように記述できるか，電界がどのようにして求められるかについて学びました．本章では，電界に関する“ガウスの法則”を導入し，電荷分布と電界の関係を示します．特に，静電界がどのような“かたち”をしているのかについて明確なイメージをもつことを目指しましょう．電荷が空間的な広がりをもつ場合，クーロンの法則に基づいて電界を導出するためには積分を行う必要があり，計算が面倒になることがあります．ガウスの法則を用いることによって，面倒な積分をすることなく電界を求める方法についてもいくつかの例を示します．

4・1　ガウスの法則の積分形

電界 $\boldsymbol{E}$ の一般的な表現
§3・1 で学んだように，点電荷，線電荷，面電荷は，非現実的な電荷である．実際の電荷は必ず 3 次元的な広がりをもつ．このような現実的な電荷分布がつくる電界は式(3・15) によって記述することができる．

前章で述べたように，空間的な広がりをもつ電荷分布が与えられたとき，クーロンの法則を用いることでその電荷分布がつくる電界 $\boldsymbol{E}$ をベクトル場として記述することができる．実際に計算を行って $\boldsymbol{E}$ を求めるためには，式(3・15) のように積分を行うことが必要となるが，積分が複雑であったり解析的に積分を行うことができない場合がある．本章で述べる**ガウスの法則の積分形**を用いることで，電荷分布に空間的な対称性がある場合に限り，複雑な積分を行うことなしに電界 $\boldsymbol{E}$ を求めることができる．**空間的な対称性**をもつ電荷分布の例を図 4・1 に示す．

一様という言葉の意味
“一様” という言葉は空間的に “かたより” がないことを意味する．電荷の場合，場所によって電荷密度が高いとか低いとかの違いがないことを表す．また，図 4・1(c) のように，ある方向に伸びた構造を考えるとき，空間的対称性があるというためには，構造がその方向に無限に伸びている必要があることにも注意する．これは，どこかに終わりがあると，そこに “かたより” ができ，対称性が壊れてしまうためである．

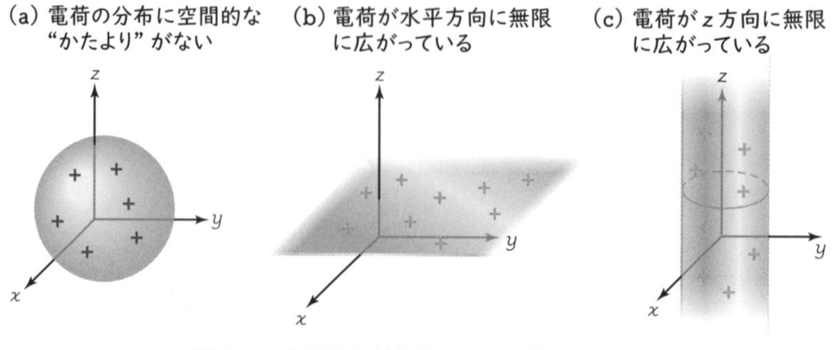

図 4・1　空間的な対称性をもつ電荷分布の例．

図 4・1(a) は原点を中心とした球の内部に一様に電荷が分布している状況

を示している．図4・1(b) は x 方向，y 方向の双方に無限に広がった面上に電荷が一様に分布している状況を表している．図4・1(c) は z 方向に無限に伸びた一定半径の円柱の中に，電荷が一様に分布している様子を示している．これらの場合，電荷に“かたより”がないために，ガウスの法則の積分形を用いることで，複雑な積分を回避して電界 $\boldsymbol{E}$ を求めることができる．

ガウスの法則の積分形を式(4・1) に示す．ここでは図4・2に示すような閉曲面Sを考え，Sによって囲まれている体積領域をVとしている．この閉曲面の中には電荷が分布していて，その電荷密度を ρ とする．この電荷分布は周囲の空間に電界 $\boldsymbol{E}$ をつくり出すが，式(4・1) のガウスの法則は“電界 $\boldsymbol{E}$ を閉曲面Sで面積分したものが，体積領域Vの中の総電荷を真空の誘電率 ε_0 で割ったものに等しくなる”ことを示している．

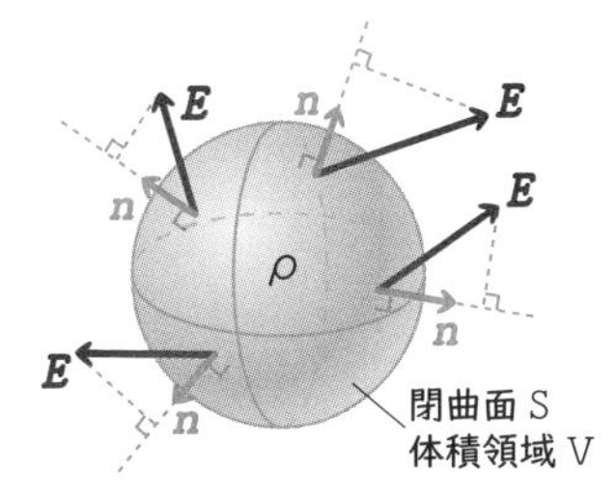

図4・2 閉曲面Sとそれによって囲まれる体積領域V．閉曲面上の電界を $\boldsymbol{E}$ とし，閉曲面の法線ベクトルを $\boldsymbol{n}$ とする．閉曲面は空間に浮かぶ風船のようなものをイメージすればよい．この体積領域中に電荷が分布しており，その電荷密度を ρ とする．

ガウスの法則（積分形）

閉曲面Sの法線ベクトル

$$\oint_S \boldsymbol{E}\cdot\boldsymbol{n}\, \mathrm{d}S = \frac{1}{\varepsilon_0}\int_V \rho\, \mathrm{d}V \qquad (4\cdot1)$$

$\boldsymbol{E}$ の閉曲面を“外向き”かつ“垂直”に貫く成分

体積領域Vの中の総電荷 Q

式(4・1) の左辺で $\boldsymbol{E}$ の面積分が行われている．閉曲面Sの法線ベクトル $\boldsymbol{n}$ との内積をとることによって，閉曲面を“外向き”かつ“垂直”に貫く成分を抽出してから足し合わせていることに注意する．右辺では，体積領域Vの中の総電荷 Q を，電荷密度 ρ を体積積分することによって求めている．閉曲面の中の総電荷が正のとき，つまり式(4・1) の右辺が正のときは左辺も正となり，電界 $\boldsymbol{E}$ が閉曲面を全体として外向きに貫くことになる．逆に，総電荷が負のときは，電界 $\boldsymbol{E}$ は全体として閉曲面を内向きに貫くことを意味している．

閉曲面を貫く成分の収支

$\boldsymbol{E}$ は，ある部分では外向き，ある部分では内向きに表面を貫いているかもしれない．しかし，ここでは“全体として”外向きに貫いている量が多いか，内向きに貫いている量が多いか（外向きと内向きの収支）を，面積分を行うことによって導いているのである．

ガウスの法則の積分形のイメージを図4・3に示す．ある広がりをもつ体積領域（風船のようなもの）の中に電荷が存在していて，(a) は正電荷，(b) は負電荷が分布しているものとする．

(a) ある体積領域内の総電荷が正

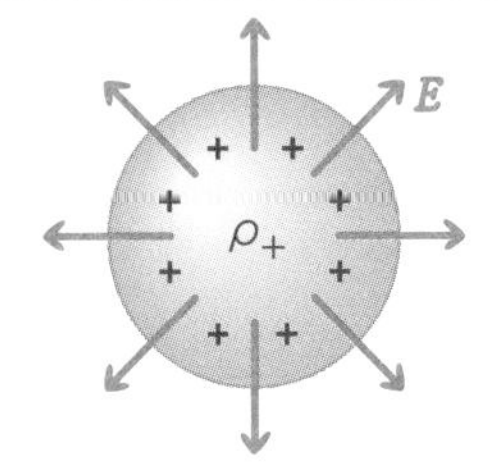

表面からは“全体として”外向きに湧き出す $\boldsymbol{E}$ ができる

(b) ある体積領域内の総電荷が負

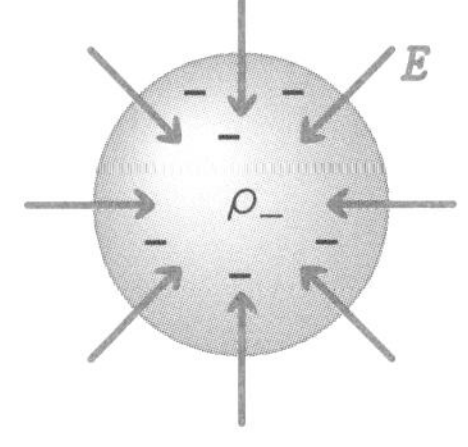

表面には“全体として”内向きに吸い込まれる $\boldsymbol{E}$ ができる

図4・3 ガウスの法則の積分形のイメージ．

積分形という言葉の意味

式(4・1) に示したガウスの法則が“積分形”とよばれるのは，ある閉曲面Sでの面積分，もしくはある体積領域Vでの体積積分を行うことによって，電荷の分布を表す ρ と電界 $\boldsymbol{E}$ の関係を表すことができるためである．“積分形”と対をなす“微分形”については§4・3で述べる．

ガウスの法則の左辺にある面積分は，これらの体積領域の表面である閉曲面を“外向き”に貫く電界$\boldsymbol{E}$の総量を示しており，この面積分の値が正であれば電界$\boldsymbol{E}$は全体として風船の中から湧き出し，負であれば$\boldsymbol{E}$は風船の中へと吸い込まれることを意味する．この面積分がどのような値をとるか（値の正負および絶対値の大きさ）を決定しているのは，ガウスの法則の右辺にある体積積分である．この体積積分は風船の中の総電荷を表しており，総電荷が正であれば電界は表面から“全体として”外向きに湧き出し，負であれば内向きに吸い込まれるような分布（かたち）になる．また，総電荷の量（絶対値）が大きければ大きいほど，湧き出したり吸い込まれたりしている電界$\boldsymbol{E}$の総量が多いことになる．

4・2 ガウスの法則の積分形を用いた電界の計算例

電荷分布に空間的な対称性がある場合に，ガウスの法則の積分形〔式(4・1)〕を用いて電界を導出する過程を三つの例をあげて説明する．

例1 点電荷がつくる電界$\boldsymbol{E}$

図4・4のように，原点に存在する点電荷Q（正電荷とする）が周囲の空間につくり出す電界$\boldsymbol{E}$を考える．原点の正電荷Qは式(4・2)のような放射状の$\boldsymbol{E}$をつくり出す〔式(3・13)参照〕．

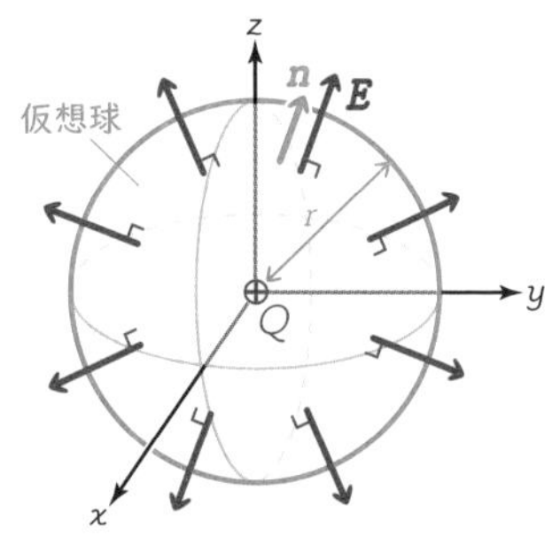

図4・4 原点に存在する点電荷Qが周囲の空間につくり出す電界$\boldsymbol{E}$.

放射状の電界分布
正の点電荷を考えているため，つくられる電界$\boldsymbol{E}$は原点から放射状に外向きになる．この方向は球座標のr方向と一致するため，その単位ベクトル$\boldsymbol{e}_r$を用いて$\boldsymbol{E}$の方向が表現できる．

仮想球の名前
ここで考えた仮想球のことを“ガウス球”とよぶことがある．ガウス球は，球対称な系に対してガウスの法則を適用する場合に登場する．

$$\boldsymbol{E} = \underbrace{\frac{1}{4\pi\varepsilon_0}\frac{Q}{r^2}}_{\boldsymbol{E}\text{の大きさ}}\ \boldsymbol{e}_r \quad (4\cdot 2)$$

（$\boldsymbol{e}_r$：球座標r方向の単位ベクトル）

式(4・2)は原点からの距離がrである場所における$\boldsymbol{E}$を示している．この放射状の電界をガウスの法則の積分形〔式(4・3)に再掲〕を用いて求めてみよう．まず，図4・4に青色で描かれているように，原点から半径rのところに仮想的な球を考えてガウスの法則を適用する．系がもつ空間的対称性から，$\boldsymbol{E}$は仮想球の表面に垂直であるといえる．つまり，$\boldsymbol{E}$の面に垂直な成分$\boldsymbol{E}\cdot\boldsymbol{n}$は，$\boldsymbol{E}$の大きさ$E$に一致する．

$$\oint_S \boldsymbol{E}\cdot\boldsymbol{n}\,\mathrm{d}S = \frac{1}{\varepsilon_0}\int_V \rho\,\mathrm{d}V \quad (4\cdot 3)$$

$$\boldsymbol{E}\cdot\boldsymbol{n} = E\boldsymbol{e}_r\cdot\boldsymbol{e}_r = E$$

さらに空間的対称性から，仮想球面上のどの場所でも$\boldsymbol{E}$が同じ大きさであるため，式(4・3)の左辺の面積分は，$\boldsymbol{E}$の大きさに表面積を掛けるだけで求められる〔式(4・4)〕．

$$\oint_S \boldsymbol{E}\cdot\boldsymbol{n}\,\mathrm{d}S = E \times \underbrace{4\pi r^2}_{\text{仮想球の表面積}} \quad (4\cdot 4)$$

（×：外積ではなくただの掛け算）

また，式(4・3)の右辺は，仮想球の内部には電荷量Qの点電荷しか存在しないため式(4・5) のように求めることができる.

$$\frac{1}{\varepsilon_0}\int_{V}\rho\,\mathrm{d}V = \frac{Q}{\varepsilon_0} \quad (4\cdot5)$$

（Q — 総電荷）

式(4・4) と式(4・5) が一致することから式(4・6) が得られ，最終的には電界$\boldsymbol{E}$の大きさを原点からの距離rの関数として求めることができる〔式(4・7)〕. これは式(4・2) においてクーロンの法則から求めたものに一致する.

$$4\pi r^2 E = \frac{Q}{\varepsilon_0} \quad (4\cdot6)$$

$$E = \frac{1}{4\pi\varepsilon_0}\frac{Q}{r^2} \quad (4\cdot7)$$

クーロンの法則で求めたものと同じになった

面倒な積分をしなくてよい
ガウスの法則を適用する場合も，本来は左辺で面積分，右辺で体積積分を行う必要がある．ただし，今の場合は，点電荷によってつくられる電界が，仮想球の表面上ではどこでも同じ大きさで，かつ表面に垂直であるために，ただの掛け算をするだけで面積分を行うことができる〔式(4・4)〕. 対称性がある場合に電界$\boldsymbol{E}$を求めるのが簡単になるのは，このようにして空間的対称性によって積分を簡略化することができるためである.

■ 例 2 球の内部に一様に分布する電荷がつくる電界 $\boldsymbol{E}$

図4・5のように，原点を中心とする半径aの球の内部に，電荷密度ρで電荷が一様に分布している．このとき周囲の空間につくられる電界$\boldsymbol{E}$をガウスの法則を用いて計算する.

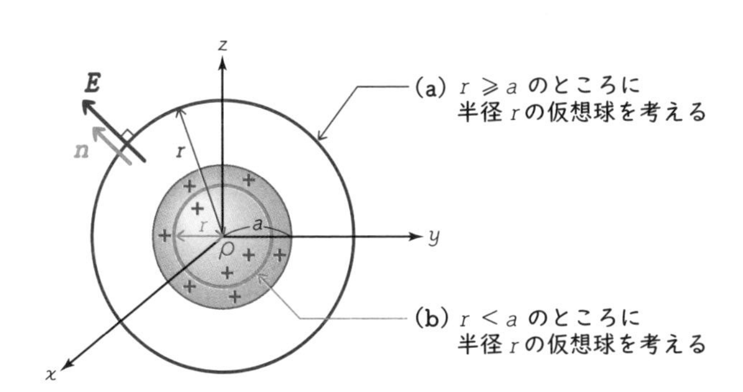

図4・5 球の内部に一様に分布する電荷がつくる電界$\boldsymbol{E}$.

電荷分布の対称性
原点を中心とする半径aの真球の中に電荷がかたよりなく分布しているため，電荷分布には空間的対称性がある.

球の内外で異なる電界の分布がつくられるため，球の外側 (a) と内側 (b) で場合分けをし，それぞれについて仮想球を考えて，ガウスの法則の積分形〔式(4・8)に再掲〕を適用する．例1の場合と同様に，系がもつ空間的対称性から$\boldsymbol{E}$は球座標r方向（半径方向）成分のみをもち，仮想球上で同じ大きさEをもつ.

$$\oint_{S}\boldsymbol{E}\cdot\boldsymbol{n}\,\mathrm{d}S = \frac{1}{\varepsilon_0}\int_{V}\rho\,\mathrm{d}V \quad (4\cdot8)$$

$$\boldsymbol{E}\cdot\boldsymbol{n} = E\boldsymbol{e}_r\cdot\boldsymbol{e}_r = E$$

以上を踏まえると，(a) と (b) それぞれの場合について，次のようにガウスの法則を適用することができ，電界$\boldsymbol{E}$の大きさを原点からの距離rの関数として求めることができる.

対称性があることの利点
電荷分布に対称性があることによって，電界$\boldsymbol{E}$は半径方向成分しかもたないと考えられる．これにより$\boldsymbol{E}\cdot\boldsymbol{n}$を$E$と考えることができる（ここで$E$は$\boldsymbol{E}$の大きさを表す）．また，対称性から仮想球上で$\boldsymbol{E}$の大きさが同じであることも保証されており，$E$に仮想球の表面積$4\pi r^2$を掛けるだけで面積分を行うことができる．さらに球内の電荷分布が一様であるために，ρに電荷が分布する領域の体積を掛けるだけで総電荷を求めるための体積積分を行うことができる．ただし (a) と (b) で仮想球の内部の電荷量が異なることに注意する.

電界 $\boldsymbol{E}$ の方向について
式(4・10)と式(4・12)では電界 $\boldsymbol{E}$ の大きさのみを求めているが，方向は対称性から半径方向である．

(a) $r \geqq a$ の場合

$$E \times \underbrace{4\pi r^2}_{\text{表面積}} = \frac{1}{\varepsilon_0}\rho \times \underbrace{\frac{4}{3}\pi a^3}_{\text{灰色の球の体積}} \quad (4\cdot9)$$

（左辺：面積分，右辺：体積積分）

外側の電界の大きさ

$$E = \frac{\rho a^3}{3\varepsilon_0 r^2} \quad (4\cdot10)$$

(b) $r < a$ の場合

$$E \times \underbrace{4\pi r^2}_{\text{表面積}} = \frac{1}{\varepsilon_0}\rho \times \underbrace{\frac{4}{3}\pi r^3}_{\text{青色の仮想球の体積}} \quad (4\cdot11)$$

（左辺：面積分，右辺：体積積分）

内側の電界の大きさ

$$E = \frac{\rho r}{3\varepsilon_0} \quad (4\cdot12)$$

電荷は表面だけに分布
この例では電荷は円柱の表面のみに分布していることに注意する．図4・7のように円柱の単位長さ（長さ1）あたり λ の電荷が分布している．

■ 例3　無限に長い円柱の表面に分布する電荷がつくる電界 $\boldsymbol{E}$

図4・6のように，z 軸を中心軸とする半径 a の円柱がある．この表面に単位長さあたり λ の電荷が分布している．このとき，円柱の内外につくられる電界 $\boldsymbol{E}$ をガウスの法則を用いて計算する．ここで電荷は円柱の表面にのみ分布していることに注意する．

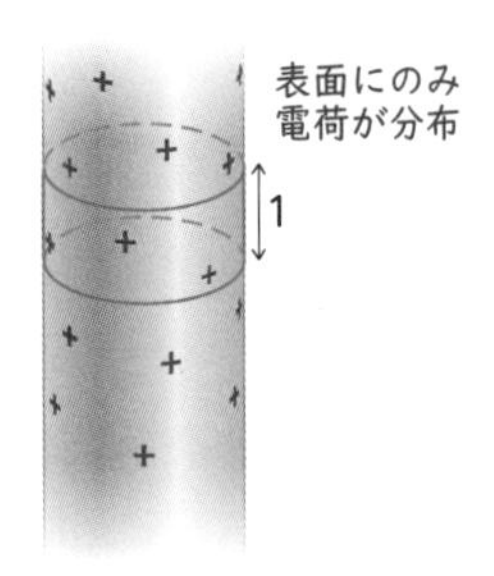

図4・7　表面にのみ電荷が分布している円柱のイメージ．

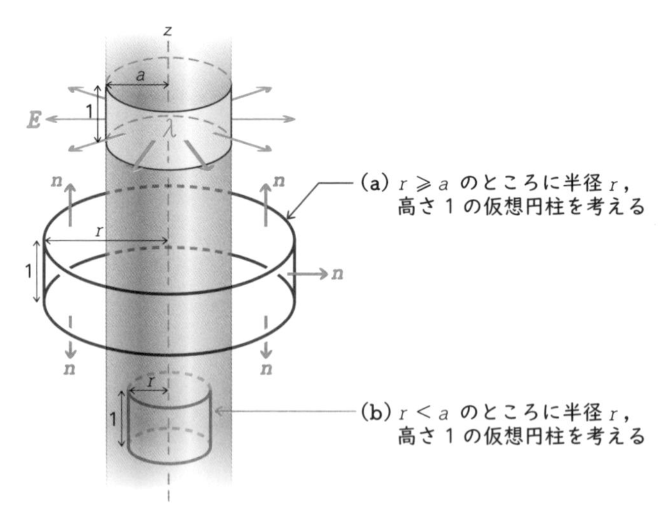

図4・6　無限に長い円柱の表面に一様に分布する電荷がつくる電界 $\boldsymbol{E}$．

電荷分布の対称性
z 軸を中心とする半径 a の円柱表面に電荷がかたよりなく分布しているため，電荷分布には空間的な対称性がある．

円柱の内外で異なる電界の分布がつくられるため，円柱の外側（a）と内側（b）で場合分けをする．どちらの場合も中心からの距離が r のところに高さ1の仮想円柱を考えて，ガウスの法則の積分形を適用する．系の空間的対称性より $\boldsymbol{E}$ は円柱座標 r 方向（半径方向）成分しかもたないため，仮想円柱の側面では $\boldsymbol{E}\cdot\boldsymbol{n} = E$ となる．また，仮想円柱の上下面では $\boldsymbol{E}\cdot\boldsymbol{n} = 0$ となり，ガウスの法則の左辺への寄与はない．さらに対称性から，仮想円柱の側面で $\boldsymbol{E}$ の大きさが同じであることもわかる．よって，(a), (b) それぞれの場合について，次のようにガウスの法則を適用することができ，電界 $\boldsymbol{E}$ の大きさを中心軸である z 軸からの距離 r の関数として求めることができる．

(a) $r \geqq a$ の場合

$$E \times \underbrace{2\pi r \times 1}_{\text{側面積}} = \frac{1}{\varepsilon_0} \underbrace{\lambda}_{\text{総電荷}} \qquad (4\cdot13)$$

$$E = \frac{\lambda}{2\pi\varepsilon_0 r} \qquad (4\cdot14)$$

(b) $r < a$ の場合

$$E \times 2\pi r \times 1 = \underbrace{0}_{\text{円柱の内部に電荷は存在しない}} \qquad (4\cdot15)$$

$$E = 0 \qquad (4\cdot16)$$

対称性があることの利点
空間的対称性から，仮想円柱側面で $\boldsymbol{E}$ の大きさ（E）が同じであることが保証されている．これにより，式(4・13) と式(4・15) の左辺において，E に側面積を掛けるだけで面積分を行うことができ，面倒な積分を回避できている．

電界 $\boldsymbol{E}$ の方向について
式(4・14) では電界 $\boldsymbol{E}$ の大きさのみを求めているが，方向は対称性から半径方向である．

4・3 ガウスの法則の微分形

§4・1で導入したガウスの法則は“積分形”とよばれる形式である．積分形のガウスの法則は，ある閉曲面Sおよび，それによって囲まれている体積領域Vで積分（面積分，体積積分）を行うことで，電界 $\boldsymbol{E}$ と電荷密度 ρ の間を結び付けるものであった．本節で導入するガウスの法則の**微分形**は，このような広がりをもつ領域を考えることなく，空間のある1点において電界 $\boldsymbol{E}$ と電荷密度 ρ の関係を表すものである．ここでは積分形のガウスの法則から出発して微分形のガウスの法則を導いてみよう．このために，ベクトル解析の定理である**ガウスの定理**を用いる〔式(4・17)〕．

ガウスの法則とガウスの定理
ガウスの法則とガウスの定理を混同しがちであるが，ガウスの定理はベクトル解析の定理であり，一般のベクトル量 $\boldsymbol{F}$ について成立する．電磁気学だけでなく，流体力学などさまざまな物理学の領域において使われている“数学”の定理である．

ガウスの定理

$$\underbrace{\oint_S \boldsymbol{F}\cdot\boldsymbol{n}\,\mathrm{d}S}_{\text{面積分}} = \underbrace{\int_V \overbrace{\nabla\cdot\boldsymbol{F}}^{\boldsymbol{F}\text{の発散}}\,\mathrm{d}V}_{\text{体積積分}} \qquad (4\cdot17)$$

ガウスの定理の S，V について
ガウスの法則のときと同じように，ある閉曲面S（風船をイメージ）と，その閉曲面によって囲まれた体積領域Vを考えればよい．ガウスの定理のイメージについては次ページを参照．

ガウスの定理は任意のベクトル量 $\boldsymbol{F}$ について成り立つもので，左辺はベクトル量 $\boldsymbol{F}$ の面積分，右辺はベクトル量 $\boldsymbol{F}$ の発散を体積積分したものとなっている．ガウスの定理を用いることで，式(4・18) のようにガウスの法則の積分形の左辺に現れる面積分を体積積分に置き換えることができる．

$$\oint_S \boldsymbol{E}\cdot\boldsymbol{n}\,\mathrm{d}S \overset{\text{ガウスの定理}}{=} \underbrace{\int_V \nabla\cdot\boldsymbol{E}\,\mathrm{d}V = \frac{1}{\varepsilon_0}\int_V \rho\,\mathrm{d}V}_{\text{どちらも体積積分なので直接比較できる}} \qquad (4\cdot18)$$

これによって式(4・18) の右側の2項がどちらも体積積分となり，直接的な比較をすることが可能になる．これらの体積積分をどのような体積領域 V について行った場合でも積分の結果が一致するためには，積分の中身（被積分関数に相当する部分）がそもそも一致していなければならない．この要請により，式(4・19) が成立しなければならないことが導かれる．この式(4・19) がガウスの法則の微分形である．

どのような体積領域 V でも
両辺の被積分関数に相当する部分が異なっても，ある特定の体積領域Vについての積分に限れば，結果が一致することはあるかもしれない．しかし，どのような体積領域についても必ず積分の結果が一致するためには，積分の中身（被積分関数）がそもそも同じでなければならない．

微分形と積分形の違い
ガウスの法則の微分形は，空間の 1 点において $\boldsymbol{E}$ と ρ の関係を示すものである．積分形のように閉曲面 S や体積領域 V について積分する必要がない．

ガウスの法則（微分形）

$$\nabla \cdot \boldsymbol{E} = \frac{\rho}{\varepsilon_0} \tag{4・19}$$

式(4・19) の左辺は $\boldsymbol{E}$ の発散であるが，2 章で述べたように，あるベクトル量の発散が正であればその点からベクトル量が湧き出し，負であればその点に向かってベクトル量が収束していることを意味する．つまり，ガウスの法則の微分形の左辺は，電界 $\boldsymbol{E}$ が発散しているか収束しているかを表している．そして，その発散・収束をコントロールしているのは，右辺にある電荷密度 ρ である．ρ が正であれば，つまりある点に正電荷が存在すればその点から電界が発散し，負であればその点に向かって電界が収束することが表現されている．

ADDITIONAL TIME ガウスの定理のイメージ

本書ではベクトル解析の定理である**ガウスの定理**について厳密な数学的証明を行わない．その代わり，この定理が表現していることのイメージについて考えてみたい．ガウスの定理の右辺は，体積領域 V の内部に存在するベクトル量 $\boldsymbol{F}$ の発散を足し合わせたものである．まずは，この右辺のイメージを考えよう．

ガウスの定理

$$\underbrace{\oint_S \boldsymbol{F} \cdot \boldsymbol{n} \, dS}_{\text{面積分}} = \underbrace{\int_V \nabla \cdot \boldsymbol{F} \, dV}_{\text{体積積分}}$$

下のイメージ図の右側の青いベクトル群のように，V の中のそれぞれの点において，ベクトル量 $\boldsymbol{F}$ が四方八方に湧き出している状況を考える（$\nabla \cdot \boldsymbol{F} > 0$ の状況）．このとき，ガウスの定理の右辺のように体積積分を行って足し合わせていくと，隣接する点のベクトルがその境界において逆向きになり打ち消しあう．最終的に V の全域について足し合わせを行うと，内部において湧き出しているベクトルはすべて打ち消しあってなくなり，閉曲面の表面において打ち消してくれる隣接ベクトルがない場合にのみ，ベクトルの発散成分が生き残る．この表面において生き残ったベクトルは，左辺の面積分に相当するもの，つまり表面を貫いて外に出る成分を足し合わせたものになる．

厳密な証明ではないが，ガウスの定理のエッセンスは，体積領域内部の発散・収束はある有限の領域で足し合わせると打ち消されて表面に存在するもののみが残る，ことにある．

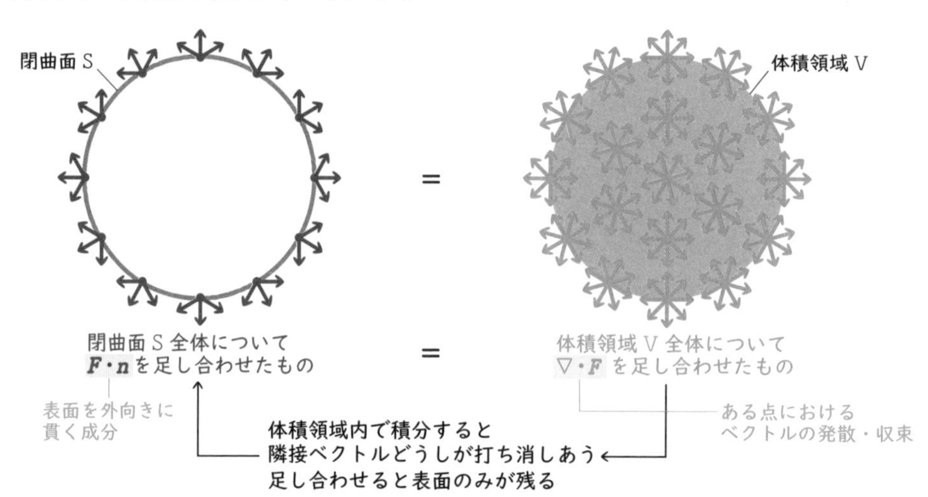

ガウスの法則の微分形のイメージを図4・8に示す．空間のある1点における電荷密度を ρ として，その周囲の空間にどのような電界 $\boldsymbol{E}$ がつくられるかを表現している．図4・8(a) は，中心にある正電荷が $\boldsymbol{E}$ の発散，つまり正電荷から湧き出す電界をつくっている様子を示している．図4・8(b) は，負電荷が $\boldsymbol{E}$ の収束，つまり負電荷に向かって吸い込まれていく電界をつくり出すことを表現している．

微分形と積分形の共通性
ガウスの法則の積分形と微分形は，実は全く同じことを述べている．図4・3と図4・8は，有限の広がりをもつ領域を考えているか，空間のある1点を考えているかが異なるだけである．表現しているのは，正電荷が電界 $\boldsymbol{E}$ の発散をつくり，負電荷が $\boldsymbol{E}$ の収束をつくる，という共通の事象である．

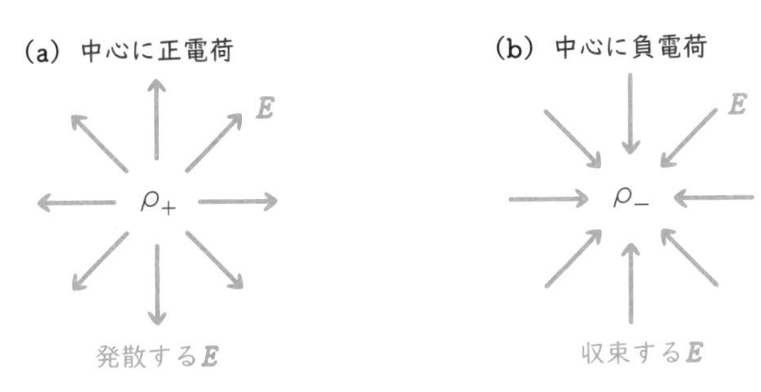

図4・8 ガウスの法則の微分形のイメージ．

演 習 問 題

4・1 半径 a の無限長の円柱の中に電荷密度 ρ で電荷が一様に分布している．円柱の内外での電界の大きさを求めよ．

4・2 半径 a の無限長の円柱があり，ある電荷分布をもっている．このとき，電界は円柱の表面に垂直，すなわち円柱座標の r 方向で，その大きさは，円柱の内側では $E = \dfrac{\rho_0 r}{2\varepsilon_0}$，外側では $E = \dfrac{\rho_0 a^2}{2\varepsilon_0 r}$ であった．円柱の内外の電荷分布を求めよ．

[ヒント] 円柱座標でガウスの法則（微分形）を使ってみよう．ρ_0 が定数であることに注意する．

5

電位と静電界渦なし則

本章では，右の電磁気学マップにおいて赤文字の部分を学びます．マップの左側に広がっている静電界では，“静電界渦なし則”という法則が常に成り立ちます．この法則の存在によって，電界と密接に関連するスカラー量である“電位（静電ポテンシャル）V”を定義することが可能になります．本章ではまず，電位Vがポテンシャルエネルギー（位置エネルギー）であることを意識しながら，その導入を行います．次に，電位が定義できることと静電界渦なし則の関係について考えます．最後に，電界$\boldsymbol{E}$と電位Vの間の関係を導き，電位を求めることによって電界の計算が可能になることを示します．

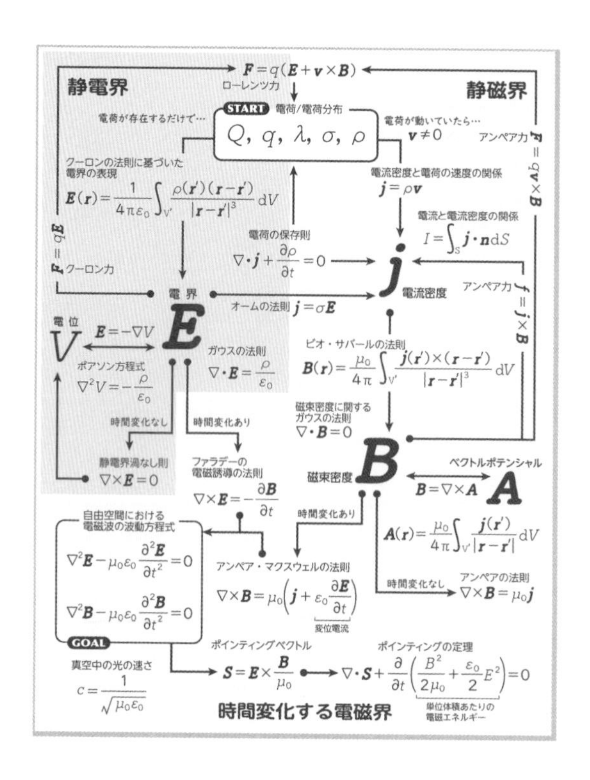

5・1　ポテンシャルエネルギー

ポテンシャルという言葉
ポテンシャルという言葉は日本語では“潜在的な能力”を意味する．高校まではポテンシャルエネルギーのことを位置エネルギーとよんでいた．

本章で導入する**電位**（**静電ポテンシャル**）は，**ポテンシャルエネルギー**（位置エネルギー）の一種である．まず，ポテンシャルエネルギーが何だったかを思い出そう．質量もしくは電荷をもっている物体が，ある場所において，あるポテンシャルエネルギーをもつということは，“その物体がその場所に存在するだけで，もっているポテンシャルエネルギーと同じ量の仕事をするだけの潜在的な能力がある”ということを意味する．

電位の話をする前に，ほかのポテンシャルエネルギーについて考えてみよう．みなさんに最もなじみがあるのは万有引力によるポテンシャルエネルギーかもしれない．図5・1のように，点Oに存在する質量Mの物体から距離rだけ離れた場所（点P）に，質量mの物体がある状況を考える．この二つの物体は万有引力の法則によって引力を及ぼしあう（互いに引きあう）．

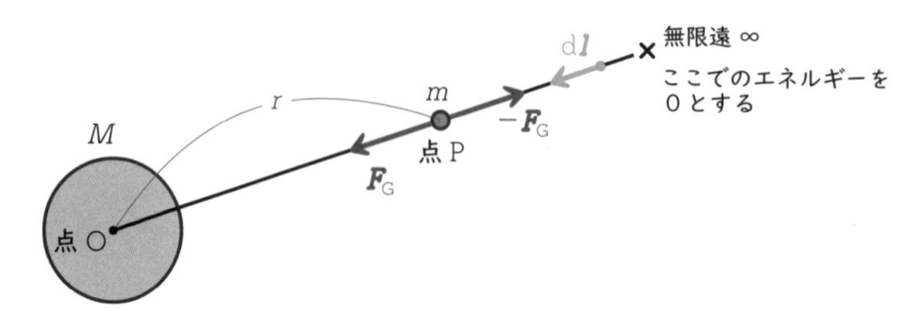

図5・1　万有引力によって引きあう質量Mと質量mの物体．

この状況において，質量 m の物体が受ける力 $\boldsymbol{F}_{\mathrm{G}}$ の大きさは式(5・1) のように表現される．力の大きさは，二つの物体の質量に比例し，距離の2乗に反比例する．

$$|\boldsymbol{F}_{\mathrm{G}}| = G\frac{Mm}{r^2} \quad (5・1)$$

点Pにおいて，質量 m の物体がもつポテンシャルエネルギーについて考えてみよう．重要な前提は，この質量 m の物体が，点Pに存在するようになるために外部からなされた仕事がポテンシャルエネルギーとして蓄積されているということである．ここで，質量 M の物体から無限に離れた場所（無限遠）をエネルギーの基準点とする．この場所から，質量 m の物体を点Pまで運ぶときに外部からなされた仕事について考える．その仕事は，質量 m の物体が $\boldsymbol{F}_{\mathrm{G}}$ の力で質量 M の物体のほうに引っ張られるのに逆らって，逆向きに $-\boldsymbol{F}_{\mathrm{G}}$ の力をかけてゆっくりと動かしていくときになされるものである．この $-\boldsymbol{F}_{\mathrm{G}}$ の力を質量 m の物体に対してかけながら，ゆっくりと無限遠から点Pまで運ぶときになされる仕事は，式(5・2) のような線積分で表され，積分の結果は式(5・3) のようになる．

$$U = \int_{\infty}^{\mathrm{P}} -\boldsymbol{F}_{\mathrm{G}}\cdot \mathrm{d}\boldsymbol{l} = -\int_{\infty}^{\mathrm{P}} \boldsymbol{F}_{\mathrm{G}}\cdot \mathrm{d}\boldsymbol{l} \quad (5・2)$$

$$= -G\frac{Mm}{r} \quad (5・3)$$

ここで，物体がポテンシャルエネルギーを獲得するためには外部から何らかの形で仕事がなされる必要がある，ということを再度確認したい．つまり，物体がある場所に存在するようになるためには，物体に対してある力がかけられ，どこかから運ばれてくることによって仕事がなされていなければならない．今の例の場合，質量 m の物体を，ポテンシャルエネルギーが0であると考える基準点（r が無限大の場所）から $-\boldsymbol{F}_{\mathrm{G}}$ という力を加えて動かし，点Pまで運んでくるときに外部からなされた仕事が，ポテンシャルエネルギーという形で質量 m の物体に与えられているのである．

エネルギーの基準点
ポテンシャルエネルギーを考える場合は，基準となる点が必要になる．この基準点においてポテンシャルエネルギーが0であると考える．

逆らってする仕事とは
ここで $\boldsymbol{F}_{\mathrm{G}}$ にマイナスが付くのは，質量 M の物体が質量 m の物体を引き付ける力 $\boldsymbol{F}_{\mathrm{G}}$ と逆方向に $-\boldsymbol{F}_{\mathrm{G}}$ の力を加え，質量 m の物体が落ちてしまわないようにしながら，無限遠から点Pまで動かすためである．

仕事の計算の仕方
仕事は，簡単にいえば“かけた力”×“動かした距離”である．ただし，力の方向と物体の運動方向が異なる場合は，“かけた力の運動方向成分”に“動かした距離”を掛けることになる．ここでは，$-\boldsymbol{F}_{\mathrm{G}}$ という力をかけて質量 m の物体を $\mathrm{d}\boldsymbol{l}$ という微小距離だけ動かしたときの微小仕事 $-\boldsymbol{F}_{\mathrm{G}}\cdot \mathrm{d}\boldsymbol{l}$ をまず考える．ここで内積をとっているのは $-\boldsymbol{F}_{\mathrm{G}}$ の $\mathrm{d}\boldsymbol{l}$ 方向成分を抽出するためである（今の場合，$-\boldsymbol{F}_{\mathrm{G}}$ と $\mathrm{d}\boldsymbol{l}$ は平行なので内積をとることに意味はないが）．式(5・2) では，この微小仕事を，無限遠から点Pまで積分することによって，なされたすべての仕事を計算している．

5・2 電位（静電ポテンシャル）

前節では，万有引力を例にとってポテンシャルエネルギーについて考えた．そこで述べたように，本節で導入する**電位**（**静電ポテンシャル**）もポテンシャルエネルギーであり，万有引力の場合と全く同じ考え方で定義をすることができる．具体的には，質量による力である万有引力 $\boldsymbol{F}_{\mathrm{G}}$ の代わりに，電荷による力であるクーロン力 $\boldsymbol{F}_{\mathrm{C}} = q\boldsymbol{E}$ を考える．また，電位を定義する際には，電荷量 q が1の電荷が受けるクーロン力 $\boldsymbol{F}_{\mathrm{C}}=\boldsymbol{E}$ を考える．この $\boldsymbol{E}$ という力に逆らってなされる仕事（＝その結果として蓄積されるポテンシャルエネルギー）は，式(5・4）のように表すことができ，これを電位 V と定義する．

電荷量1の電荷とは
ここでは電荷の単位を具体的に考えていないため1という無単位の表現をしている．SI単位系で考えるならば，1C（クーロン）の電荷にかかるクーロン力を考えればよい．エネルギーの単位はJ（ジュール）であり，電位は1Cあたりのポテンシャルエネルギーなので，電位の単位はJ/C＝V（ボルト）になる．なお，電界の単位はV/mである．

電位（静電ポテンシャル）

$$V=-\int_{\infty}^{\mathrm{P}}\boldsymbol{E}\cdot\mathrm{d}\boldsymbol{l}\qquad(5\cdot4)$$

（P：電位を考える点，∞：エネルギーの基準点）

電位の定義式
電位の定義式である式(5・4）は，式(5・2）の $\boldsymbol{F}_{\mathrm{G}}$ を $\boldsymbol{F}_{\mathrm{C}}=\boldsymbol{E}$ に置き換え，無限遠から点Pまで線積分することで仕事を計算しているにすぎない．

電位は，ある場所に電荷量1の電荷が存在する状況を考え，電荷をその場所に運んでくるためにクーロン力に逆らってなされた仕事を計算することによって与えられる．よって，電位を考える場所には電荷が存在することを暗黙のうちにイメージすることになる．しかし，電位を用いて静電界の諸現象を考えていく際には，電荷が存在しない場所において電位を考える場合が圧倒的に多い．電荷が（実際に）存在しない場合にも，“もし電荷量1の電荷が存在しているとしたら…”というように考えて，電位という物理量を考えるのである．

Vのよび方について
ここまでは静電ポテンシャルという名前も併記してきたが，電位のほうが短くよびやすいため，これ以降は主として“電位”のみを用いる．

式(5・4）に従って電位を計算する際に行う線積分のイメージを図5・2に示す．背景に電界 $\boldsymbol{E}$ のベクトル場が存在し，電位の基準点である点∞から（ここでの電位 V を0とする）電位を求めたい場所である点Pまで，黒線で描かれている最短経路に沿って線積分をすることを考える．$\boldsymbol{E}$ の方向は必ずしもこの最短経路と平行ではないため，経路に沿った線要素ベクトル $\mathrm{d}\boldsymbol{l}$ を考え，$\boldsymbol{E}$ と $\mathrm{d}\boldsymbol{l}$ の内積をとることによって $\boldsymbol{E}$ の積分経路に沿った成分を抽出する．この $\boldsymbol{E}\cdot\mathrm{d}\boldsymbol{l}$ を点∞から点Pまで足し合わせることによって，電位 V を計算することができる．

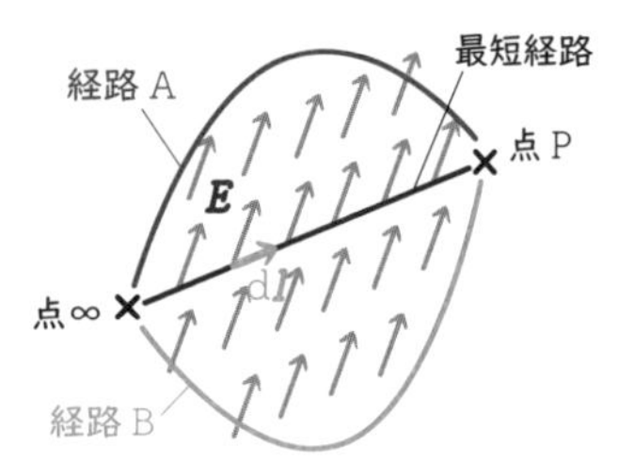

図5・2　電位を計算するために行う線積分のイメージ．

ここでは黒線の最短経路に沿って線積分を行ったが，実は電位を計算する際の線積分の経路が最短経路である必要はない．赤線で示した経路Aや青線で示した経路Bに沿って線積分を行っても，その経路が点∞と点Pを結ぶものである限り，積分の結果（積分の結果得られる電位 V の値）は同じになる．ただし，積分結果が経路によらないのは“時間変化しない電界（静電界）”においてのみである．§5・3ではこの事実をもう少し掘り下げながら，静電界を記述する重要な法則のひとつである“静電界渦なし則”について解説する．

積分結果の一意性
積分経路によって積分の結果が変わってしまうと，式(5・4）で電位の定義ができなくなることに注意する．基準点を定めたときに電位が一意に決まるためには，どのような経路で積分しても積分の結果が同じにならなければならない．

5・3　静電界渦なし則

法則の名前の話
静電界渦なし則は本書で独自に決めている名前である．この法則はガウスの法則と並んで，静電界を記述する重要な法則であるが，人名が冠されたような名前をもたないため，本書では“静電界渦なし則”とよぶことにする．

本節では静電界の性質（特に電界 $\boldsymbol{E}$ のかたち）を記述する重要な法則である**静電界渦なし則**について述べる．前節の終わりで述べたように“静電界においては線積分の経路によらず電位 V が一意に求められる”ことから出発する．具体的には，図5・3のように点∞と点Pを結ぶ二つの経路 C_1 と経路 C_2 を考えたとき，どちらの経路に沿って線積分を行っても，式(5・

5）に示されるようにその結果として得られる電位 V が一致するということを前提とする．

$$V = -\int_{C_1} \boldsymbol{E} \cdot \mathrm{d}\boldsymbol{l} = -\int_{C_2} \boldsymbol{E} \cdot \mathrm{d}\boldsymbol{l} \tag{5・5}$$

（同じになる／経路 C_1 で積分したもの／経路 C_2 で積分したもの）

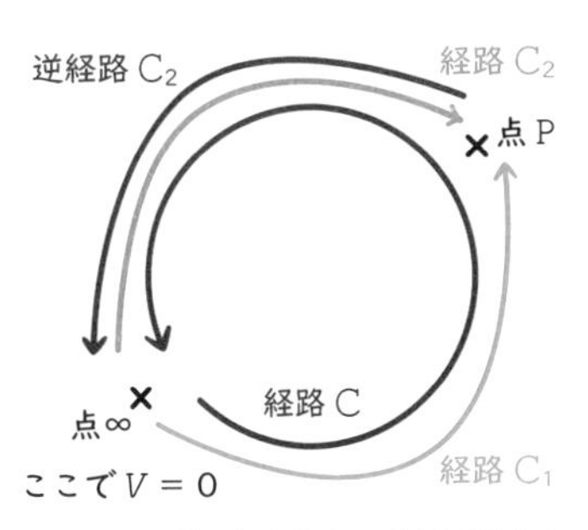

図5・3 静電界渦なし則を導くために考える線積分の経路．

この式において，C_1 についての積分を右辺に移項することで式（5・6）が得られる．

$$\int_{C_1} \boldsymbol{E} \cdot \mathrm{d}\boldsymbol{l} - \int_{C_2} \boldsymbol{E} \cdot \mathrm{d}\boldsymbol{l} = 0 \tag{5・6}$$

$$-\int_{C_2} \boldsymbol{E} \cdot \mathrm{d}\boldsymbol{l} = +\int_{\text{逆}C_2} \boldsymbol{E} \cdot \mathrm{d}\boldsymbol{l}$$

（C_2 と逆 C_2 では $\mathrm{d}\boldsymbol{l}$ が逆向きになる）

経路 C_2 に沿った積分にマイナスを付けたものが，経路 C_2 に沿って逆向きに積分を行ったものに一致することを考慮すると，式（5・7）を得ることができる．経路 C_1 と，経路 C_2 に沿って逆向きにとった経路（逆経路 C_2）を連結すると，図5・3で最も内側に示されている経路Cになる．この経路Cは“閉じた経路”なので，式（5・7）の積分記号に○が付いている．

$$\int_{C_1+\text{逆}C_2} \boldsymbol{E} \cdot \mathrm{d}\boldsymbol{l} = \oint_{C} \boldsymbol{E} \cdot \mathrm{d}\boldsymbol{l} = 0 \tag{5・7}$$

（閉じた経路Cになる／$\boldsymbol{E}$ を閉じた経路で線積分すると0になる）

ここまでの式変形の帰結として，式（5・8）に示すように，電界 $\boldsymbol{E}$ を閉じた経路Cに沿って周回積分したものが0になることが示された．式（5・8）は静電界に渦がないことを表現しており，本書では静電界渦なし則とよぶ．ガウスの法則と並んで，静電界 $\boldsymbol{E}$ の“かたち”を記述する重要な法則のひとつである．

静電界渦なし則（積分形）

$$\oint_{C} \boldsymbol{E} \cdot \mathrm{d}\boldsymbol{l} = 0 \tag{5・8}$$

式（5・8）がなぜ“静電界に渦がないこと”を意味するのか，について考えてみよう．図5・4において，灰色の矢印で表されているような回転するベクトル場 $\boldsymbol{F}$ を考える．このベクトル場 $\boldsymbol{F}$ を，式（5・9）のように，ある閉じた経路Cに沿って時計回りに周回積分（閉じた経路で線積分）してみる．

$$\oint_{C} \boldsymbol{F} \cdot \mathrm{d}\boldsymbol{l} \tag{5・9}$$

（閉じた経路）

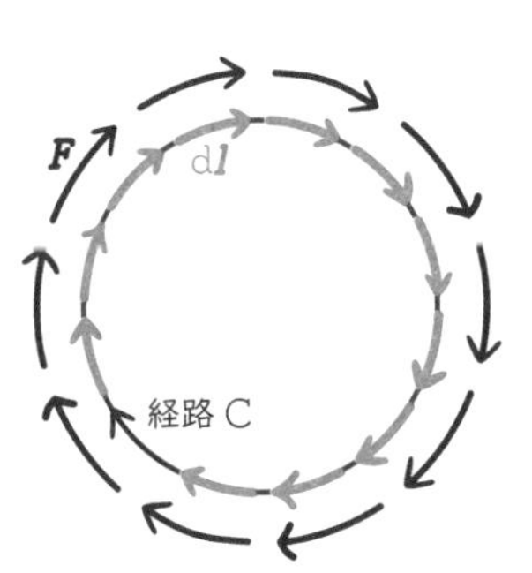

図5・4 回転性のあるベクトル場 $\boldsymbol{F}$ を閉じた経路Cで周回積分する．

ここでは，経路Cとしてベクトル $\boldsymbol{F}$ に沿った閉じたループを考えている．そのため，線積分を行う際の線要素ベクトル $\mathrm{d}\boldsymbol{l}$ は $\boldsymbol{F}$ と同じ向きとなり，経路上のすべての点において$\boldsymbol{F}\cdot\mathrm{d}\boldsymbol{l} > 0$が成り立つ．式(5・9) の線積分は$\boldsymbol{F}\cdot\mathrm{d}\boldsymbol{l}$を経路 C に沿って足し合わせていくことにほかならないので，積分した結果も正の値になる．つまり“回転性がある（渦がある)”ベクトル場$\boldsymbol{F}$の中に，閉じた経路 C を考えて$\boldsymbol{F}$を周回積分すると，結果は 0 ではない値になるのである．逆に考えると，$\boldsymbol{F}$の周回積分の結果が 0 になる場合は，ベクトル場$\boldsymbol{F}$には回転性がなく“渦なし”であるということができる．静電界渦なし則は，静電界においては，電界$\boldsymbol{E}$を周回積分した結果は常に 0 となり，$\boldsymbol{E}$には“回転性があってはならない”ことを意味している．

ベクトル場$\boldsymbol{F}$について
ここで考えているベクトル場$\boldsymbol{F}$は電磁気学の物理量である必要はなく，一般のベクトル量（たとえば風速）でも構わない．ただし，図 5・4 では回転している（渦を巻いている）ベクトル場を考えている．

渦あり / 渦なしの判定法
あるベクトル場が空間に存在しているとき，そのベクトル場に回転性があるのかないのか，つまり渦巻いているのかいないのかを確認したい場合には，ベクトル場の中に閉じた経路 C を考え周回積分をすればよい．積分の結果が 0 であれば“渦なし”，0 でなければ“渦あり”であることが確認できる．

静電界は“常に”渦なし
ここでは単一の点電荷のみについて考えたが，電荷が複数存在する場合や，電荷が連続的に分布している場合でも，時間変化がない状況（静電界）であれば，渦なしは常に成立している．

静電界において実際に静電界渦なし則が成り立っているかどうかを確認してみよう．図 5・5 のような，点電荷がつくる発散性の電界$\boldsymbol{E}$を考える．この発散性のベクトル場$\boldsymbol{E}$の中に C という閉じた経路を考え，$\boldsymbol{E}$を周回積分する．経路 C の弧の部分では$\boldsymbol{E}$と$\mathrm{d}\boldsymbol{l}$が垂直であるために$\boldsymbol{E}\cdot\mathrm{d}\boldsymbol{l} = 0$となり線積分への寄与はない．また，半径方向の部分では，経路 C を 1 周するときに，$\mathrm{d}\boldsymbol{l}$が外向きの場合は$\boldsymbol{E}\cdot\mathrm{d}\boldsymbol{l} > 0$，内向きの場合は$\boldsymbol{E}\cdot\mathrm{d}\boldsymbol{l} < 0$となり，その絶対値が等しいために積分への寄与は相殺される．つまり，点電荷がつくる発散性の電界$\boldsymbol{E}$について，その周回積分は 0 となり，静電界渦なし則が成立していることがわかる．

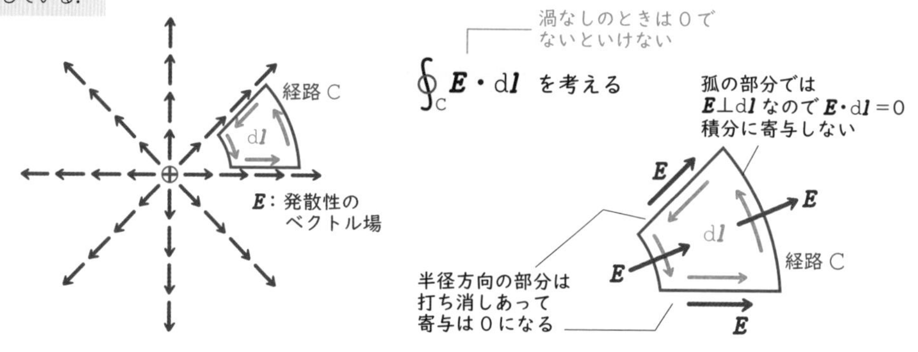

図 5・5 点電荷がつくる発散性の電界を閉じた経路で周回積分する．

式(5・8) に示されている静電界渦なし則は“積分形”とよばれるもので，ある有限の広がりをもつ閉回路 C を考えることによって静電界$\boldsymbol{E}$に渦がないことを表現するものであった．積分形の表現から出発して，ある 1 点において成り立つ“微分形”を導いてみよう．導出過程では式(5・10) に示すストークスの定理を用いる．4 章で出てきたガウスの定理と同様，**ストークスの定理**もベクトル解析の定理であり，線積分（周回積分）と面積分を相互変換する際に用いられる．

ガウスとストークスの違い
ガウスの法則の微分形を導く際に用いたガウスの定理は，面積分と体積積分の間の相互変換をするものであった．ストークスの定理は，両辺において積分の次元が一つ下がり，線積分と面積分の間の相互変換を行うときに用いる．

ストークスの定理

$$\oint_{\mathrm{C}} \boldsymbol{F}\cdot\mathrm{d}\boldsymbol{l} = \int_{\mathrm{S}} \underbrace{(\nabla\times\boldsymbol{F})}_{\boldsymbol{F}\text{の回転}}\cdot\boldsymbol{n}\,\mathrm{d}S \qquad (5\cdot10)$$

線積分 ⟷ 面積分

式(5・8) に示されている静電界渦なし則の積分形では，左辺が線積分になっている．この線積分を，ストークスの定理を用いることによって，面積分に変換することができ，渦なしであるためにはこの面積分が0になる必要がある〔式(5・11)〕.

ストークスの定理

$$\oint_C \boldsymbol{E}\cdot d\boldsymbol{l} = \int_S (\nabla\times\boldsymbol{E})\cdot\boldsymbol{n}\,dS = 0 \qquad (5\cdot 11)$$

どのようなSについて考えても成り立つためには $\nabla\times\boldsymbol{E}=0$ でないといけない

どのようなSについても
ある特定のSについてであれば，$\nabla\times\boldsymbol{E}$ が0でなくても，その面積分が0になることはあるかもしれない．しかし，任意のS（どのようなSでも）必ず面積分が0になるためには，$\nabla\times\boldsymbol{E}$ がそもそも0である必要がある．

式(5・11) の面積分には被積分関数に $\nabla\times\boldsymbol{E}$ が含まれる．どのような面について積分を行ってもその結果が0になるには，$\nabla\times\boldsymbol{E}$ そのものが0である

ADDITIONAL TIME ストークスの定理のイメージ

§5・3において静電界渦なし則の積分形から微分形を導く際，ベクトル解析の定理である**ストークスの定理**を用いた．本書ではこの定理について厳密な数学的証明を行わない．その代わりに，ストークスの定理が意味していることのイメージについて考えてみたい．ストークスの法則の右辺は，面Sの内部に存在するベクトル量$\boldsymbol{F}$の回転を面積分として足し合わせたものである．

ストークスの定理

$$\oint_C \boldsymbol{F}\cdot d\boldsymbol{l} = \int_S (\nabla\times\boldsymbol{F})\cdot\boldsymbol{n}\,dS$$

線積分　　面積分

下のイメージ図の右側の青いベクトル群のように，面Sの中のそれぞれの点において，ベクトル量$\boldsymbol{F}$が私たちから見て反時計回りに回転している（渦を巻いている）状況を考える（$\nabla\times\boldsymbol{F}$はこちら向き）．このとき，この回転するベクトル群を面Sについて面積分し，それぞれの寄与を足し合わせていくと，隣接する点のベクトルがその境界において逆向きになり打ち消しあう．最終的に面Sの全域について足し合わせを行うと，内部において回転しているベクトルはすべて打ち消しあってなくなり，面Sの外周（閉回路C）において打ち消してくれる隣接ベクトルがない場合にのみ，ベクトルの回転成分が生き残る．この外周部分において生き残ったベクトルは，左辺の線積分（外周Cについての周回積分）に相当するものになる．

厳密な証明ではないが，ストークスの定理のエッセンスは，ある面積の内部における回転は，ある有限の領域で足し合わせると打ち消されて，表面に存在するもののみが残ることにある．

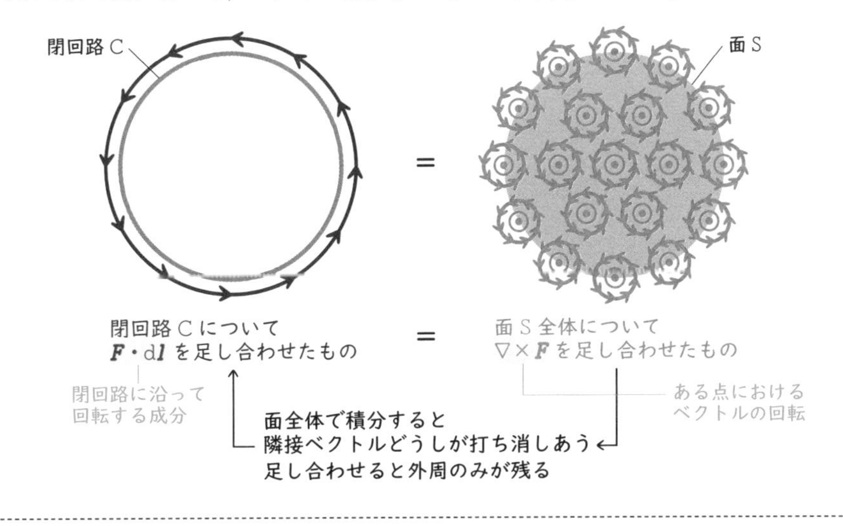

必要がある．ここから式(5・12) のように静電界渦なし則の微分形を導くことができる．

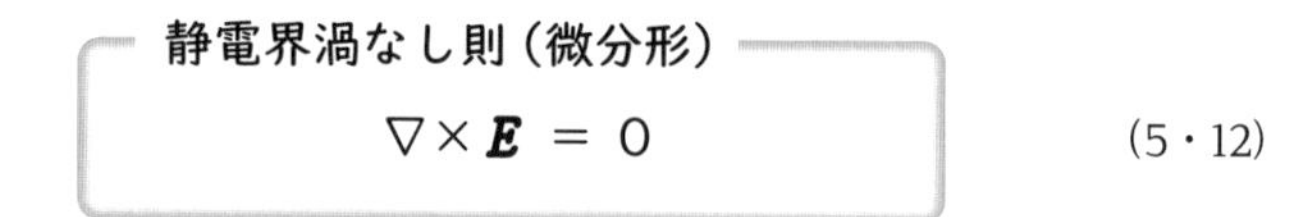

静電界渦なし則（微分形）

$$\nabla \times \boldsymbol{E} = 0 \tag{5・12}$$

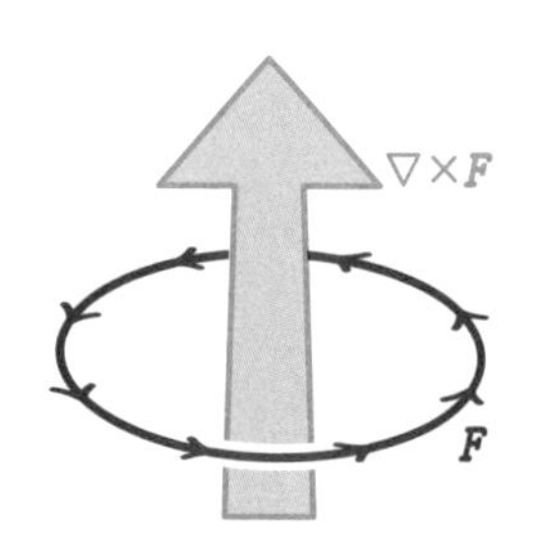

図5・6　ベクトル場 $\boldsymbol{F}$ とその回転である $\nabla\times\boldsymbol{F}$ の間の関係．

静電界渦なし則の微分形の意味を考える．ベクトル場 $\boldsymbol{F}$ とその回転である $\nabla\times\boldsymbol{F}$ の間には図5・6のような関係がある．ベクトル場 $\boldsymbol{F}$ に渦があれば，$\boldsymbol{F}$ が右ねじに巻付くような $\nabla\times\boldsymbol{F}$ が存在する．逆に，$\boldsymbol{F}$ に渦がない場合は $\nabla\times\boldsymbol{F}$ は0ベクトルになる．静電界渦なし則の微分形は，静電界においては $\nabla\times\boldsymbol{E}$ が常に0ベクトルであることを表現しており，静電界では $\boldsymbol{E}$ に回転がない（渦なしである）ことを意味している．積分形と微分形で形式に違いはあるものの，どちらも静電界に回転する成分が存在しないことを表現している．

5・4　電位と電界の関係

電位 V の空間分布が与えられた場合，そこから電界 $\boldsymbol{E}$ を導くためには，電位と電界の関係を知っておく必要がある．ここでは，電位の定義に立ち戻って電位と電界の関係を求めてみよう．まず，電位の定義〔式(5・13)〕において $-\boldsymbol{E}\cdot\mathrm{d}\boldsymbol{l}$ の部分を $\mathrm{d}V$ とおいてみる．

電位が与えられるとは
"電位の空間分布が与えられる" ということは，電位 V が位置座標の関数として与えられるということである．V が場所の関数として与えられれば，そこから電界 $\boldsymbol{E}$ を導くことができる．

$$V = -\int_{\infty}^{\mathrm{P}} \boldsymbol{E}\cdot\mathrm{d}\boldsymbol{l} \tag{5・13}$$

この部分を $\mathrm{d}V$ とおく

$\mathrm{d}V$ は，線要素ベクトル $\mathrm{d}\boldsymbol{l}$ に沿って長さ $|\mathrm{d}\boldsymbol{l}|$ だけ経路を進んだときの電位の微小変化を表している．$\mathrm{d}\boldsymbol{l}$ は微小量なので，その区間において $\boldsymbol{E}$ は一定と考えることができ，直交座標において微小電位 $\mathrm{d}V$ を式(5・14) のように表現することができる．

直交座標での線要素ベクトル
線要素ベクトル $\mathrm{d}\boldsymbol{l}$ は，直交座標で考えた場合，経路に沿って x 方向に $\mathrm{d}x$ だけ移動したときに，y 方向には $\mathrm{d}y$，z 方向には $\mathrm{d}z$ だけ座標が変位することを意味するため，$\mathrm{d}\boldsymbol{l}=(\mathrm{d}x, \mathrm{d}y, \mathrm{d}z)$ のように書くことができる．

$\boldsymbol{E}=(E_x, E_y, E_z)$

$$\mathrm{d}V = -\boldsymbol{E}\cdot\mathrm{d}\boldsymbol{l} = -E_x\mathrm{d}x - E_y\mathrm{d}y - E_z\mathrm{d}z \tag{5・14}$$

$\mathrm{d}\boldsymbol{l}=(\mathrm{d}x, \mathrm{d}y, \mathrm{d}z)$

一方，電位 V が x，y，z の関数 $V(x, y, z)$ であることを考えると，$\mathrm{d}V$ は式(5・15) のような別の形で表現することができる．

式(5・15) の意味するところ
V を x で "偏微分" したものは，y，z 座標はそのままで x 座標のみを変化させたときに，V がどれだけ変化するかを表したものである．式(5・15) の右辺第1項は，x 方向に $\mathrm{d}x$ だけ変位したことに伴う V の変化量になる．右辺第2項，第3項は，y 方向，z 方向にそれぞれ $\mathrm{d}y$，$\mathrm{d}z$ だけ変位したときの V の変化量を表す．これらを足し合わせたものが V の微小変位 $\mathrm{d}V$ となる．

$$\mathrm{d}V = \frac{\partial V}{\partial x}\mathrm{d}x + \frac{\partial V}{\partial y}\mathrm{d}y + \frac{\partial V}{\partial z}\mathrm{d}z \tag{5・15}$$

これで，電位の微小変位である $\mathrm{d}V$ を，式(5・14) と式(5・15) の2通りの形式で表現することができた．この $\mathrm{d}V$ に関する二つの表現は一致する必要がある．つまり，式(5・14) と式(5・15) の各項は，式(5・16) に示すようにおのおのが一致しなければならない．

$$-E_x = \frac{\partial V}{\partial x} \qquad -E_y = \frac{\partial V}{\partial y} \qquad -E_z = \frac{\partial V}{\partial z} \qquad (5 \cdot 16)$$

x 成分　y 成分　z 成分

この段階で"成分ごとに"ではあるが，電界と電位の間の関係が得られた．これらの関係をベクトル形式で表現すると式(5・17) のようになり，V の勾配が現れていることに気づく．

$$\boldsymbol{E} = \left(-\frac{\partial V}{\partial x},\ -\frac{\partial V}{\partial y},\ -\frac{\partial V}{\partial z}\right) = -\left(\frac{\partial V}{\partial x},\ \frac{\partial V}{\partial y},\ \frac{\partial V}{\partial z}\right) \qquad (5 \cdot 17)$$

E_x　E_y　E_z

V が最も増大する方向を与える"V の勾配" $= \nabla V$

つまり，電位が与えられたとき，そこから電界を求めるためには，式(5・18) のように，電位の勾配（グラディエント）をとってマイナスを付ければよいことがわかる．

勾配とは何だったか
勾配（グラディエント）については§2・4 を復習してその意味を思い出そう．重要なのは，スカラー量の勾配をとるとベクトル量が得られることである．

電位と電界の関係

$$\boldsymbol{E} = -\nabla V \qquad (5 \cdot 18)$$

電位と電界の関係のイメージを図 5・7 に示す．図中で電位の空間分布を等値線で表現している．$V = 3$，$V = 4$，$V = 5$ という 3 段階の電位の等値線が描かれており，おおまかには，右側から左側に向かって電位が高くなっている様子が示されている．

電位の等値線とは
電位の等値線が描けるということは，電位が場所の関数として表されているということである．図 5・7 では電位 V が 2 次元平面内のみで与えられている．直交座標の場合であれば，V は x 座標と y 座標の関数ということになる．x，y の 2 次元平面上において V の分布が与えられれば，その等値線を描くことができる．

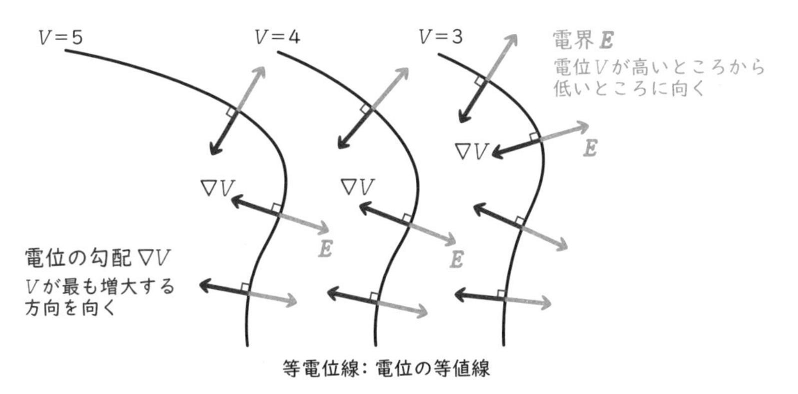

図 5・7 電位と電界の関係のイメージ．

ここで注意すべきは，電位はスカラー量であり，単純にその量の大小のみで空間分布が示されることである．この電位の分布に対して勾配 ∇V を計算すると，§2・4 で述べたように V が最も増大する方向を与えるベクトルが得られる．図 5・7 では，このベクトルを赤色の矢印で示しているが，電位の等値線とベクトル量である ∇V が垂直になっていることがわかる．本節で導いた $\boldsymbol{E} = -\nabla V$ の関係を考えると，電界 $\boldsymbol{E}$ は ∇V のベクトルにマイナスを付けたもの，つまり，∇V と大きさは同じで逆向きのベクトルになっていることがわかる．図5・7では，$\boldsymbol{E}$のベクトルを青色の矢印で示している．つまり，電界ベクトル$\boldsymbol{E}$は電位Vが高いほうから低いほうに向き，厳密にいうならば，電位が最も減少する方向を向いていることになる．

演習問題

5・1 原点におかれた電荷量Qの点電荷が周囲の空間につくる電位を，原点からの距離rの関数として表せ．ただし，電位の基準点は無限遠とする．

[ヒント] 点電荷がつくる電界は，球座標において$\boldsymbol{E} = \dfrac{Q}{4\pi\varepsilon_0 r^2}\boldsymbol{e}_r$で表現できる．また，線要素は$\mathrm{d}\boldsymbol{l} = \mathrm{d}r\boldsymbol{e}_r + r\,\mathrm{d}\theta\boldsymbol{e}_\theta + r\sin\theta\,\mathrm{d}\phi\boldsymbol{e}_\phi$で表現される．

5・2 原点におかれた電荷量Qの点電荷が位置ベクトル$\boldsymbol{r} = x\boldsymbol{e}_x + y\boldsymbol{e}_y + z\boldsymbol{e}_z$で表される点につくり出す静電界$\boldsymbol{E} = \dfrac{Q}{4\pi\varepsilon_0}\dfrac{\boldsymbol{r}}{r^3}$について$\nabla\times\boldsymbol{E}$を計算せよ．ただし，$r$は$\boldsymbol{r}$の大きさを表している．

[ヒント] $r = (x^2+y^2+z^2)^{1/2}$として，直交座標で考えるとよい．

6
静電界に関する境界値問題

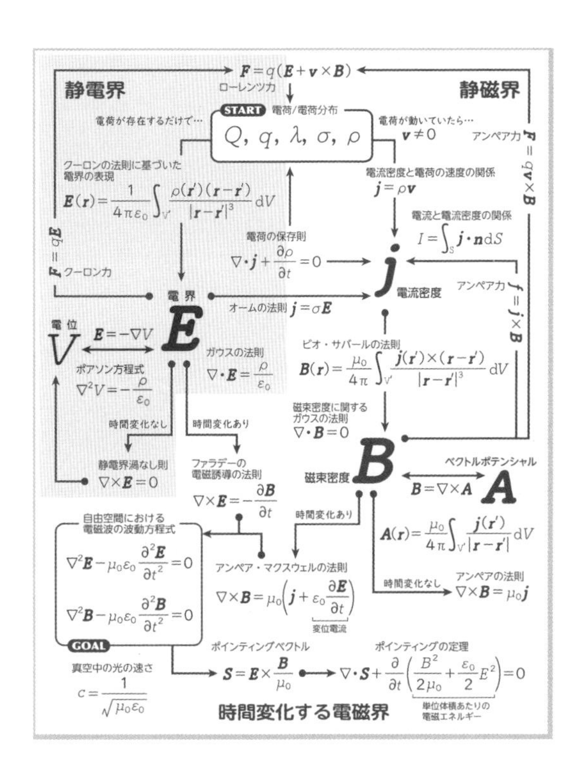

3章と4章において，電荷の分布が与えられたとき，それによってつくられる電界を求める方法を二つ学びました．一つは，クーロンの法則を用いて電荷分布から積分を行うことによって電界を計算する方法です．もう一つは，電荷の分布にある種の対称性がある場合に，ガウスの法則の積分形を用いることで面倒な積分を回避して電界を求める方法でした．本章では，前章で導入した電位を用いて電界を計算する方法を学びます．具体的には，電位が満たすべき微分方程式（ポアソン方程式，ラプラス方程式）を境界値問題として解くことで電位を求め，電位から電界を導出する方法を，実例を示しながら紹介したいと思います．

6・1　ポアソン方程式とラプラス方程式

前章で学んだ内容からスタートしよう．式(6・1) に示すように静電界においては静電界渦なし則が常に成り立つ．

$$\text{静電界渦なし則}\quad \nabla\times\boldsymbol{E}=0 \tag{6・1}$$

このとき，式(6・2) によって電界と結び付けられる電位という物理量を導入することができた（この関係式は §5・4 で導出）．

$$\boldsymbol{E}=-\nabla \underset{\text{電位}}{V} \tag{6・2}$$

式(6・2) の関係式を式(6・3) のガウスの法則の微分形（§4・3 で導出）に代入すると，式(6・4) が得られる．

ガウスの法則の微分形
ガウスの法則の微分形については§4・3に立ち戻って，その形を確認しよう．法則が意味するのは“電界$\boldsymbol{E}$の発散・収束をつくり出すのは電荷”ということである．

$$\text{ガウスの法則の微分形}\quad \nabla\cdot\boldsymbol{E}=\frac{\rho}{\varepsilon_0} \tag{6・3}$$

$$\underbrace{\nabla\cdot(-\nabla}_{\nabla\cdot\nabla} V)=\frac{\rho}{\varepsilon_0} \tag{6・4}$$

この式の左辺にナブラの内積 $\nabla\cdot\nabla$ が出てくるが，これを ∇^2 のように表現すると，式(6・5) を得ることができる．

$$\nabla\cdot\nabla\equiv\nabla^2\text{ と表現すると}\quad \nabla^2 V=-\frac{\rho}{\varepsilon_0} \tag{6・5}$$

∇^2 が現れる過程
式(6・4) から式(6・5) の式展開で，$\nabla\cdot(\nabla V)$ を $\nabla^2 V$ で置き換えている．$\nabla\cdot(\nabla V)$ の計算過程については，1) まず V の勾配をとることでベクトル量が得られ，2) そのベクトル量 ∇V の発散をとることでスカラー量が得られる，という2段階の微分演算を考えればよい．この2段階の微分演算をまとめて ∇^2 と表現している．∇^2 の具体的な形式については次ページで詳細を述べる．

微分形式の方程式
ポアソン方程式の導出は，式(6・3)で示されているガウスの法則の微分形を出発点としている．このため，ポアソン方程式は，空間のある1点において成り立つ微分形式の方程式（微分方程式）となっている．

式(6・5)は静電界において電位 V が満たすべき微分方程式であり，**ポアソン方程式**とよばれる．式(6・6)に再度示すようにポアソン方程式の左辺には電位 V，右辺には電荷密度 ρ が含まれていることから，ある1点において，電位と電荷密度の関係を表したものであることがわかる．もし，その1点に電荷が存在しない場合，つまり右辺の電荷密度 ρ が0である場合，式(6・7)のようにポアソン方程式の右辺は0となり，**ラプラス方程式**とよばれる．

ラプラス方程式になる場合
ポアソン方程式もラプラス方程式も，空間のある1点において成り立つ微分形式の方程式である．今考えている“ある1点”において電荷密度 ρ が0であれば，ラプラス方程式を考えればよいことになる．今考えている点における電荷の有無によって，ポアソンかラプラスかが決まる（それ以外の場所の電荷の有無は関係ない）．

電位が満たすべき微分方程式

ポアソン方程式 $$\nabla^2 V = -\frac{\rho}{\varepsilon_0} \qquad (6\cdot6)$$

ラプラス方程式 $$\nabla^2 V = 0 \qquad (6\cdot7)$$

電位を考えようとする点において $\rho=0$ のとき

ポアソン方程式とラプラス方程式の左辺に出てくる ∇^2 について，その中身を具体的に確認しておこう．∇^2 はベクトル解析における微分演算子のひとつで**ラプラシアン**とよばれる．ラプラシアンは，式(6・4)から式(6・5)に至る展開において，$\nabla\cdot(\nabla V)$ を $\nabla^2 V$ と表記したときに現れた．この表記に従って直交座標系において計算を具体的に進めると以下のようになる．

ナブラとラプラシアン
ナブラ ∇ は形式的にはベクトルの形をとる．ただし，∇ はベクトル量ではなく，偏微分を行うという操作がベクトルの形式に並べられているだけであった．ラプラシアン ∇^2 は形式的にはスカラーであるが，スカラー量ではなく，2階の偏微分を行うという操作がスカラー形式で表現されている．

$$\begin{aligned}
\nabla^2 V &= \nabla\cdot(\nabla V) \\
&= \left(\frac{\partial}{\partial x},\ \frac{\partial}{\partial y},\ \frac{\partial}{\partial z}\right)\cdot\left(\frac{\partial V}{\partial x},\ \frac{\partial V}{\partial y},\ \frac{\partial V}{\partial z}\right) \\
&= \frac{\partial}{\partial x}\frac{\partial V}{\partial x} + \frac{\partial}{\partial y}\frac{\partial V}{\partial y} + \frac{\partial}{\partial z}\frac{\partial V}{\partial z} \\
&= \frac{\partial^2 V}{\partial x^2} + \frac{\partial^2 V}{\partial y^2} + \frac{\partial^2 V}{\partial z^2} \\
&= \underbrace{\left(\frac{\partial^2}{\partial x^2} + \frac{\partial^2}{\partial y^2} + \frac{\partial^2}{\partial z^2}\right)}_{\text{ラプラシアン } \nabla^2} V
\end{aligned} \qquad (6\cdot8)$$

式(6・8)にラプラシアンの実体が与えられている．ラプラシアンはナブラのようにベクトルの形式はとっておらず，スカラー形式となっている．具体的には，x，y，z のそれぞれについて2階の偏微分を行って足し合わせるという操作を表している．つまり，ラプラシアンを含むポアソン方程式とラプラス方程式は，電位 V に関する2階の偏微分方程式になっているのである．

電荷密度 ρ の空間分布が与えられていれば，ポアソン方程式（電位を求めようとする場所に電荷がない場合はラプラス方程式）をたてることができる．これらの微分方程式を解くことで，電位 V を場所の関数として求めることができる．さらに，式(6・2)に示す電位と電界の関係を用いることによっ

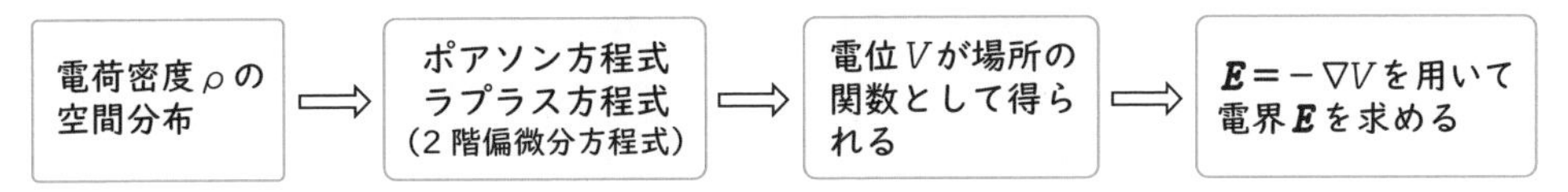

図6・1　電位に関する微分方程式を解くことで電界 $\boldsymbol{E}$ を求める手続き.

て，電位 V から電界 $\boldsymbol{E}$ を導出することができる．電位に関する微分方程式を用いて電界の分布を求める方法を整理すると図6・1のようになる.

ポアソン方程式，もしくはラプラス方程式を境界値問題として解くことで V を求め，そこから $\boldsymbol{E}$ を求める具体的な方法については，次節で例を示しながら解説する.

$\boldsymbol{E}$ を求める三つ目の方法
この手続きが，電荷分布から電界 $\boldsymbol{E}$ を求めるための三つ目の方法である．一つ目はクーロンの法則を用いて積分を行う方法，二つ目は空間的な対称性がある場合にガウスの法則の積分形を適用する方法であった.

6・2　静電界に関する境界値問題の実例

前節で導入したポアソン方程式(電荷がない場合はラプラス方程式）を境界値問題として解き，電界を求める手続きを，簡単な例で確認してみよう．図6・2に示すように，横方向および奥行き方向に無限に広がっている厚みが d の平板を考える．この平板の内部には，電荷密度 ρ_0 で一様に電荷が分布しているものとする．ここで，平板の厚みの方向（図6・2の上下方向）に x 軸をとり，$x = 0$ では電位 $V = 0$，$x = d$ では $V = V_0$ とする．このとき，平板の内部における電位や電界を場所の関数として求めてみよう.

ここで考えている帯電した平板を3次元的に表すと図6・3のようになる．y 方向，z 方向には無限に広がっていることに注意する.

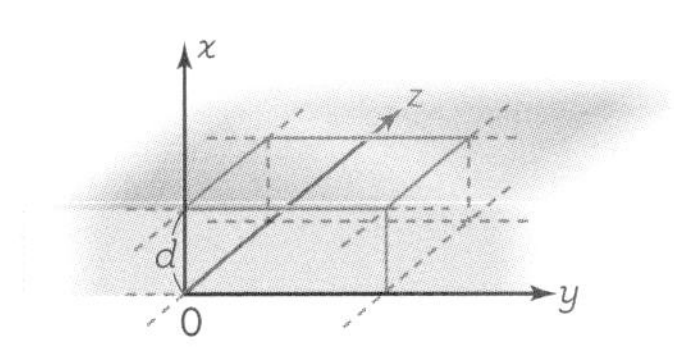

図6・3　帯電した平板の広がり.

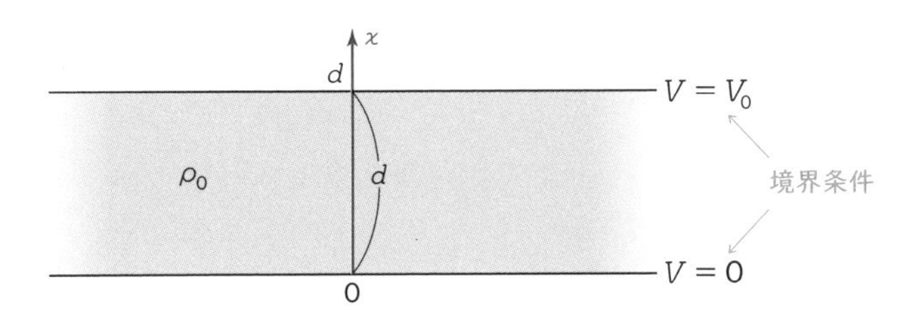

図6・2　厚み d の帯電した平板.

境界条件と境界値問題
ここで与えられる $V = 0$ ($x = 0$) や $V = V_0$ ($x = d$) のことを**境界条件**とよぶ．ポアソン方程式やラプラス方程式を解いて，V の解を“一意に”決めるためには，これらの境界条件が必要となる．また，このように境界条件が与えられている状況で，微分方程式の解を求める問題のことを**境界値問題**とよぶ.

平板の内部の“ある1点”におけるポアソン方程式は式(6・9）のようになる．V は場所の関数，つまり x，y，z の関数 $V(x, y, z)$ になるため，2階の偏微分方程式である．ただし図6・2に示された状況では，V は x のみに依存する関数となるため，y および z に関する2階の偏微分の項は0となる.

$$\nabla^2 V = \frac{\partial^2 V}{\partial x^2} + \underbrace{\frac{\partial^2 V}{\partial y^2}}_{0} + \underbrace{\frac{\partial^2 V}{\partial z^2}}_{0} = -\frac{\rho_0}{\varepsilon_0} \qquad (6\cdot 9)$$

平板は y 方向，z 方向には無限に広がっているので V は x のみの関数 $V(x)$ と考えてよい

V が x のみの関数である理由
図6・3に示すように平板は y，z 方向に無限に広がっていて，電荷密度も一様である．このため，電荷密度や電位などの物理量は y，z 座標に依存して変化することができない.

つまりこの場合，ポアソン方程式は式(6・10）のような2階の常微分方程式となり，x に関する積分を2回行うことで，式(6・11）のように V の解

を求めることができる．ここで注意しなければならないのは，2 回の積分を行うことで V を x の関数として表すことができたものの，不定積分を行っているために C_1，C_2 という二つの積分定数が現れるということである．

$$\frac{\mathrm{d}^2V(x)}{\mathrm{d}x^2} = -\frac{\rho_0}{\varepsilon_0} \qquad (6\cdot10)$$

2 回積分

積分定数

$$V(x) = -\frac{\rho_0}{2\varepsilon_0}x^2 + C_1x + C_2 \qquad (6\cdot11)$$

この段階で"電位 V の解を一意に求めることができた"ということはできない．このあと，与えられた境界条件を用いて，二つの積分定数を決定する必要がある．

一般解と特殊解
積分定数を含む微分方程式の解を**一般解**とよぶ〔この例では式(6・11)〕．一般解の段階では，積分定数 C_1 や C_2 による不定性が残っていることに注意する．これに対して，境界条件を用いて積分定数を決め，一意的に決定された解のことを**特殊解**とよぶ〔この例では式(6・12)〕．

図 6・2 で与えられた二つの境界条件を，式(6・11) の一般解に代入することで以下のように積分定数 C_1，C_2 を決定することできる．

$V_{(x=0)} = 0$ より　$C_2 = 0$

$V_{(x=d)} = V_0$ より　$V_0 = -\dfrac{\rho_0}{2\varepsilon_0}d^2 + C_1 d$

$$C_1 = \frac{V_0}{d} + \frac{\rho_0}{2\varepsilon_0}d$$

求められた積分定数 C_1，C_2 を式(6・11) に代入することで，V の特殊解を x の関数として得ることができる〔式(6・12)〕．

$$V(x) = -\frac{\rho_0}{2\varepsilon_0}x^2 + \left(\frac{V_0}{d} + \frac{\rho_0}{2\varepsilon_0}d\right)x \qquad (6\cdot12)$$

電位と電界の関係 $\boldsymbol{E} = -\nabla V$ を用いることで，電界の分布を式(6・13) のように求めることができる．

V は x のみの関数であるため，y および z で微分すると 0 になる．つまり，V の勾配は x 成分しかもたないベクトル量になる．よって，ここでは $\boldsymbol{e}_x$ という x 方向の単位ベクトルを使った表現をとっている．

$$\begin{aligned}\boldsymbol{E} &= -\nabla V \\ &= -\left(\frac{\partial V}{\partial x}, \frac{\partial V}{\partial y}, \frac{\partial V}{\partial z}\right) \\ &= -\frac{\partial V}{\partial x}\boldsymbol{e}_x \\ &= -\frac{\partial}{\partial x}\left[-\frac{\rho_0}{2\varepsilon_0}x^2 + \left(\frac{V_0}{d} + \frac{\rho_0}{2\varepsilon_0}d\right)x\right]\boldsymbol{e}_x \\ &= \left(\frac{\rho_0}{\varepsilon_0}x - \frac{V_0}{d} - \frac{\rho_0 d}{2\varepsilon_0}\right)\boldsymbol{e}_x \qquad (6\cdot13)\end{aligned}$$

0　0
V は x のみの関数なので微分すると 0 になる

電位を経由して，最終的には電界 $\boldsymbol{E}$ を場所の関数（x 座標の関数）として求めることができた．

この例では，電荷分布およびそれによってつくられる電位の分布が x 座標のみに依存する状況を考えたため，解くべき方程式が常微分方程式となり，比較的簡単に境界値問題を解くことができた．しかし，V が x，y，z のすべてに依存する場合は，解くべき方程式は偏微分方程式のままであるため，特殊解を求める手続きは複雑になることが多い．

演 習 問 題

6・1　きわめて長い直線上に，線電荷密度 λ で電荷が与えられている．この直線からの距離が r の円周上につくられる電位 $V = \dfrac{\lambda}{2\pi\varepsilon_0}\log\left(\dfrac{r_0}{r}\right)$ がラプラス方程式を満たしていることを示せ．ただし r_0 は定数である．

6・2　原点に対して球対称の電位が $V = \dfrac{1}{4\pi\varepsilon_0 r}\exp\left(-\dfrac{r}{a}\right)$ で与えられている．電荷密度分布 ρ を求めよ．ただし，r は原点からの距離，a は定数である．

7

導　　体

これまでの章では，静電界を記述するための基本法則（クーロンの法則，ガウスの法則，静電界渦なし則）について学んできました．このあたりでマップの左側の静電界を離れて，右側の静磁界に入っていきたいところですが，もうしばらく（あと2章分だけ）静電界に留まりたいと思います．本章では電気を通す物質である“導体”について学びます．まず，導体とは何であるのか，について述べます．次に，導体が示す四つの電気的性質を順番に整理します．最後に，それらの電気的性質を踏まえ，導体を含む空間において電荷や電界がどのように分布するのかについて，実例をあげながら考えます．

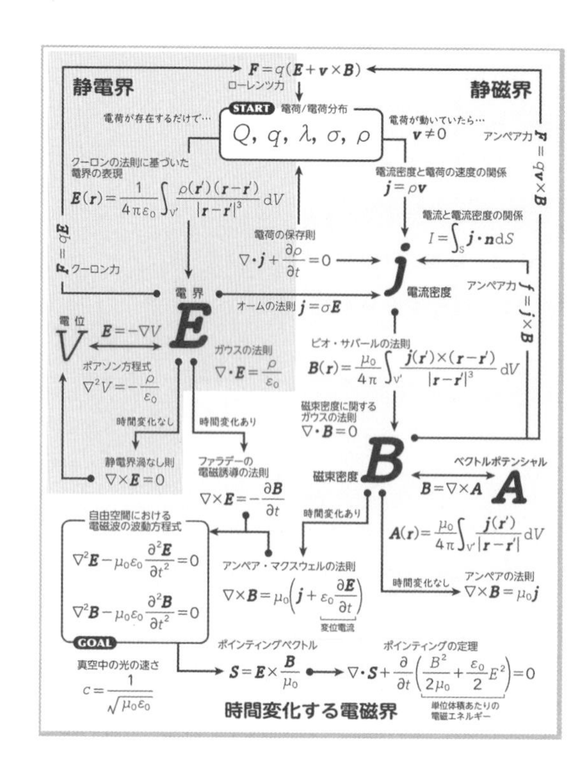

7・1　導体とは何なのか？

電気を通さない物質
電気を通さない物質のことを**不導体**もしくは**絶縁体**とよぶ．不導体の例としてゴムなどがあげられる．不導体の内部には後述する自由電子が存在しないため電荷の動きがない，つまり，電気を通すことができない．

本章で取扱う**導体**は，“電気を通す物質”というように説明されることが多い．銅などの金属が導体の例としてあげられるが，なぜ金属は電気を通しやすいのだろうか？ それを理解するために，まずは物質を構成する最小単位である“原子”の構造について復習しよう．通常，原子の構造は図7・1(a)のように模式的に表される．

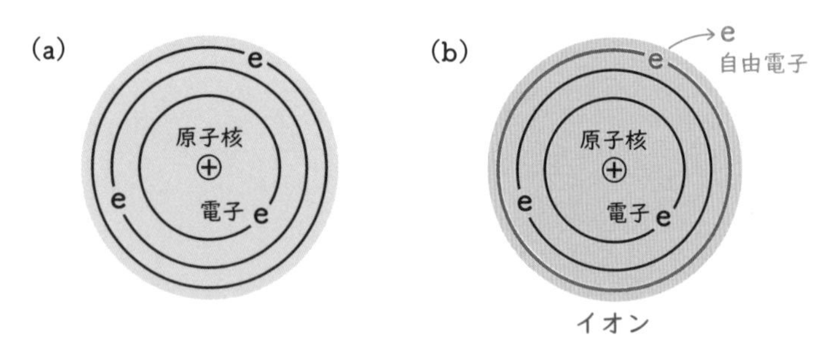

図7・1　(a) 原子の構造の模式図，(b) 自由電子が原子の外に出ることによってイオンと電子（自由電子）に分かれた状態．

原子核と電子の間の引力
原子核は正電荷，その周囲を取囲むように分布する電子は負電荷をもっているので，両者の間に働くクーロン力は引力となる．そのため，電子は原子核に常に引き付けられているのである．

原子の中心には正電荷をもつ原子核が存在し，その周囲を取囲むように電子が分布している．電子は負電荷をもつが，原子核がもつ正電荷との間に働くクーロン力によって原子核に束縛されているため，原子の外側に離脱することはない．また，原子核がもつ正電荷の量と，束縛されている電子の集団がもつ負電荷の総量は一致しており，原子は全体としてみれば電気的に中性となっていることに注意する．図7・1(b) に示すように，原子の中に存在する電子が原子核の束縛を離れ，原子の外側に飛び出すことがある．この原子から離脱した電子を**自由電子**とよぶ．このとき原子は，負電荷をもつ電子を失ったために相対的に正に帯電することになり，このような状態を**イオン**とよぶ．

導体としての性質をもつ金属の内部構造を図7・2に模式的に表す．格子状にイオン（赤いプラスのマーク）が存在し，その間の領域を自由電子（青い e と書かれた粒子群）が運動している．金属中の正電荷の総量と負電荷の総量は一致しており，全体としては電気的に中性な状態となっている．

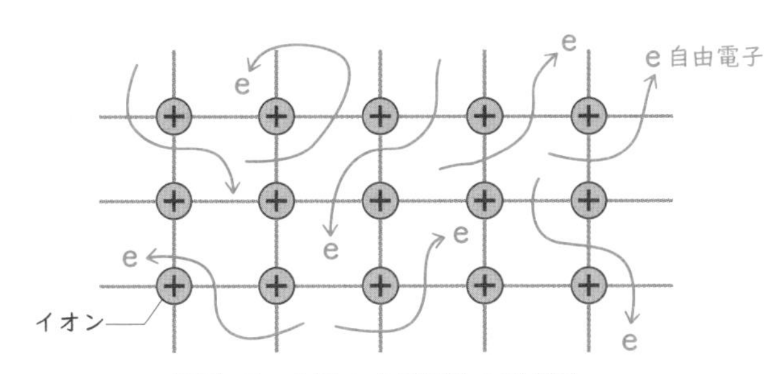

図7・2 金属の内部構造の模式図．

導体であること，つまり物質が電気を通すことができるのは，自由電子が導体の内部を自由に運動することができるためである．金属は電気回路において素子をつなぐための導線として用いられるが，自由電子が電荷を運ぶことによって電流を流して（つまりは電気を通して）いるのである．次節では，導体が示す四つの重要な性質を，これまでに身に付けた静電界を記述するための基本法則を使って明らかにしていく．

電 離
原子や分子に対して外部から何らかのエネルギーが与えられたときに，電子が原子核の束縛を離脱して外に飛び出す．この過程を**電離**とよび，原子や分子が電離することによって，イオンと電子の対（ペア）が生成される．

金属中の荷電粒子の振舞い
イオンや電子のように電荷をもった粒子のことを荷電粒子という．金属中に存在するイオンは格子状に“固定された”状態で存在しているため動くことができない．それに対し，自由電子は動けないイオンの周囲を自由に動き回っている．

7・2 導体が示す四つの電気的性質

本節では，導体が示す四つの電気的な性質を順番にあげていく．まず，図7・3のように，静電界$\boldsymbol{E}_0$(緑色の右向きのベクトル）の中に球状の導体が置かれた状況を考える．前節で述べたように，導体の中には自由に動くことができる自由電子が存在する．これらの自由電子は，外側からかけられている$\boldsymbol{E}_0$によるクーロン力を感じ$\boldsymbol{E}_0$と逆方向に運動する（自由電子は負電荷をもつため）．その結果，自由電子は図7・3に示されるように導体球の左側に移動し，表面に貼り付くように分布する（自由電子は導体の外に出ることはできない）．自由電子が導体の左側に移動したために，導体の右側では自由電子が少なくなり，相対的に正に帯電する．このように，物質に対して外部から電界がかかったことによって，正負の電荷が空間的に分離することを**静電誘導**もしくは**静電分極**とよぶ．

導体の端に正負の電荷が分かれた状態で分布することによって，図7・3に示すように二次的な電界である$\boldsymbol{E}_1$がつくられる（青色の左向きのベクトル）．静電誘導による電荷の分極は，式(7・1) で表されるように，二次的

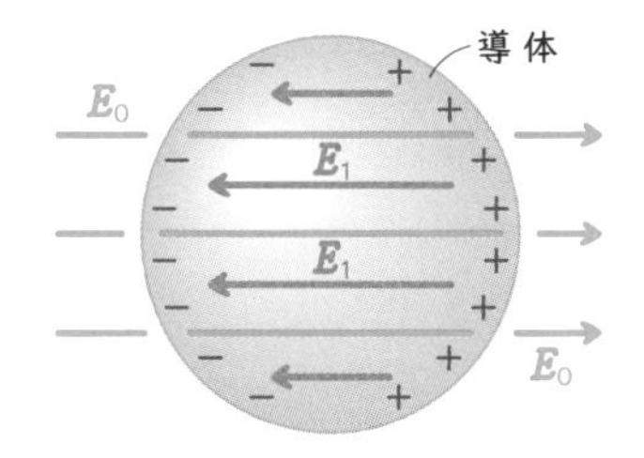

図7・3 静電界$\boldsymbol{E}_0$の中の導体．

二次的な電界ができる理由
図7・3において，左側に負電荷，右側に正電荷が集まるので，これらの分極した電荷がつくる電界$\boldsymbol{E}_1$は正電荷から出て負電荷に入っていくようなベクトルとなる．$\boldsymbol{E}_0$と$\boldsymbol{E}_1$の向きが逆になることに注意する．

静電遮蔽の意味
導体に対して外部から電界が侵入しようとしても，静電分極によって逆向きの電界ができて，外部から入ろうとする電界を打ち消す．つまり，導体の中に電界が入ることができず“遮蔽（しゃへい）”されるのである．

な電界 $\boldsymbol{E}_1$ が $\boldsymbol{E}_0$ と同じ大きさになり導体中のすべての電界 $\boldsymbol{E}=\boldsymbol{E}_0+\boldsymbol{E}_1$ が 0 になるまで続く．このため，導体の内部では常に電界は存在しない（**導体の性質 ❶**）．この過程を**静電遮蔽**とよぶ．

$$\underbrace{\boldsymbol{E}}_{\text{導体内の電界}} = \overbrace{\boldsymbol{E}_0}^{\text{外部から印加された電界}} + \underbrace{\boldsymbol{E}_1}_{\text{分極によってできた電界}} = 0 \qquad (7\cdot1)$$

電位差とは
ここでは電位の基準点を点Aに置いている．点Aの電位を基準にしたときの点Bの電位を“点A，Bの間の電位差”とよぶ．

導体内では電界は 0 になる．では，電位はどうなるだろうか．導体中に任意の 2 点 A，B をとったとき，その 2 点の間の電位差は，電位の定義式から式(7・2) のように表すことができる．導体内のすべての場所で $\boldsymbol{E}=0$ であるため，それを線積分した電位差 ΔV も 0 になることが直ちにわかる．

$$\underbrace{\Delta V}_{\text{電位差}} = -\int_A^B \overbrace{\boldsymbol{E}}^{\text{導体内では}\boldsymbol{E}=0}\cdot \mathrm{d}\boldsymbol{l} = 0 \qquad (7\cdot2)$$

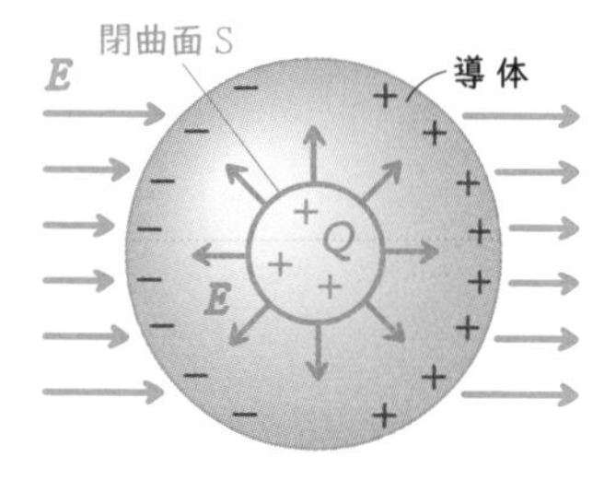

図 7・4　導体内に仮想球を考えてガウスの法則の積分形を適用する．図には仮想球内に電荷 Q が分布し，その表面を電界 $\boldsymbol{E}$ が外向きに貫いているが，実際には導体中では $\boldsymbol{E}=0$ であるため Q も存在しない．

つまり，導体中でどのような任意の 2 点をとっても電位差は存在せず，導体はすべての場所が等電位（電位が同じ）になるのである（**導体の性質 ❷**）．

次に，導体の内部に電荷が存在できるかどうか，について考える．図 7・4 のように，静電界の中に導体が置かれた状況をもう一度考えてみよう．静電誘導によって左側に負，右側に正の電荷が分布し，これらの分極した電荷による二次的な電界によって導体内では $\boldsymbol{E}=0$ が常に成立している．ここで導体内に仮想的な球を考える（図 7・4 の青い球）．この仮想球に対して，ガウスの法則の積分形〔式(7・3) に再掲〕を適用する．左辺は仮想球の表面（図 7・4 の閉曲面 S）を貫いて外側に出ていく電界を足し合わせたものを意味しているが，導体球の内部には電界が存在しないため左辺全体が 0 となる．右辺の Q は仮想球の内部の総電荷であるが，左辺が 0 であるために Q も 0 にならざるをえない．

電荷は表面に貼り付いて分布
“導体の内部に電荷が存在できない”ということは，逆に考えると“電荷は導体の表面にしか分布できない”ことを意味する．このあと，導体に対して電荷を与えることを考えるが，与えられた電荷はすべて表面に“貼り付いて”分布することになる．

ガウスの法則の積分形

$$\oint_S \boldsymbol{E}\cdot\boldsymbol{n}\,\mathrm{d}S = \frac{Q}{\varepsilon_0} \qquad (7\cdot3)$$

つまり，導体の内部には電荷は存在できないのである（**導体の性質 ❸**）．

最後に，導体に対して外部から電荷を与えることを考える．具体的には図 7・5 に示すように，導体球に対して外部から $+Q$ の電荷を与える．上で述べた導体の性質 ❸ を考えると，与えられた正電荷は導体の内部には存在できないため，すべて導体の表面に分布する．導体の内部では，導体の性質 ❶ より $\boldsymbol{E}=0$，かつ，導体の性質 ❷ から電位は一定であるが，表面に分布した正電荷によって導体の外側には電界 $\boldsymbol{E}$ がつくり出される．この導体の外側につくられる電界 $\boldsymbol{E}$ は，導体の表面のいかなる点においても，図 7・5 に示すように表面に垂直となる（表面に沿った成分をもたない）．

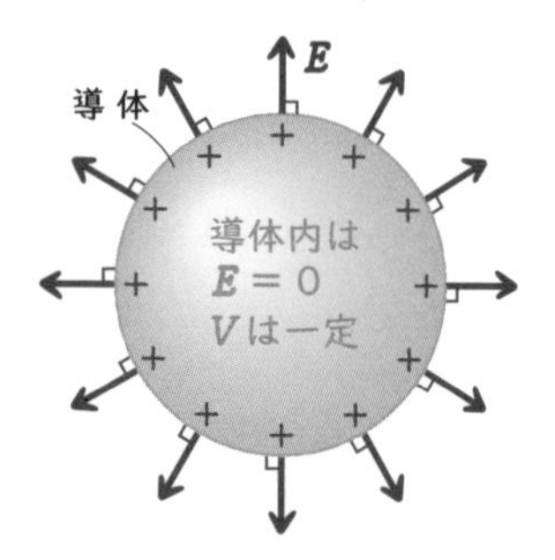

図 7・5　導体に正電荷を外部から与えたときに表面につくられる電界．

ここでは，その理由について考えるために，もし表面に沿った電界の成分が存在する場合にどのようなことが起こるのかを想像してみよう．導体の性質 ❷ から，導体のすべての場所において電位は一定でなければならない．

つまり，導体表面のすべての場所において電位は同じ値をとらなければならない．表面上の任意の2点A，Bの間の電位差は式(7・4)のように表されるが，この ΔV が0になる必要がある．

導体表面に沿った電位差
ここで点A，Bはどちらも導体の表面に存在しているので，電位差を計算する場合は，表面に沿った電界の成分を抽出して積分を行えばよい．具体的には，表面に沿った線要素ベクトル $\mathrm{d}\boldsymbol{l}$ を考え，$\boldsymbol{E}$ と $\mathrm{d}\boldsymbol{l}$ の内積をとってから積分を行っている．

$$\underbrace{\Delta V}_{\text{電位差}} = -\int_A^B \boldsymbol{E}\cdot \mathrm{d}\boldsymbol{l} = 0 \qquad (7\cdot 4)$$

もし $\boldsymbol{E}$ が導体の表面に沿う成分をもっていれば，この電位差が0にならず，導体の性質❷に反する．つまり，導体の表面に分布した電荷によって外側につくられる電界には表面に沿った成分は存在せず，電界 $\boldsymbol{E}$ は必ず表面に垂直になる（**導体の性質❹**）．

ここまで述べてきた導体が示す四つの電気的性質を以下にまとめる．

❶ 導体の内部に電界は存在しない．
❷ 導体はすべての場所で等電位である．
❸ 導体の内部に電荷は存在できない（電荷は表面にのみ分布する）．
❹ 導体表面につくられる電界は表面に垂直な方向を向く．

次節では，これらの電気的性質を踏まえ，導体を含む系（複数の導体が存在するような状況，導体系とよばれる）において，電荷や電界の分布がどうなるのかを考えよう．

7・3　さまざまな導体系における電荷や電界の分布の実例

前節で解説した導体の四つの電気的性質を踏まえて，導体が存在する系において電荷や電界がどのように分布するのかを考えてみよう．

■ 例1　同心導体球に与えられた電荷の分布

図7・6に示されているような同心の導体球を考える．外側の導体1は有限の厚みをもつ球殻で，その内側の空洞部分に中身が詰まっている球状の導体2が置かれている．この“共通の中心をもつ二つの導体から構成される系(導体系)”に電荷が与えられたときの電荷の分布を考えていこう．

外側の導体1に $+Q$ の電荷を外部から与えた場合，電荷はどのように分布するだろうか．まず，導体の性質❸から電荷は導体の内部に存在できないため，導体1の内側の表面もしくは外側の表面のいずれかに分布する．ここで導体1の内部に仮想球（図7・6の青い球）を考え，ガウスの法則の積分形〔式(7・5)に再掲〕を適用する．

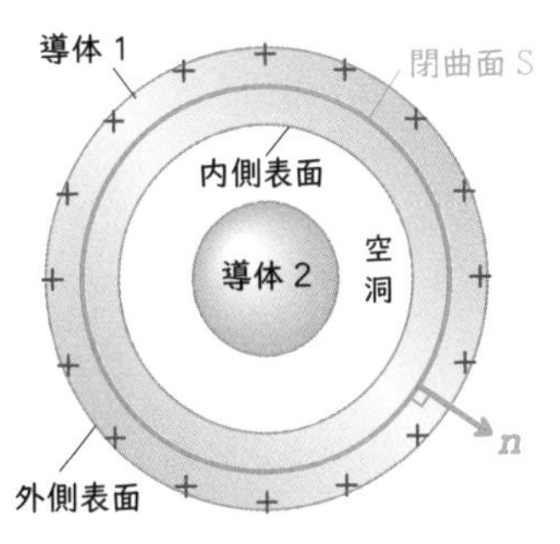

図7・6　同心導体球の外側の球殻に正電荷を与えたときの電荷の分布．導体1の内部に仮想球（青い閉曲面Sが仮想球の表面）を考えて，ガウスの法則を適用する．図中の $\boldsymbol{n}$ は閉曲面Sの法線ベクトルを表す．

ガウスの法則の積分形

$$\oint_S \boldsymbol{E}\cdot\boldsymbol{n}\,\mathrm{d}S = \frac{Q}{\varepsilon_0} \qquad (7\cdot 5)$$

青い仮想球の表面は導体1の内部に存在している．導体の性質❶から導体の内部に電界 $\boldsymbol{E}$ は存在することができない．つまり，式(7・5)の左辺は0になり，右辺に存在する Q も0でなければならない．もし，導体1に与え

ガウスの法則の要請
Q は仮想球の中の総電荷を表すので，Q が 0 になる必要があるということは，仮想球の内部に電荷が存在してはならないことを意味する．

られた電荷が内側の表面に分布した場合，仮想球の内部の電荷が 0 にならず，ガウスの法則による要請と矛盾することになる．このことから，導体に与えられた電荷はすべて導体 1 の外側の表面に分布する必要があることがわかる．

同じ導体系について，今度は内側の導体 2 に正電荷 $+Q$ を与えることを考えてみよう．この場合も，導体の性質❸を考えると，電荷は導体表面に分布しなければならず，与えられた電荷は図 7・7 のように導体 2 の表面に分布する．ここで，ふたたび導体 1 の内部に仮想球を考えてみよう．ここでも，導体 1 の内部に電界 $\boldsymbol{E}$ が存在してはならないため，式(7・5) の左辺は 0 となる．つまり，この場合も仮想球の内部の総電荷は 0 になる必要がある．しかし，導体 2 には表面に正電荷 $+Q$ が分布している．これを打ち消して仮想球の中の総電荷を 0 にするためには，導体 1 の内側の表面に $-Q$ の電荷を分布させる必要がある．導体 1 の内側表面に負電荷が分布しているということは，外側表面から負電荷が奪い去られていることになり，外側表面には $+Q$ の正電荷が分布することになる．結果として，外側の導体 1 で分極が起こることになるが，この分極は，内側の導体 2 に正電荷が与えられたことによってつくられた外向きの電界が，導体 1 の内部に侵入することを妨げる働きをしており，§7・2 で述べた "静電遮蔽" が起こっていると考えることができる．

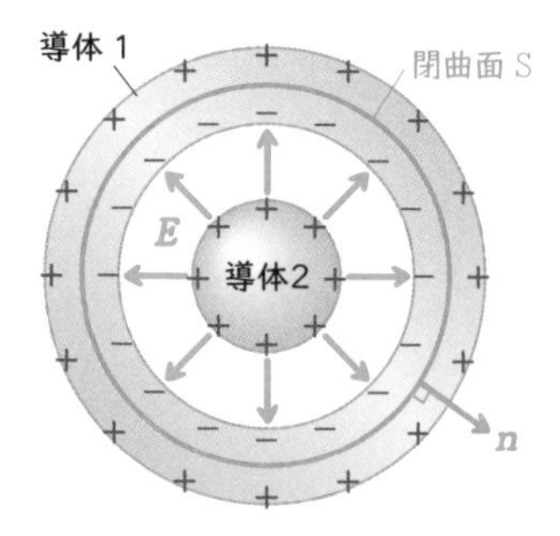

図 7・7　同心導体球の内側の導体球に正電荷を与えたときの電荷の分布．導体 2 に与えられた電荷によって外向きの電界 $\boldsymbol{E}$ がつくられる（緑色のベクトル）が，その電界が外側の導体 1 に侵入しないように分極が起こり，導体 1 の内側，外側の表面の双方に電荷が現れる．

■ 例 2　導体表面における電荷分布と電界の関係

図 7・8 のように導体球に電荷を与え，その電荷が導体表面に面電荷密度 σ で分布しているような状況を考える．このとき，導体の性質❹から，導体の表面には面に垂直な電界 $\boldsymbol{E}$ がつくられる．この電界 $\boldsymbol{E}$ の大きさを，表面の面電荷密度 σ の関数として表すことを考えてみよう．

面電荷密度とは
面電荷密度は単位面積あたりの電荷量を意味する．σ（シグマ）で表される場合が多い．SI 単位系の場合，面電荷密度の単位は C/m² となる．

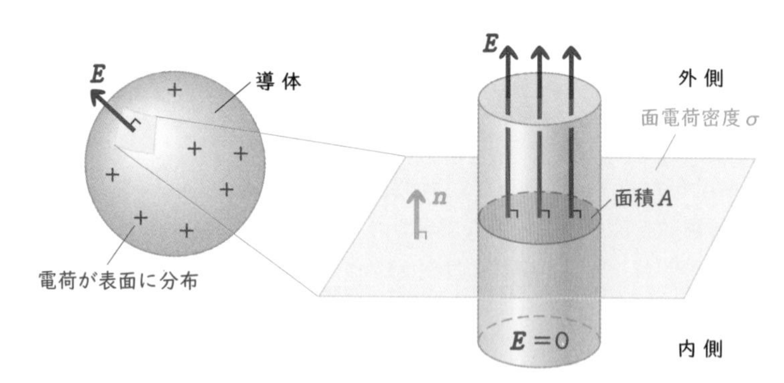

図 7・8　導体の表面に分布する電荷とそれによってつくられる電界 $\boldsymbol{E}$.

導体の表面の一部を拡大した図に示されているように，導体表面に面積 A の領域を考え，その面を内外から挟み込むような円柱状の閉曲面 S を考える．この閉曲面 S およびそれによって囲まれる体積領域 V について，ガウスの法則の積分形を適用すると式(7・6) のようになる．

ADDITIONAL TIME 導体に与えられる電荷の正体

電荷とは一体何なのだろうか．電磁気学の演習問題ではさまざまな形の電荷分布が与えられ，その電荷がつくり出す電界や電位の分布を求める．しかし，その電荷もしくは電荷分布の存在は非常に抽象的なものとして扱われているように思える．本章においても"導体に電荷$+Q$を与える"というようないいまわしで物質に対して電荷を付与してきた．このように正電荷もしくは負電荷が与えられるときに，物質的には一体何が起きているのだろうか．

電荷の実体についてのイメージをもとうとするときには，導体を例にとって考えると理解しやすい．§7・1で述べたように，導体の内部には自由電子が存在する．また，導体中には正電荷をもつイオンも存在している．導体全体について考えると，イオンと自由電子がもつ電荷の総量は等しく，導体は全体としては電気的に中性である．導体に正電荷を与えるということは，導体から自由電子を奪うことに相当する．負電荷をもつ自由電子を奪うと，導体は相対的に正電荷を獲得することになる．逆に負電荷を導体に与えるときは，外部から自由電子を導体の中に入れればよいことになる．つまり，導体に電荷を与えるということは，自由電子を奪い去ったり，外部から導き入れることによって，正負の電荷のアンバランスをつくることに他ならないのである．

ガウスの法則の積分形

$$\oint_S \boldsymbol{E}\cdot\boldsymbol{n}\,\mathrm{d}S = \frac{Q}{\varepsilon_0} \qquad (7\cdot6)$$

S：円柱の表面（上面，下面，側面）

ここで閉曲面Sは，円柱の上面，下面，側面を足し合わせたものによって構成されることに注意する．ガウスの法則の左辺は，これら三つの面を垂直に貫く$\boldsymbol{E}$を足し合わせたものであるが，導体内には$\boldsymbol{E}$が存在しないため下面の寄与はない．また，側面についても，$\boldsymbol{E}$と円柱の側面の法線ベクトル$\boldsymbol{n}$が垂直であるために寄与を考える必要がない．その結果，式(7・7)のように上面の寄与だけを考えることによって，導体表面における電界の大きさを求めることができる．

$$\oint_S \boldsymbol{E}\cdot\boldsymbol{n}\,\mathrm{d}S = EA = \frac{\sigma A}{\varepsilon_0} \qquad (7\cdot7)$$

$\boldsymbol{n}$：閉曲面Sの法線ベクトル　E：$\boldsymbol{E}$の大きさ　σA：円柱内の総電荷

$$\text{よって}\quad \boldsymbol{E} = \frac{\sigma}{\varepsilon_0}\boldsymbol{n} \qquad (7\cdot8)$$

$\boldsymbol{n}$：導体表面の法線ベクトル

式(7・7)と式(7・8)に関する補足
電界$\boldsymbol{E}$は上面を垂直に貫く．さらに面内において$\boldsymbol{E}$の大きさ(E)は一定であると考えてよいため，Eに面積Aを掛けるだけで面積分ができる．また，円柱内の総電荷Qは，面電荷密度に面積Aを掛けることで求めることができる．これにより，式(7・7)から$\boldsymbol{E}$の大きさを求めることができる．電界は導体表面に垂直であるため，導体表面の法線ベクトルを改めて$\boldsymbol{n}$とおくことによって，式(7・8)のように方向も含めた表現を得ることができる．

演 習 問 題

7・1　§7・3の例1と同じ同心導体球を考える．外側の導体1に電荷$+Q$を与えたとき，次の問いに答えよ．

(a) 導体1に与えられた電荷はどのように分布するか．文章で答えよ．

(b) 導体1の外側の空間における電界$\boldsymbol{E}$を中心からの半径rの関数として求めよ．

(c) 導体1の外側の空間における電位Vを中心からの半径rの関数として求めよ．

7・2　§7・3の例1と同じ同心導体球を考える．ただし外側の導体の内側表面の半径をb, 外側表面の半径をcとする．内側の導体2に電荷$+Q$を与えたとき，次の問いに答えよ．

(a) 内側の導体2に与えられた電荷はどのように分布するか．文章で答えよ．

(b) 二つの導体の間の空間における電界$\boldsymbol{E}$を中心からの半径rの関数として求めよ．

(c) 導体1の外側の空間における電界$\boldsymbol{E}$を中心からの半径rの関数として求めよ．

(d) 二つの導体の間の空間における電位Vを中心からの半径rの関数として求めよ．

8

コンデンサ，静電エネルギー

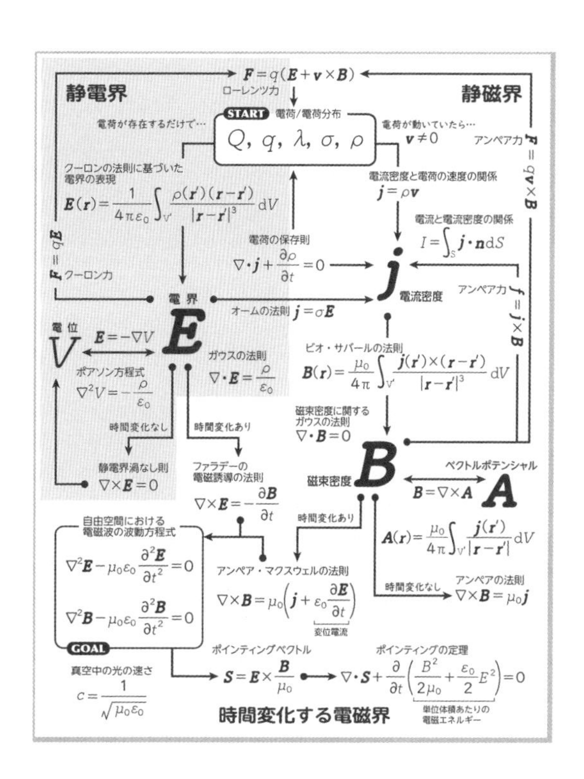

電磁気学マップ左側の静電界にもう少しだけ留まって，電荷と電界,電位の間の関係を詳しくみていきたいと思います．まず，電気を通す物質である導体を複数組合わせることによって電荷を溜める“コンデンサ”という装置を紹介します．特に，コンデンサが溜め込むことができる電荷の量が何によって決まるのかを，静電界の基本法則を用いて理解したいと思います．その後で“静電エネルギー”という物理量を導入します．静電エネルギーは，空間に電界をつくり出すために外部からなされた仕事が，電界が存在することによって空間に蓄積されているものです．静電界の基本法則を用いて，その一般的な表現を導きます．

8・1　コンデンサとは何なのか？

ある単一の導体に電荷を溜めることを考えたとき，たとえば正電荷を溜めたい場合には，導体から自由電子を奪い去ることによって，図8・1に示すように導体の表面に正電荷を蓄積することができる．しかし，電荷どうしに働くクーロン力があるために，単一の導体に大量の電荷を蓄積することは一般的にはむずかしい．そこで，図8・2のように二つの導体をペアにして電荷を溜めることを考える．

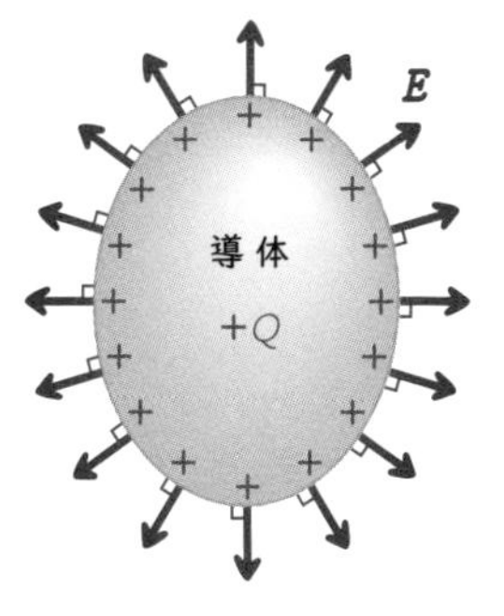

図8・1　単一の導体に電荷を溜める．導体から自由電子を奪い去ることで，導体は正に帯電し，電荷は導体の表面に分布する．

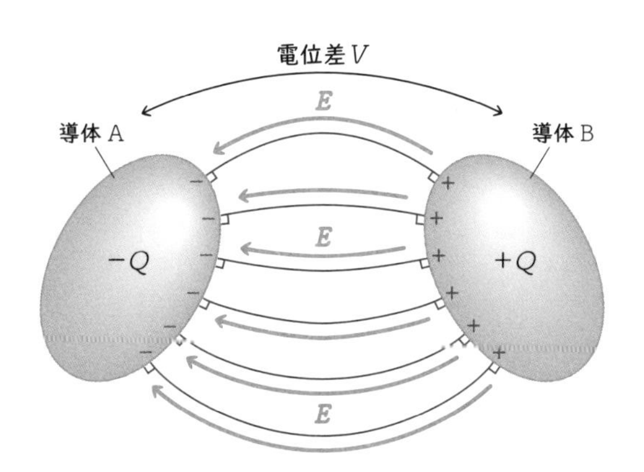

図8・2　二つの導体（導体Aと導体B）をペアにして電荷を溜める．

導体Bから自由電子を導体Aへ運び入れることで，導体Aには負電荷，導体Bには正電荷が与えられる．これらの電荷はクーロン力によって互い

式(8・1) では
導体の間の電位差を，電位の定義式〔式(5・4) 参照〕に従って計算している．導体Aの電位を基準としたときの導体Bの電位を計算しており，これが導体A，B間の電位差となる．

に引き付けあい，向かいあうような形で導体の表面に分布する．また，この導体のペアの間には，表面に分布した電荷によって電界$\boldsymbol{E}$がつくり出される．この電界は二つの導体の間に式(8・1) で表現されるような電位差Vを生み出す．

$$V = -\int_{\mathrm{A}}^{\mathrm{B}} \boldsymbol{E} \cdot \mathrm{d}\boldsymbol{l} \qquad (8 \cdot 1)$$

Qが大きいほど$\boldsymbol{E}$が大きい
導体に蓄積される電荷量Qが大きくなれば，ガウスの法則によって，それによって湧き出される（もしくは吸い込まれる）電界$\boldsymbol{E}$も大きくなる．

導体に蓄積される電荷の量Qの絶対値が大きいほど，電界$\boldsymbol{E}$が大きくなり，その結果として電位差Vも大きくなる．つまり，QとVの間には式(8・2) のような比例関係が存在し，その比例係数を**静電容量**とよぶ．

$$Q = \underbrace{C}_{\text{静電容量}} V \qquad (8 \cdot 2)$$

1の電位差とは
SI単位系では電位の単位はV（ボルト）である．つまりSI単位系で考える場合，静電容量Cは，1Vの電位差をかけたときに何C（クーロン）の電荷を溜めることができるか，を意味する．よって，静電容量Cの単位はC/Vとなるが，これを静電容量の単位F（ファラド）で表す．

静電容量Cは，“導体間に1の電位差をかけた場合にどれだけの電荷を溜めることができるか”を表している．Cが大きければ大きいほど，同じ電位差をかけた場合に，より多くの電荷を導体のペアに蓄積することができる．このような“複数の導体を組合わせて電荷を効率的に溜められるようにする装置”のことを**コンデンサ**とよぶ．

コンデンサの例をいくつかみてみよう．図8・3に平行平板コンデンサとよばれるコンデンサを示す．この例では，上側の極板に$+Q$，下側の極板に$-Q$の電荷を与え，これらの電荷によって上下の極板の間の空間に電界$\boldsymbol{E}$がつくられている（正電荷から負電荷に向かう方向）．この電界の大きさEは式(8・3) のように求めることができる．ここでは，極板の面積Aで電荷Qを割ることによって面電荷密度σを求め，§7・3の例2で得られた結果〔式(7・8) の大きさ〕を用いて電界の大きさEを求めている．

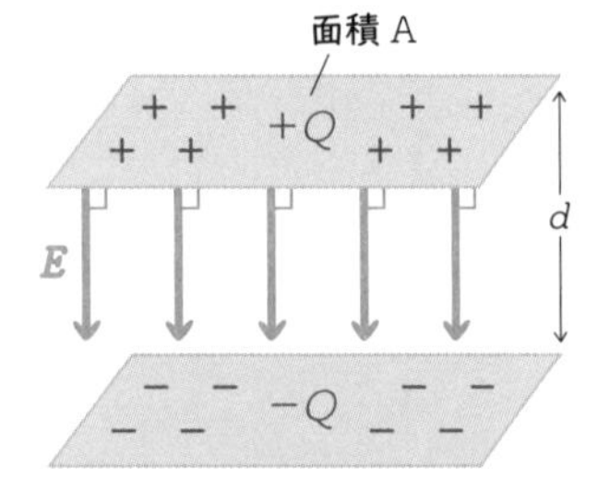

図8・3 平行平板コンデンサの模式図．上下二つの極板（導体）から構成されており，極板の面積をA，極板の間隔をdとする．極板は極板の間隔dと比べると十分に遠いところまで広がっているものと考える．そのような場合，極板間には一様な電界$\boldsymbol{E}$がつくられ，電界がコンデンサの外側に漏れ出すことはない．

$$E = \frac{\sigma}{\varepsilon_0} = \frac{Q}{\varepsilon_0 A} \qquad (8 \cdot 3)$$

（面電荷密度 $\sigma = \dfrac{Q}{A}$）

ここから，極板間の電位差Vを式(8・4) のように求めることができる．

$$V = Ed = \frac{Qd}{\varepsilon_0 A} \qquad (8 \cdot 4)$$

（極板間の電界の大きさEは一定なので距離を掛けることで電界を積分して電位を求めることができる）

式(8・4) を変形することでQとVの関係を式(8・5) のように表すことができ，平行平板コンデンサの静電容量Cを求めることができる．

静電容量の求め方
QがVを含む式で表現できたので，$Q = CV$の形にあわせて変形することでCを求めることができる．

$$Q = \frac{\varepsilon_0 A}{d} V = CV \qquad (8 \cdot 5)$$

（A：面積に比例，d：極板の間隔に反比例，C：静電容量）

C は極板の面積 A に比例し，極板の間隔 d に反比例することがわかる．これは，大きな極板（A が大きい）を短い間隔（d が小さい）で向かいあわせることでより多くの電荷を溜めることができる（C が大きい）ことを示す．

コンデンサのもうひとつの例として，図 8・4 に示すような球形コンデンサについて考える．同心の導体球と導体球殻によって構成されており，内側の導体球の半径を a，外側の導体球殻の内側表面の半径を b とする．内側の導体球に $+Q$，外側の導体球殻に $-Q$ の電荷を与えると，極板間の空洞に電界 $\boldsymbol{E}$ ができる．このコンデンサの静電容量をガウスの法則の積分形を使って求めてみよう．まず，導体の間の空洞の半径 r のところに仮想的な閉曲面 S(仮想球)を考えて，式(8・6) のようにガウスの法則の積分形を適用する．ここで右辺の Q は仮想球内の総電荷を示している．

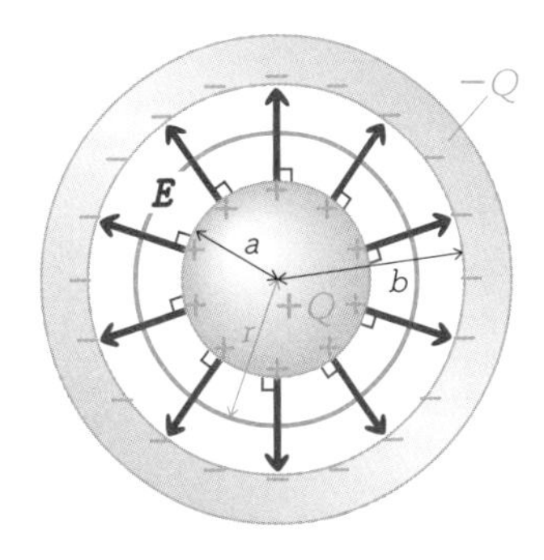

図 8・4　球形コンデンサの模式図．導体間の空洞領域に半径 r の仮想球（図中の青い円）を考えて，ガウスの法則を適用する．

$$\oint_S \boldsymbol{E}\cdot\boldsymbol{n}\,\mathrm{d}S = \frac{Q}{\varepsilon_0} \qquad (8\cdot6)$$

対称性より，仮想球面上で $\boldsymbol{E}$ の大きさ (E) は一定
$\boldsymbol{E}$ の向きは半径方向なので $\boldsymbol{E}\cdot\boldsymbol{n}=E$

対称性を考えることで左辺の面積分を簡単化（E に仮想球の表面積 $4\pi r^2$ を掛ける）して，式(8・7) のように $\boldsymbol{E}$ を求めることができる．

電界 $\boldsymbol{E}$ の方向の表現
電界 $\boldsymbol{E}$ の方向は半径方向（球座標での r 方向）である．そのため，$\boldsymbol{E}=E\boldsymbol{e}_r$ の形で表すことができる．ここで $\boldsymbol{e}_r$ は r 方向の単位ベクトルを表している．

$$4\pi r^2 E = \frac{Q}{\varepsilon_0} \quad\Longrightarrow\quad \boldsymbol{E} = \frac{Q}{4\pi\varepsilon_0}\frac{1}{r^2}\boldsymbol{e}_r \qquad (8\cdot7)$$

極板の間の電界が求まったので，式(8・1) に従ってその電界を線積分することにより，極板間の電位差 V を以下のように計算することができる．

電位差の計算は r 方向
電位差を求める際の線積分を r 方向について行っていることに注意する．外側の極板（半径 b）を基準として，内側の極板（半径 a）の電位を計算している．

$\mathrm{d}r\boldsymbol{e}_r + r\,\mathrm{d}\theta\boldsymbol{e}_\theta + r\sin\theta\,\mathrm{d}\phi\boldsymbol{e}_\phi$（球座標）

$$\begin{aligned} V &= -\int_b^a \boldsymbol{E}\cdot\mathrm{d}\boldsymbol{l} \\ &= -\int_b^a \frac{Q}{4\pi\varepsilon_0}\frac{1}{r^2}\boldsymbol{e}_r\cdot\mathrm{d}r\,\boldsymbol{e}_r \\ &= -\int_b^a \frac{Q}{4\pi\varepsilon_0}\frac{1}{r^2}\mathrm{d}r = \left[\frac{Q}{4\pi\varepsilon_0}\frac{1}{r}\right]_b^a \\ &= \frac{Q}{4\pi\varepsilon_0}\left(\frac{b-a}{ab}\right) \end{aligned} \qquad (8\cdot8)$$

ここで，V と Q の関係が得られたので，最終的に $Q=CV$ の形にあてはめるように式変形を行うことで，式(8・9) のように静電容量 C が求められる．

$$C = 4\pi\varepsilon_0\frac{ab}{b-a} \qquad (8\cdot9)$$

ab ← 極板の面積に関係
$b-a$ ← 極板の間隔

平行平板コンデンサの場合と同じく，極板の面積や間隔によって静電容量が決まっていることがわかる．

静電容量は何で決まるか
a は内側の導体球の半径，b は外側の導体球殻の内側の表面の半径を示している．これらの値が大きいことは双方の極板の面積が大きいということを意味する．また，分子の $b-a$ は極板の間隔そのものである．平行平板コンデンサの場合と同じように，極板の面積が広いほど，また極板の間隔が狭いほど，静電容量が大きくなっていることがわかる．

8・2　静電エネルギー

前節において，コンデンサの極板の間の空間には電界$\boldsymbol{E}$が存在していること（閉じ込められていること）を示した．また，コンデンサに電荷を溜めて極板間に電界をつくり出すためには，極板となる導体に電荷を運び込んだり，運び出したりする必要があることも述べた．この過程において電荷を移動させるためには，外部から力がかけられて仕事がなされたはずであるが，その仕事はどこへ行ったのだろうか．先に結論を述べると，コンデンサに電荷を溜めるために外部からなされた仕事は，極板の間に存在する電界がエネルギーとして保持していると考えることができる．この電界$\boldsymbol{E}$が保持するエネルギーのことを**静電エネルギー**とよぶ．

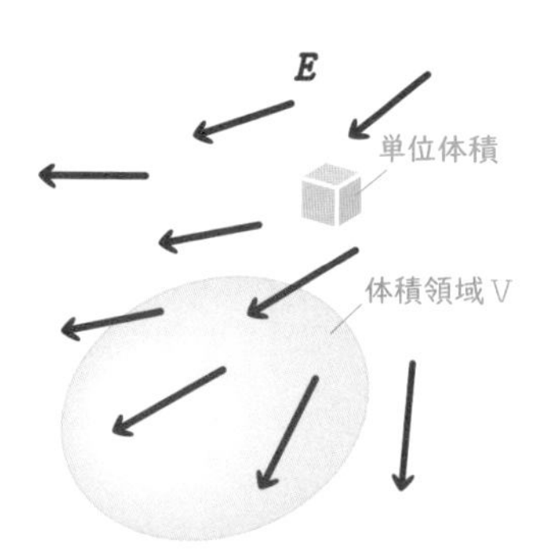

図8・5　$\boldsymbol{E}$が存在する空間に単位体積および体積領域Vを考える．

図8・5のように電界$\boldsymbol{E}$が存在する空間を考える．そこに単位体積（図中の立方体）を考えたとき，その内部に存在する静電エネルギーは式(8・10)のように表される．また，ある有限の広がりをもつ体積領域V（図中の青い領域）に存在する静電エネルギーは，式(8・11)に示されているように，単位体積あたりの静電エネルギーを体積積分したものとなる．

静電エネルギー

単位体積あたりの静電エネルギー　$\dfrac{1}{2}\varepsilon_0 E^2$（$E$：$\boldsymbol{E}$の大きさ）　(8・10)

ある体積領域Vに蓄積されている静電エネルギー　$\displaystyle\int_V \frac{1}{2}\varepsilon_0 E^2\,\mathrm{d}V$　(8・11)

単位体積あたりの静電エネルギーが式(8・10)のような形になる理由を考えてみよう．図8・6のような平行平板コンデンサを考え，どちらの極板にも電荷が与えられていない状況からスタートして，極板に少しずつ電荷を蓄積していく過程を考える．これまでは，暗黙のうちに2枚の極板から構成されるコンデンサに対して外側から電荷を運び込むことを想定してきた．ここでは，下側の極板から正電荷を抜き取り，上側の極板に移動させることによって，上下の極板にそれぞれ正負の電荷を溜めていくことを考える．外側から電荷を運び込む場合も，極板間で電荷を移動させる場合も，極板に電荷がすでに蓄積されている場合は，それによってできる電界によるクーロン力に逆らって仕事をする（力をかけて電荷を動かす）必要がある．この仕事は，コンデンサの外側から電荷を入れる場合も，極板間で電荷を動かす場合も変わるところがない．

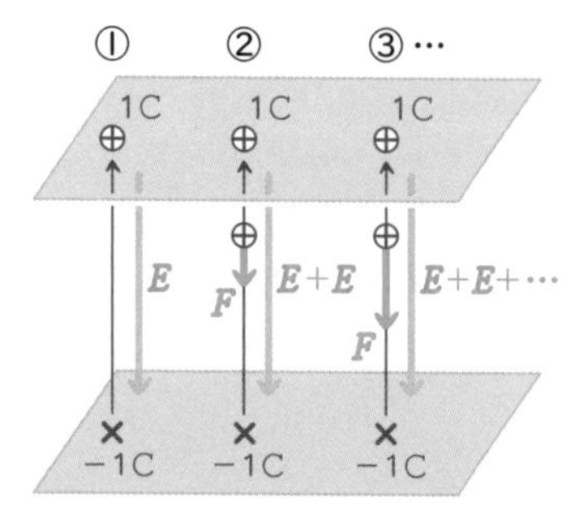

図8・6　平行平板コンデンサに電荷を溜めていく過程．

+1の電荷とは
ここでは電荷を無単位で表現しているが，たとえばSI単位系で考える場合は，+1 C（クーロン）の電荷量をもつ電荷であることをイメージすればよい．

ここでは，クーロン力以外に，重力など他の力はかかっていないものとする．

まず始めに，下側の極板から+1の電荷を抜き取って，上側の極板へ運び込む．最初の状態では極板に電荷が与えられていないので，極板間の領域に電界$\boldsymbol{E}$は存在しない．そのため，運ばれる電荷にクーロン力が働くことはない．つまり，+1の電荷に対して，外部から力をかけることなしに，上側の極板へと移動させることができる．その結果，下側の極板には−1，上側の極板には+1の電荷が与えられる．たった1の電荷量ではあるが，極板に電荷が与えられれば，極板間に電界$\boldsymbol{E}$が生まれる（下向きの電界，図8・

6①)．この状態でさらに+1の電荷を下側から上側へ運ぶためには，運搬される+1の電荷にかかる下向きのクーロン力$\boldsymbol{F} = q\boldsymbol{E}$に逆らって力をかけながら，上側の極板に移動させる必要がある（図8・6②)．そのためには外部から力をかけて電荷を動かす，つまり仕事をする必要があり，この仕事が極板間の空間に静電エネルギーとして蓄積される．電荷を運んで極板に溜める電荷量を増やせば増やすほど極板間の電界$\boldsymbol{E}$は増大し，それに伴うクーロン力も大きくなるので，さらに大きな力をかけて仕事をしなければ電荷を運ぶことができない（図8・6③以降の状態)．このように，極板に電荷を蓄積するためには（= 結果として極板間に電界をつくるためには）外部から仕事をする必要があるのである．

ここでは電荷量$q = 1$としているので，働くクーロン力$\boldsymbol{F}$は$\boldsymbol{E}$と同じになる．

仕事とは
仕事は“力×距離”である．電荷に力をかけて，ある距離を動かしているため，仕事がなされていることになる．

極板に電荷を溜めるためになされる仕事を計算し，単位体積あたりの静電エネルギーを計算してみよう．図8・7のような静電容量Cの平行平板コンデンサを考える．極板の面積をA，極板の間隔をdとする．先ほどは電荷が蓄積されていない状態からスタートしたが，ここでは上側の極板に$+q$，下側の極板に$-q$の電荷がすでに蓄積され，極板間に$\boldsymbol{E}$という下向きの電界がつくられている状態を考える（電荷の蓄積を行っている途中の状態をイメージすればよい)．このときの極板間の電界$\boldsymbol{E}$の大きさは，式(8・12）を考えると式(8・13）のように求められる．

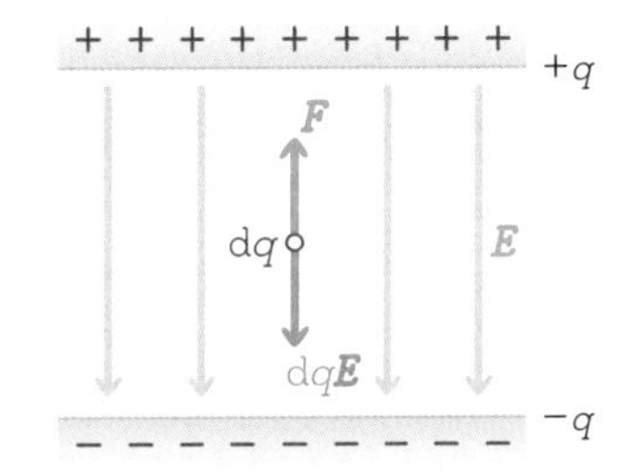

図8・7　静電容量がCの平行平板コンデンサに電荷を溜める過程を考えて，静電エネルギーを求める．

$$q = CV = CEd \tag{8・12}$$

$$E = \frac{q}{Cd} \tag{8・13}$$

極板間の電界の求め方
コンデンサの静電容量をC，極板の間隔をdとおいている．電位差Vは，電界の大きさEに極板の間隔dを掛けたものになっている．

この状況で$\mathrm{d}q$という微小な電荷を下側の極板から抜き取り，上側の極板へ移動させることを考える．電荷には，極板間の電界$\boldsymbol{E}$によるクーロン力

ADDITIONAL TIME　静電ポテンシャル(電位)と静電エネルギーの違い

5章で静電ポテンシャル（電位）を学んだときに，静電ポテンシャルが位置エネルギーであることを述べた．本章で学んだ静電エネルギーと静電ポテンシャルは何が違うのであろうか？ まず，静電ポテンシャルは，電界が存在する空間の中のある場所に1Cの電荷が存在するとき，その電荷が保持している位置エネルギーである．ある点の静電ポテンシャルがVのとき，その点にqの電荷が存在すれば，その電荷はqVの位置エネルギーをもつことになる．このエネルギーは，一つの電荷をある場所（空間のある1点）にもっていくためになされた仕事を考えることによって求められ，Vは一般には位置の関数として与えられる．

それに対して，静電エネルギーを考える場合は，電荷が広がりをもって分布し，その電荷分布が空間に電界をつくり出している状況を想定する．静電エネルギーは，その状況をつくり出すために外部からなされた仕事を考えることによって求めることができる．たとえば，§8・2ではコンデンサの極板というある有限の空間に電荷が広がりをもって分布する状態を考えた．この状態をつくり出すために行われた仕事を計算することによって，コンデンサに蓄積された静電エネルギーが求められた．蓄積されている電荷が少ないときは，相対的に少ない仕事で電荷を増やすことができるが，電荷が増えてくるとそれによってつくられる電界による力（クーロン力）が大きくなる．そのため，電荷が溜まれば溜まるほど，大きな仕事をしないと電荷をそれ以上溜めていくことができない．この点において，一つの電荷をある場所に置くための仕事を計算していた静電ポテンシャルとは少しだけ考え方が異なるものの，クーロン力に逆らって外部からなされた仕事がエネルギーとして蓄積されているという点において，本質的な違いはないと考えてよい．

極板の間隔 d と，微小量を示す d を混同しないように注意する．極板の間隔の d は斜体になっている．

微小仕事の計算について
極板間の電界 $\boldsymbol{E}$ の大きさは場所によらないので，働くクーロン力の大きさ $\mathrm{d}qE$ は極板間のどの場所でも同じになる．そのため，$\mathrm{d}qE$ に電荷を動かした距離 d を掛けたものが仕事になる．

$\mathrm{d}q\boldsymbol{E}$ が下向きに働いているので，この力と逆方向（上向き）に $\boldsymbol{F}$ という力を外部からかけて，$\mathrm{d}q\boldsymbol{E}$ と $\boldsymbol{F}$ が釣り合った状態を維持しながら上の極板へと電荷を運んでいくことになる．このとき微小電荷 $\mathrm{d}q$ を運ぶためになされる微小仕事 $\mathrm{d}W$ は，式(8・14) のように表現することができる．

$$\mathrm{d}W = \underbrace{\mathrm{d}qEd}_{\boldsymbol{F}\text{の大きさ}} = \frac{q\,\mathrm{d}q}{C} \tag{8・14}$$

ここで，コンデンサに電荷が溜まっていない状態から，Q という電荷が溜まった状態になるまでになされた全仕事を求めるためには，以下のように微小仕事 $\mathrm{d}W$ を 0 から Q までの区間で q について積分すればよい．

$$\begin{aligned} W &= \int_0^Q \mathrm{d}W = \int_0^Q \frac{q\,\mathrm{d}q}{C} \\ &= \left[\frac{1}{2C}q^2\right]_0^Q = \frac{Q^2}{2C} = \frac{1}{2}CV^2 \qquad (Q = CV,\ C = \varepsilon_0\frac{A}{d},\ V = Ed) \\ &= \frac{1}{2}\varepsilon_0\frac{A}{d}E^2d^2 \\ &= \frac{1}{2}\varepsilon_0E^2Ad = \frac{1}{2}\varepsilon_0E^2V \end{aligned} \tag{8・15}$$

（V：極板間の空間の体積，$\frac{1}{2}\varepsilon_0E^2$：単位体積あたりの静電エネルギー）

平行平板コンデンサの静電容量
ここで静電容量 C を極板の面積 A と極板の間隔 d で表しているが，これは式(8・5) で，平行平板コンデンサの静電容量を求めたときに導出したものをそのまま用いている．

静電エネルギーの存在
空間に電界を存在させるためには，電荷を置いて電界をつくり出す必要がある．電界をつくろうとして，電荷の集団をしかるべき場所に配置するためになされた仕事を，空間に存在する電界が静電エネルギーの形で保持しているのである．

式(8・15) で最終的に求まった仕事 W は，式(8・10) で与えられた単位体積あたりの静電エネルギーに，極板の間の体積 Ad を掛けたものとなっている．これはコンデンサに電荷 Q を溜め，それによって極板間の領域に電界 $\boldsymbol{E}$ をつくるために外部からなされた仕事が，静電エネルギーという形で極板の間の空間に蓄積されていることを意味している．

演習問題

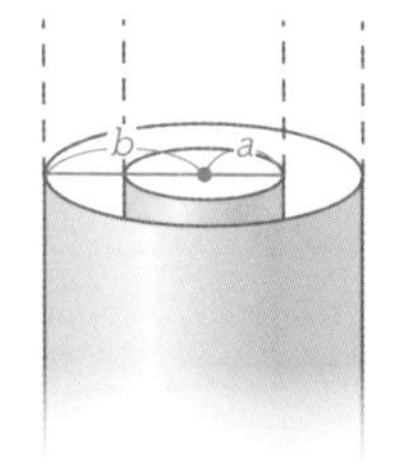

8・1　半径 a, b ($b>a$) の二つの同軸導体円筒からなる円筒形コンデンサを考える．なお，中心軸方向の長さは無限長であるとする．内側の極に単位長さ（中心軸方向）あたり $+\lambda$ の電荷，外側の極に $-\lambda$ の電荷を与えたとき，次の問いに答えよ．

(a) ガウスの法則を用いて，極板間の電界 $\boldsymbol{E}$ を求めよ．
(b) (a)で求めた電界から極板間の電位差 V を求めよ．
(c) (b)で求めた電位差から，単位長さあたりの静電容量 C を求めよ．
(d) 極板間に蓄えられた単位長さあたりの静電エネルギー U を求めよ．

9

電　　流

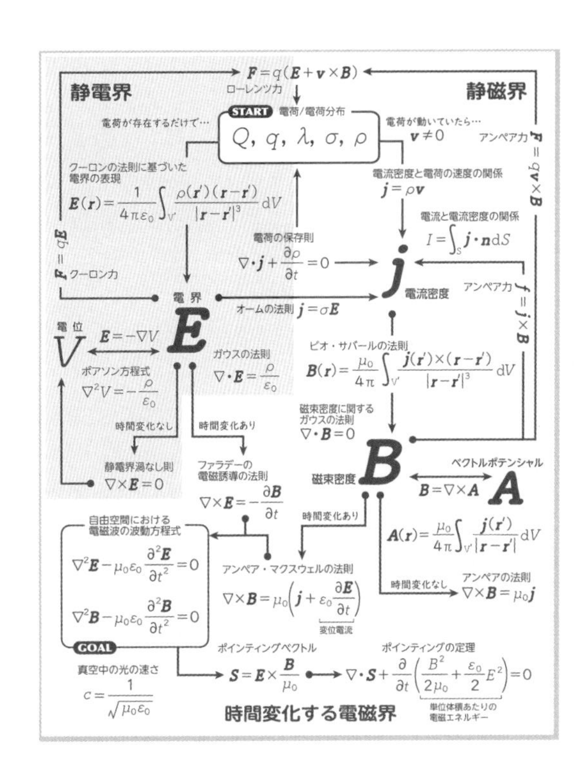

これまでの章では電荷が止まっている状況を暗黙のうちに考えていました．ここからは，電荷が“動く”ことによって何が起きるのかを考えていきたいと思います．電磁気学マップのSTART地点に立ち戻って，右側に進んでみましょう．電荷が動くと電流が流れ，電流密度 $\boldsymbol{j}$ という物理量が現れます．電流密度の存在はマップの右側に広がる静磁界をつくり出す源になります．本章では，まず始めに電流 I および電流密度 $\boldsymbol{j}$ の定義を確認します．そのあとで“電荷の保存則”という電荷と電流を関係付ける重要な法則を導入します．最後に，オームの法則およびその元となる導体中の電荷の動きについて述べます．

9・1　電流と電流密度

電荷が動くことで電流が流れる，このことを知っている人は多いだろう．しかし，そもそも物理量としての**電流**はどのように定義されるのだろうか．ここではまず，電流の定義を再確認する．図9・1のように，空間にある閉じた回路が存在し，この回路によって囲まれている面の断面積を S とする．この回路を下側から上側へと正電荷がくぐり抜けていく状況をイメージしてみよう．このとき，電流 I は上方向に流れ，電流という物理量は“断面積 S を単位時間あたりに通過する電荷量”と定義される．SI単位系で考える場合“断面積 S を1秒間に何C（クーロン）の電荷が通過するか”ということになる．重要なのは，有限の広がりをもつ断面積 S を決めない限り，電流という物理量を定義できない，ということである．また，電流はある面積を単位時間に通過する電荷の量なので，方向に関する情報をもたないスカラー量であることにも注意する．

ここで，電荷の流れを表すためのもう一つの物理量である**電流密度**について考えよう．電流は，ある広がりをもった面積（単位面積ではなくて）を単位時間に通過する電荷量であった．それに対して，電流密度は，図9・1に緑色で描かれているような“単位面積”を“単位時間”あたりに通過する電荷量で決まる．つまり，図9・1のように電荷の流れが面に垂直である場合，電流密度の大きさは電流 I を断面積 S で割ったものになる．もう一つ重要な点は，電流密度は大きさに加えて向きをあわせもつベクトル量である，ということである．電荷が流れている方向を指し示すベクトル量であるため，$\boldsymbol{j}$

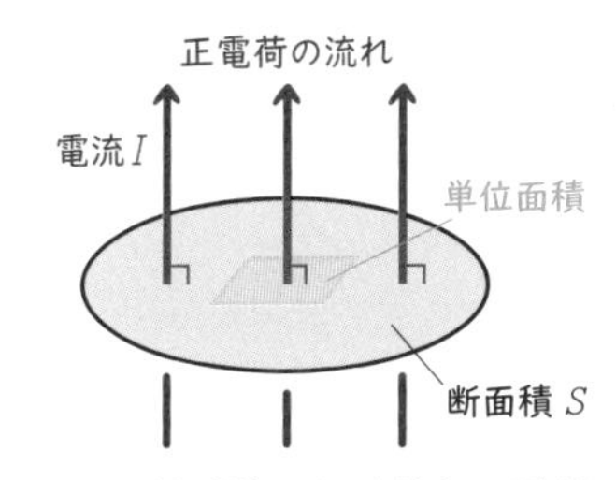

図9・1　断面積 S を通過する電荷と電流．回路によって囲まれる面を下側から上側へ正電荷が貫き流れていく場合，電流は上方向に流れる．ここでは簡単のために電荷は断面積 S を垂直に通過しているものとする．

電流 I の単位
SI単位系における電流 I の単位はC/sであり，C/s = A（アンペア）である．

電流密度 $\boldsymbol{j}$ の単位
単位面積あたりの電流であるためSI単位系では $\mathrm{C/m^2s}$ となる（分母が $\mathrm{m^2s}$ である）．つまり，電流 I が断面積 S を垂直に貫いて流れている場合，電流密度の大きさは I/S となる．

という太字で表される．

ここでベクトル量としての電流密度のイメージを確認し，電流Iと電流密度$\boldsymbol{j}$の関係について整理しておこう．図9・2のように，ふたたびある面Sを考え，その面を斜め上方向に正電荷が貫き流れていく状況を考える．このとき，電流密度$\boldsymbol{j}$は図中に赤い矢印で描かれているようなベクトル量として与えられる．電流密度のベクトルの向きは正電荷の運動方向を指し示す．また，その大きさは，ベクトルに垂直な単位断面積を考え，その単位断面積を単位時間あたりに通過する電荷量である．ここで考えた“ベクトルに垂直な単位断面積”は図9・3に示すような$\boldsymbol{j}$に垂直な単位断面積であり，図9・2に描かれている$\mathrm{d}S$とは別のものであることに注意する．スカラー量である電流Iとベクトル量である電流密度$\boldsymbol{j}$の間には式(9・1)のような関係がある．

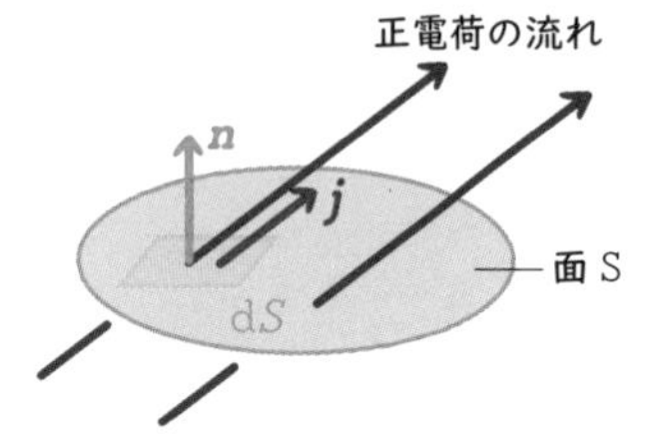

図9・2　電流Iと電流密度$\boldsymbol{j}$の関係．面S上に微小面積（面要素）$\mathrm{d}S$を考え，その法線ベクトルを$\boldsymbol{n}$とおく．

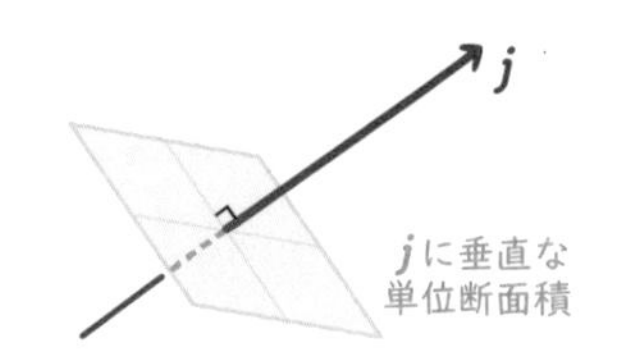

図9・3　電流密度ベクトル$\boldsymbol{j}$の大きさを定義するときに考える単位断面積．

電流と電流密度の関係

$$I = \int_S \underbrace{\boldsymbol{j}\cdot\boldsymbol{n}}_{\text{面を垂直に通過する成分}} \mathrm{d}S \tag{9・1}$$

右辺は面Sに関する面積分となっているが，積分の中に現れる$\boldsymbol{n}$は面要素$\mathrm{d}S$の法線ベクトルを表しており，$\boldsymbol{j}$との内積をとることによって$\boldsymbol{j}$というベクトルの“面を垂直に貫く成分”を抽出している．図9・2に示されているように，電流密度ベクトルは必ずしも面Sに垂直になるとは限らない．そのような場合，ベクトルは面に垂直な成分と平行な成分の双方をもつ．面に平行な方向に電荷の流れがあったとしても，電荷は面を横切って下側から上側へ移動することにはならず，面Sを貫いて流れる電流には貢献しない．つまり，$\boldsymbol{j}$の面に平行な成分は電流に寄与しないのである．よって，式(9・1)では$\boldsymbol{j}\cdot\boldsymbol{n}$によって面を垂直に貫く電荷の流れのみを抽出し，面S全体について面積分を行うことで，面を垂直に貫く電流の総量を導出している．

垂直成分を取出す理由
電流は単位時間あたりに面Sを貫く電荷量なので，電荷が面を貫けない場合は電流に対する寄与がなくなる．電荷の“貫き”に貢献するのは，電流密度ベクトルの“面に垂直な成分”のみである．

9・2　電荷の保存則

電磁気学の重要な基本法則の一つに**電荷の保存則**とよばれるものがある．この法則は“電荷は突然現れたり消えたりしない”ということを表現するものであるが，その意味を考えることで，電荷と電流の関係を深く理解できる．図9・4のようにある体積領域Vを考え，その表面を閉曲面Sとする．この体積領域を，風が吹き抜けるように電荷が左から右へ貫き流れている状況を考えてみよう．この閉曲面Sを貫き流れている電流をIとし，体積領域Vの中の総電荷をQとすると，IとQの間には式(9・2)ような関係がある．

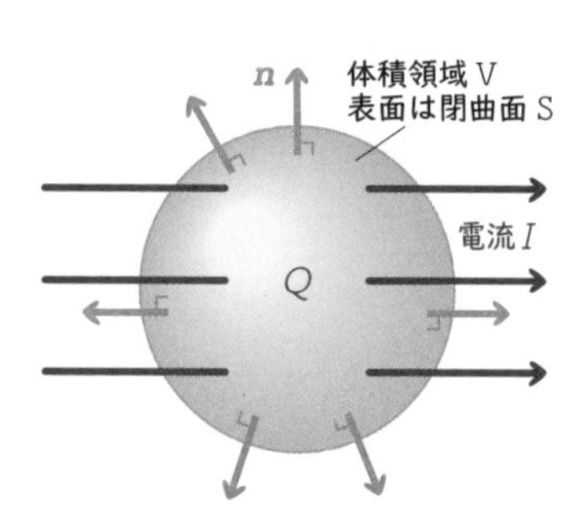

図9・4　体積領域Vを貫く電荷の流れ．電荷が突き抜けることができる風船を，電荷が左から右へ吹き抜けていくイメージをもてばよい．風船の表面である閉曲面Sの法線ベクトルを$\boldsymbol{n}$とする．

$$I = -\frac{\mathrm{d}Q}{\mathrm{d}t} \tag{9・2}$$

右辺にあるQの時間微分は，体積領域Vの中の総電荷の増減を示している．Iが閉曲面Sを貫いて外向きに流れ出す電流であると考えると，その大きさは電荷の外向きの流れの量を表していることになる．式(9・2) は，閉曲面を外向きに貫く電荷の流れと閉曲面の中の総電荷が“連動”していることを示している．電荷が外に流れ出していれば，つまり左辺の I が正であれば Q の時間微分は負にならなければならず，内部の総電荷 Q は減少する．

式(9・2) の右辺にマイナス
式(9・2) の右辺にマイナスが付いているのは，左辺が電荷の流出量をみていて，流出量が正の場合，総電荷は減少する（微分が負になる）ためである．

式(9・2) を出発点として電荷の保存則を導いてみよう．式(9・1) で与えられる電流と電流密度の関係を使うと，左辺は電流密度 $\boldsymbol{j}$ の面積分によって表現することができる〔式(9・1) 参照〕．また，右辺の Q は電荷密度 ρ を体積領域 V で体積積分したものにほかならない．

$$\int_S \boldsymbol{j}\cdot\boldsymbol{n}\,\mathrm{d}S — I \quad = \quad -\frac{\mathrm{d}Q — \int_V \rho\,\mathrm{d}V}{\mathrm{d}t}$$

すると，上式を式(9・3) のように書き換えることができる．

$$\oint_S \boldsymbol{j}\cdot\boldsymbol{n}\,\mathrm{d}S = -\frac{\mathrm{d}}{\mathrm{d}t}\int_V \rho\,\mathrm{d}V \qquad (9\cdot3)$$

（$\boldsymbol{j}\cdot\boldsymbol{n}$：S を貫いて外向きに流れる電流密度の成分）

ここで左辺の積分記号に○が付いているのは，閉じた面である S について面積分を行っているためである．また，閉曲面 S 上のすべての場所において法線ベクトル $\boldsymbol{n}$ が外向きにとられていることにも注意する．$\boldsymbol{j}\cdot\boldsymbol{n}$ は閉曲面 S を貫いて“外向きに”流れる電流密度の成分を抽出したものであり，式(9・3)の左辺はそれを閉曲面 S にわたって足し合わせたものとなっている．つまり，閉曲面 S の表面を通って“外向きに”流れ出している電流の総量を表しているのである．式(9・3) は電荷の保存則の積分形とよばれるもので，ある広がりをもった体積領域（およびそれを囲む閉曲面）を考え，面積分および体積積分を行うことによって，電流密度 $\boldsymbol{j}$ と電荷密度 ρ を関係付ける法則である．電荷の保存則（積分形）を式(9・4) として改めて示す．

電荷の保存則（積分形）

$$\oint_S \boldsymbol{j}\cdot\boldsymbol{n}\,\mathrm{d}S = -\frac{\mathrm{d}}{\mathrm{d}t}\int_V \rho\,\mathrm{d}V \qquad (9\cdot4)$$

電荷の保存則（積分形）のイメージを図9・5 に示す．電荷の流れ（つまり電流）が矢印で示されており，(a)と(b)のどちらの場合も，風船状の体積領域 V に流れ込む電荷と流れ出す電荷の量にアンバランスがある状況を

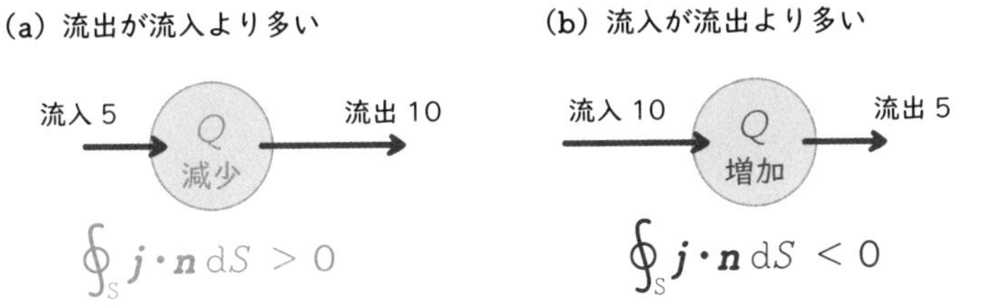

(a) 流出が流入より多い

流入 5　Q 減少　流出 10

$\oint_S \boldsymbol{j}\cdot\boldsymbol{n}\,\mathrm{d}S > 0$

(b) 流入が流出より多い

流入 10　Q 増加　流出 5

$\oint_S \boldsymbol{j}\cdot\boldsymbol{n}\,\mathrm{d}S < 0$

図9・5　電荷の保存則（積分形）のイメージ．

考えている．(a)の場合は，流入する電荷の流量が 5，流出する電荷の流量が 10 となっており，流入よりも流出が多いため，風船の内部の総電荷 Q は減少せざるをえない．逆に (b)の場合は，流入する電荷の流量が 10，流出する電荷の流量が 5 となっており，流入が流出よりも多いため，風船の中に電荷が取り残され，総電荷 Q は増加することになる．

電荷の保存則の左辺（$\boldsymbol{j}$ の面積分）は，閉曲面 S を貫いて外向きに流れる電流を示したものであるため，流出が多い場合は正の値，流入が多い場合は負の値となり，その正負をみることで電荷の出入りの“収支”を読取ることができる．そして，その収支によって，保存則の右辺にある総電荷の増減（時間微分）がコントロールされている．つまり，電荷の保存則は“電荷が突然現れたり消えたりすることはなく，その増減は，電荷の流れである電流によって電荷がどこかから運び込まれたり，どこかへと運び去られたりすることでコントロールされている”ことを表現しているのである．

電荷の保存則は，時間変化がない状況を考えるとどうなるだろうか．式（9・4）の右辺にある時間微分が 0 になるため，電荷の保存則は式(9・5)のようになる．これは，時間変化がない場合，任意の閉曲面 S から外側に流れ出す“正味の”電流は存在しない，ということを意味する．これは，電流そのものが流れていない，つまり電荷の流れがない，という意味では必ずしもない．流れ込んだ電荷と同じ量の電荷が流れ出していて，体積領域 V の中の電荷量が増えも減りもしない場合，閉曲面 S を貫く正味の電流は 0 になる．このような時間変化がない状態の電流を**定常電流**とよぶ．

時間変化しない場合
時間変化がない状態のことを**定常状態**とよぶ．あらゆる物理量の時間微分が 0 になるような状態である．

時間変化がないときの電荷の保存則

$$\oint_S \boldsymbol{j}\cdot\boldsymbol{n}\,\mathrm{d}S = 0 \qquad (9\cdot5)$$

（$\boldsymbol{j}$：定常電流）

定常電流に関する注意点
定常電流の場合の電荷の保存則の右辺が 0 になっていることは，電流そのものが流れていないということを意味するものでは必ずしもない．閉曲面 S を貫いて流入する電流と流出する電流の量が同じであれば，収支は 0 になって右辺は 0 になる．閉曲面 S を貫く正味の電流が 0 であるだけで，電流そのものは流れていても構わない．

電荷の保存則の微分形を導出しておこう．出発点は式(9・4) の積分形である．積分形の両辺をみると左辺は面積分，右辺は体積積分となっており，両辺で積分の次元が異なるために積分の中身を直接比較することができない．そこで，式(9・6) に再掲するガウスの定理を用いた変形を行う．

ガウスの定理の適用
ベクトル解析の定理である“ガウスの定理”を用いて面積分を体積積分に変換する手続きは，4 章においてガウスの法則の微分形を導く際に行ったものと同じである．

ガウスの定理

$$\underbrace{\oint_S \boldsymbol{F}\cdot\boldsymbol{n}\,\mathrm{d}S}_{\text{面積分}} = \underbrace{\int_V \nabla\cdot\boldsymbol{F}\,\mathrm{d}V}_{\text{体積積分}} \qquad (9\cdot6)$$

ガウスの定理によって式(9・4) を式(9・7) のように変形することができる．

$$\underbrace{\oint_S \boldsymbol{j}\cdot\boldsymbol{n}\,\mathrm{d}S}_{\text{積分形の左辺}} \overset{\text{ガウスの定理}}{=} \int_V \nabla\cdot\boldsymbol{j}\,\mathrm{d}V = -\frac{\mathrm{d}}{\mathrm{d}t}\int_V \rho\,\mathrm{d}V \qquad (9\cdot7)$$

これにより，電荷の保存則の積分形を式(9・8) のように書き換えることができる．

$$\int_V \nabla\cdot\boldsymbol{j}\,\mathrm{d}V = -\int_V \frac{\partial\rho}{\partial t}\,\mathrm{d}V \qquad (9\cdot8)$$

式(9・8) の右辺について
式(9・7) から式(9・8) を導く際に，電荷の保存則の右辺についても少し変形を行っている．具体的には，積分の前におかれていた時間による全微分が積分記号の中に入り，さらに時間での偏微分に置き換わっている．微分と積分の入れ換えに加えて，全微分が偏微分になっているのである．これは，ρ に関する積分を行う前に微分を行うため，この時点で ρ はまだ時間と空間の両方に依存する関数だからである．時間 t での微分であることを明示するために偏微分の記号を用いている．

式(9・8) が，どのような体積領域Vについて積分しても成り立つためには，積分の中身（被積分関数）どうしが等しくなければならない．これにより，式(9・9) に示す電荷の保存則（微分形）を得ることができる．

電荷の保存則（微分形）

$$\nabla \cdot \boldsymbol{j} + \frac{\partial \rho}{\partial t} = 0 \tag{9・9}$$

電荷の保存則（微分形）のイメージを図9・6に示す．今，電流密度ベクトル$\boldsymbol{j}$がすべて右を向いており，その大きさ（ベクトルの長さ）が場所によって異なっているような状況を考える．(a)の青い×印の点では，左側から流れ込むベクトルよりも，右側に流れ出すベクトルのほうが長い．つまり，この点で電流密度ベクトルに湧き出しがあり（発散状態）$\nabla \cdot \boldsymbol{j} > 0$となっている．このとき，式(9・9) の電荷の保存則に従えば，$\nabla \cdot \boldsymbol{j}$が正であるため$\rho$の時間微分は負となり，青い×印の点における電荷密度は時間とともに減少しなければならないことがわかる．逆に，(b)の赤い×印の点においては，流れ込むベクトルが流れ出すベクトルよりも長く，吸い込み（収束状態）となっているため$\nabla \cdot \boldsymbol{j} < 0$が成り立っている．$\nabla \cdot \boldsymbol{j}$が負なので$\rho$の時間微分は正になり，この点における電荷密度$\rho$は時間とともに増大しなければならないことがわかる．

積分形と微分形の類似性
図9・5で説明した積分形のイメージと基本的には同じ内容を語っていることに注意する．“広がりをもつ体積領域”を考えるか“空間のある1点”を考えるかが違っているだけで，表現しているのは，電荷の流入と流出の収支によってその領域もしくは場所の電荷の増減が決まる，ということである．

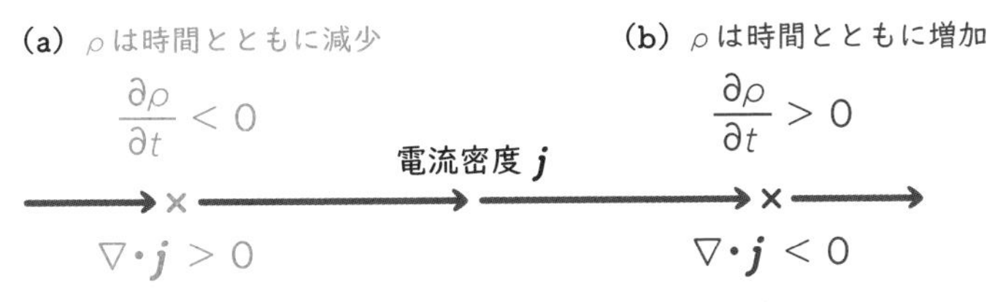

図9・6 電荷の保存則（微分形）のイメージ．

電荷の保存則の微分形についても，時間変化がない場合（定常状態）にどのような形になるかを考えておこう．ρの時間による偏微分が0となるため，電荷の保存則は式(9・10) のような形になる．これは，定常電流の発散が常に0であることを意味している．発散が0であるということは，空間のある1点において，流れ込む電流密度と流れ出す電流密度が一致して，収支が0である（流入と流出が釣り合っている）ことを示している．

時間変化がないときの電荷の保存則

$$\nabla \cdot \boldsymbol{j} = 0 \tag{9・10}$$

9・3 オームの法則

オームの法則は導体（たとえば導線）に対して電位差をかけたときに，どれだけの電流が流れるのかを表す物理法則である．$V = IR$という形で表現

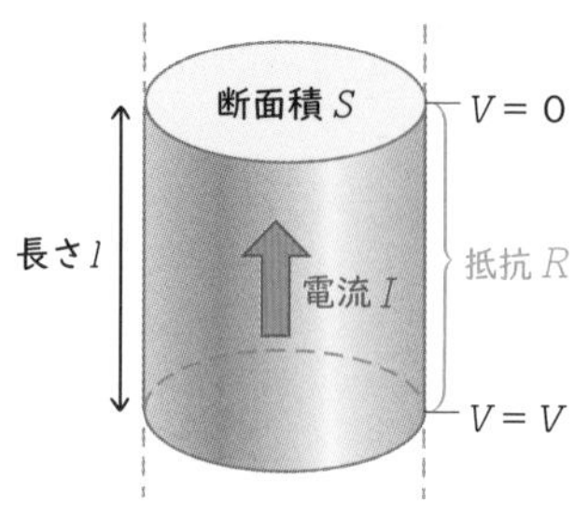

図 9・7 抵抗 R を流れる電流 I.

されるオームの法則は多くの人にとってすでになじみのあるものであろう．実はこの $V=IR$ という表現は，オームの法則の"積分形"とよぶべきものである．本節では，このオームの法則の積分形から一歩進んで，空間のある1点において成り立つオームの法則の"微分形"を導いてみたい．

まず，図9・7に描かれているような，長さ l，断面積 S，抵抗 R の導線（導体の線）の一部の領域を考え，その両端に V の電位差をかける．電位が高いところから低いところに向かって電流 I が流れるが，その大きさは式(9・11)で表される．

$$I = \frac{V}{R} \qquad (9 \cdot 11)$$

（R：抵抗：電流の流れにくさ）

抵抗 R は電流の流れ"にくさ"を示しており，抵抗 R が大きい導線ほど，同じ電位差 V をかけたとしても流れる電流 I は小さくなる．前述のように，この形式のオームの法則は積分形とよばれるべきものであり，図9・7に描かれているようなある有限の太さと長さをもつ抵抗体を考えたときに，V と I の間を関係付けるものである．

積分形とよんでよいのか
$V=IR$ の形式のオームの法則を"積分形"であると明示している教科書は少ないが，ある有限の太さ，長さをもつ抵抗体を考えることで，始めて V と I の間を結び付けることができる，という意味において，この形式のオームの法則は積分形と考えることができる．

オームの法則の微分形を導出してみよう．その準備のために，ある1点における抵抗の値に相当する**抵抗率** ρ を導入する．抵抗率は，単位長さ，単位断面積あたりの抵抗を表しており，全体の抵抗である R との間に式(9・12)のような関係をもつ量として定義される．

抵抗率 ρ と電荷密度 ρ は別もの
電荷密度もギリシャ文字 ρ を使って表されることが多い．混同してしまいがちであるが，電荷密度と抵抗率は全く異なる物理量である．たまたま，慣習的に同じ文字 ρ を用いているだけである．本章でも電荷密度と抵抗率が同時に出てくることがあるので，注意してもらいたい．

$$R = \rho \frac{l}{S} \qquad (9 \cdot 12)$$

（l：抵抗の長さ，S：抵抗の断面積）

一様な抵抗率 ρ をもつ抵抗体（長さ l，断面積 S）を考えたとき，全抵抗 R は，抵抗率 ρ に抵抗体の長さ l を掛けて，断面積 S で割ったものになっている．一様な電荷分布の場合は，電荷密度 ρ に領域の体積 V を掛けることで総電荷 Q を求めることができる．しかし，抵抗の場合は，抵抗率 ρ に抵抗体の体積 V を掛けたものが全抵抗 R にならないことに注意する．これは，抵抗体の断面積 S が大きいほど，電荷が通過できる面積が広くなり，電流が流れやすくなる，つまりは抵抗が小さくなるためである．

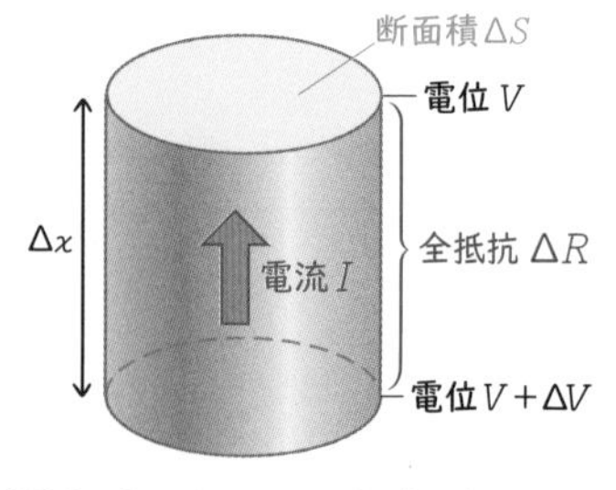

図 9・8 オームの法則の微分形を導くために考えた有限の大きさをもった抵抗体．

ここで，図9・8のようなある有限の大きさをもつ抵抗体をもう一度考えてみよう．抵抗体の長さを Δx，断面積を ΔS，全抵抗を ΔR とし，両端に ΔV の電位差をかけたときに，電流 I が流れるものとする．この抵抗全体についてオームの法則の積分形を考えると式(9・13)になるが，この ΔR の部分に式(9・12)を代入すると式(9・14)が得られる．

オームの法則

$$\Delta V = I\,\Delta R \qquad (9 \cdot 13)$$

（$I = j\,\Delta S$，$\Delta R = \rho \dfrac{\Delta x}{\Delta S}$）

$$= j\,\Delta S\,\rho \frac{\Delta x}{\Delta S} \qquad (9 \cdot 14)$$

全抵抗である ΔR を抵抗率 ρ で置き換えている．抵抗率 ρ に抵抗体の長さである Δx を掛け，抵抗体の断面積である ΔS で割っている．

これを j について解くと式(9・15)が得られる．

$$j = \frac{1}{\rho}\frac{\Delta V}{\Delta x} = \frac{1}{\rho}E \quad (9・15)$$

電位の変化率が電界

電界の大きさ E は単位長さあたりの電位の変化（変化率）なので，ΔV を抵抗の長さ Δx で割ったものが E になると考えてよい．式(8・4) を参照.

この段階で，空間のある1点において与えられる電流密度の大きさ j と電界の大きさ E の関係を導くことができている．ここでは簡単のために，どちらの量も大きさのみを表すスカラー形式で表現されていることに注意する．ここで，スカラーをベクトルに戻し，抵抗率 ρ の逆数を**電気伝導度** σ という物理量によって置き換えることで，式(9・16) に示すようなオームの法則の微分形を得ることができる.

抵抗率と電気伝導度
抵抗率 ρ は，ある1点における電流の流れ“にくさ”を表す物理量である．その逆数である電気伝導度 σ は，電流の流れ“やすさ”を表す物理量である.

オームの法則の微分形

$$\boldsymbol{j} = \sigma \boldsymbol{E} \quad (9・16)$$

電気伝導度 $\sigma = \frac{1}{\rho}$（σ：電流の流れやすさ，ρ：電流の流れにくさ）

電界 $\boldsymbol{E}$ をかけた方向に電流が流れることが重要である．その電流密度 $\boldsymbol{j}$ の大きさを決めている比例係数が電気伝導度 σ である．つまり電気伝導度が大きい導体ほど，同じ大きさの電界をかけたときに，より多くの電流が流れることになる.

抵抗率 ρ の逆数として導入された電気伝導度 σ は，電流の流れ“やすさ”を表す物理量である．オームの法則の微分形は空間のある1点において成立する．ある場所に存在する電界 $\boldsymbol{E}$ に比例して（比例係数はその場所における電気伝導度 σ）その点の電流密度ベクトル $\boldsymbol{j}$ が与えられる．次節で詳しく述べるが，導体に電界をかけると導体内部の自由電子が電界による力を受け，電界と逆方向に運動することで電荷の流れが生まれ電流が流れる．この過程を巨視的な視点で(導体の中で何が起こっているかについては目をつぶって)表現したものが，ここで示したオームの法則の微分形である.

9・4 導体の中の電荷の動き

前節において導出したオームの法則の微分形〔式(9・16)〕をより深く理解するために，導体に電位差（電界）がかけられたとき，導体中で電荷がどのように運動しどのようにして電流が流れるのかを考えてみよう．図9・9のように，横に細長い導体（導線）の一部の領域を考える.

電荷の運動を考える理由
電流が流れているということは，電荷が動いているということである．導体に対して電位差（電界）がかけられたときに電流が流れるのは，導体の内部で電荷が動いていることにほかならない．オームの法則を理解するためには，導体中の荷電粒子(実際には自由電子)の動きをみていく必要がある.

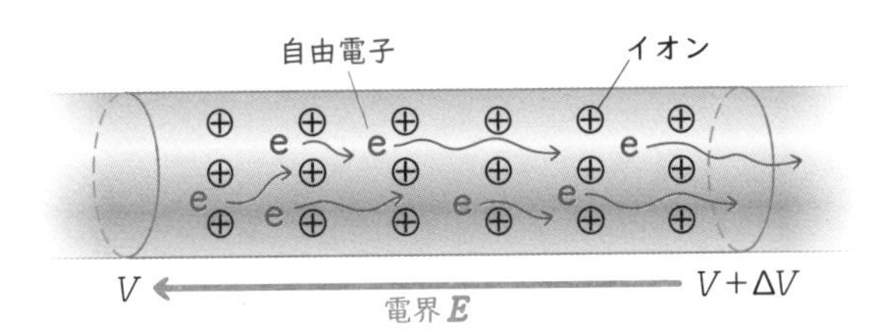

図9・9 導体に電位差をかけたときの電荷の動き.

この導体の一部分の両端には ΔV の電位差がかけられている．右側のほうが電位が高いため電界 $\boldsymbol{E}$ は左向きになる．導体内部には自由に動くことができる自由電子が存在し，この左向きの電界 $\boldsymbol{E}$ によるクーロン力を受ける.

クーロン力とは
電荷が電界から受ける力をクーロン力とよぶ（3章参照）．クーロン力が働く電荷の電荷量を q，電界を $\boldsymbol{E}$ とすると，クーロン力 $\boldsymbol{F}$ は $\boldsymbol{F} = q\boldsymbol{E}$ のように表される.

オームの法則の裏には
オームの法則は，導体を巨視的にみて，かけられた電界とその結果として流れる電流を関係付けたものである．しかし，導体の中を微視的にみると，自由電子が電界によるクーロン力を受けて運動し，その運動が電流を流しているのである．

加速度と力について
運動方程式によると，物体が力を受けていれば，その力の大きさに比例して加速を受ける．つまりクーロン力が働いている限り，自由電子は加速され続けるのである．

衝突による実質的な抵抗力
イオンとの衝突によって，自由電子は実質的な抵抗力を受ける．この抵抗力は速度に比例することが知られている．その比例係数をここでは k とおいている．k が大きいほど，自由電子は大きな実質的な抵抗力を受けることになる．

電気素量 $e = 1.602176634 \times 10^{-19}$ C

ここで $\boldsymbol{C}$ は積分定数である．6 章で学んだように，境界条件（$t = 0$ における速度の値など）を与えることによって $\boldsymbol{C}$ を決定し，特殊解を得ることもできるが，ここでは一般解のままで話を進める．

電子は負の電荷をもつために $\boldsymbol{E}$ と逆方向にクーロン力を受け，右側に向かって運動する．負電荷が右側に運動するため，正電荷の流れとして定義される電流は左向きとなる．つまり，オームの法則で表現されているように，電界と同じ方向に電流が流れることがわかる．

ここで，ひとつ不思議に感じることがないだろうか．自由電子が運動することで電界と同じ方向に電流が流れることは理解できるが，自由電子にはクーロン力が働き続けるため（加速を受け続けるため），その速度は時間とともに際限なく増大していくように思われる．そうであるならば，運ばれる電荷の量が時間とともに増えるため電流密度も増大し続けるはずである．つまり，“電流の流れやすさ”を表す電気伝導度も時間とともに増加しなければならない．これは，オームの法則において $\boldsymbol{E}$ と $\boldsymbol{j}$ の間をとりもつ比例係数である電気伝導度 σ が時間とともに変化してしまうことを意味する．実は，実際の導体中でこのようなことは起こらないことが知られている．電子はクーロン力を受け続けるが，ある程度まで加速を受けた段階で格子状に分布しているイオン（図 9・9 の ⊕）と衝突することによって減速する．衝突後に再度クーロン力を受けて加速されるが，ふたたびイオンと衝突し減速される．つまり，イオンとの衝突という実質的な“抵抗”があるために，電子の運動は十分に時間が経つとある一定の平均的な運動速度に落ち着くのである．

導体中の 1 個の自由電子の動きを，イオンとの衝突による実質的な抵抗の影響も含めてもう少し細かくみてみよう．自由電子の運動方程式は式(9・17) のように書き表すことができる．

$$m\frac{\mathrm{d}\boldsymbol{v}}{\mathrm{d}t} = -e\boldsymbol{E} \underbrace{-k\boldsymbol{v}}_{\text{抵抗力}} \qquad (9 \cdot 17)$$

左辺の m は自由電子の質量，$\boldsymbol{v}$ は速度ベクトルを表している．また，e は電気素量（電子一つがもつ電荷量）を示す．自由電子にはイオンとの衝突によってその速度に比例する形で抵抗力が働くため，右辺には電界によるクーロン力（$-e\boldsymbol{E}$）に加えて，この抵抗力を表す項（$-k\boldsymbol{v}$）が追加されている．この運動方程式を $\boldsymbol{v}$ について解いたときの一般解は式(9・18) のように与えられる．

$$\text{一般解} \quad \boldsymbol{v} = \underbrace{\boldsymbol{C}\exp\left(-\frac{k}{m}t\right)}_{t\to\infty\text{ で 0 になる}} - \frac{e}{k}\boldsymbol{E} \qquad (9 \cdot 18)$$

式(9・18) の右辺第 1 項には時間 t が含まれているが，t を無限大にする極限をとると，この項は 0 になる．つまり，ある一定の時間が経過すると，式(9・19) のように $\boldsymbol{v}$ は右辺第 2 項のみで表現できるようになる．

$$t\to\infty \text{ において} \quad \boldsymbol{v} = -\frac{e}{k}\boldsymbol{E} \qquad (9 \cdot 19)$$

これは上で述べたように，イオンとの衝突を繰返すことによって，自由電子の速度が一定の値に落ち着くことを示している．この自由電子の速度を用いて電流密度を計算すると式(9・20) のようになる.

$$\boldsymbol{j} = \underbrace{\rho}_{\text{電荷密度}} \boldsymbol{v} = (-e\underbrace{N}_{\text{電子の数密度}})(-\frac{e}{k}\boldsymbol{E}) = \underbrace{\frac{e^2N}{k}}_{\text{電気伝導度}\,\sigma}\boldsymbol{E} \qquad (9 \cdot 20)$$

最終的に，電流密度$\boldsymbol{j}$が電界$\boldsymbol{E}$に比例する形で与えられることがわかる．式(9・20) はオームの法則の微分形そのものであり，比例係数にあたる部分が前節で導入した電気伝導度σに相当する．電気伝導度は，導体中の自由電子の数密度Nに比例し，抵抗力の比例係数であるkに反比例している．これは，Nが大きい，つまり自由電子の数が多いほど，電荷の運び手（キャリヤーという）が多くなり，大きな電流が流れる（電流が流れやすくなる）ことを意味する．また，抵抗力の比例係数kが小さいほど，自由電子はイオンとの衝突の影響を受けずに大きな速度で運動することができるため，電流が流れやすくなることもわかる．このように，自由電子が多いか少ないか，イオンとの衝突の影響が大きいか小さいか，という導体の特性が，電流の流れやすさである電気伝導度を決める要因となっているのである.

速度と電流密度の関係
電荷密度ρに自由電子の速度$\boldsymbol{v}$を掛けたものが電流密度$\boldsymbol{j}$になっている．ここではそれぞれの単位を確認してみよう．SI単位系においてρの単位はC/m^3，$\boldsymbol{v}$の単位は m/s である．この両者の単位を掛け合わせるとC/m^2sとなり（分母がm^2sである)，確かに電流密度の単位となっている.

電荷密度と数密度
電荷密度ρは，単位体積あたりの電荷量を表す物理量である．それに対して，数密度Nはある粒子が単位体積あたり“何個”あるかを表すものである．自由電子の数密度がNのとき，一つの自由電子がもつ電荷は$-e$であるため，電荷密度は$-eN$となる.

演 習 問 題

9・1　直交座標において，電流密度$\boldsymbol{j} = 2x^2\boldsymbol{e}_x + 2xy^3\boldsymbol{e}_y + 2z^2\boldsymbol{e}_z$が与えられている．電荷密度の時間変化を$x$, y, zの関数として表せ.

9・2　半径a, b ($b>a$) の二つの同心導体球殻の間に電気伝導度σの物質を満たした．定常電流Iを外向きに，かつ放射状に流したとき，以下の問いに答えよ.

(a) 内外の導体球殻の間の領域の中心からの半径がrのところに，微小な厚み$\mathrm{d}r$をもつ球殻を考え，その部分の抵抗$\mathrm{d}R$を求めよ.
(b) $\mathrm{d}R$を積分することによって，導体球殻の間の空間の全抵抗Rを求めよ.
(c) オームの法則を用いて，球殻間の電位差を求めよ.

10

磁束密度とアンペア力

前章で，電荷が動くと電流が流れることを述べました．これ以降の章では，電流が流れると，そのまわりの空間に静磁界が形づくられることを学んでいきます．静磁界は，電磁気学マップでは右側に示されています．本章では，静磁界の入口に立ちアンペールによる実験に基づいて，電流が周囲の空間に与える影響を表現する“磁束密度 $\boldsymbol{B}$”という物理量を導入します．磁束密度 $\boldsymbol{B}$ が存在する空間において，電流は“アンペア力”とよばれる力を受けます．このアンペア力をベクトル量として表現し，電流が（もしくはそれと等価な“動く電荷”が）磁束密度 $\boldsymbol{B}$ から受ける力について理解したいと思います．

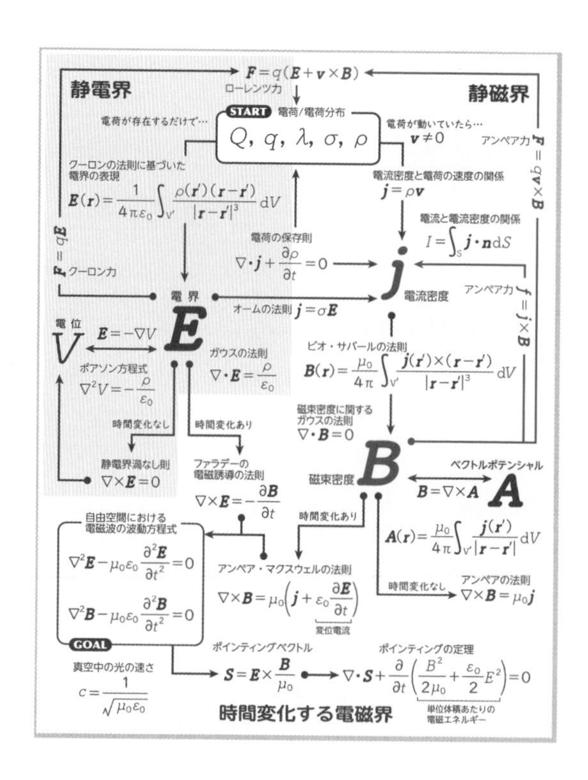

10・1　アンペールによる実験と磁束密度

(a)　I_1　I_2　引力　r

(b)　I_1　I_2　斥力　r

図 10・1　アンペールによる平行電流の間に働く力に関する実験の模式図．(a) 平行な導線に同じ向きに電流が流れる場合は引力が働く，(b) 平行な導線に逆向きに電流が流れる場合は斥力が働く．

物理法則の発見や物理量の導入は，多くの場合実験がきっかけとなっている．3章で学んだように静電界の成り立ちを考える際にも，電荷の間に働く力に関するクーロンの実験（およびそこから導かれたクーロンの法則）が電界 $\boldsymbol{E}$ という物理量を導入することにつながった．本章から静磁界に本格的に入り込んでいくが，静磁界にもその成り立ちを考えるきっかけとなった実験がある．図 10・1 に示されているフランス人アンペールによる実験である．(a)は平行な導線を距離 r だけ離して置き，同じ方向に I_1，I_2 という電流を流している状況を示す．このとき，この二つの線電流には互いに引きあう力（引力）が働く．また，(b)は同じ状況で I_1，I_2 を逆方向に流した場合であり，このとき電流には互いに遠ざけあう力（斥力）が働く．この実験から，平行電流の間に働く力の大きさ F が式(10・1) のように表せることがわかった．

単位長さあたりに働く力の大きさ　電流の大きさに比例

$$F = k\frac{I_1 I_2}{r} \tag{10・1}$$

比例係数　電流間の距離に反比例

ここで F は力の大きさであるが，“単位長さあたり”の電流に働く力の大きさであることに注意する．F は I_1 と I_2 の大きさに比例し，電流間の距離 r に反比例する．式(10・1) に現れる比例係数 k を決めるためには，電流の単位を定める必要がある．SI 単位系における電流の単位である A（アンペア）

は以下のように定義されてきた．

> 真空中に等しい長さの２本の直線電流を１m 離して置き，電流１m あたりに働く力の大きさが 2×10^{-7} N/m のときの電流を１A とする．

従来，A（アンペア）はこのように定義されていた．しかし，国際度量衡総会で決定され 2019 年から実施された SI 単位の定義改訂に伴い，現在では，電気素量 e の数値を $1.602176634\times10^{-19}$ C（＝A s）と定めることにより定義される．C と A の関係は §9・1 参照．

このアンペアの定義に現れた数値を式(10・1）に代入すると式(10・2）が得られる．

$$2\times10^{-7}\ \mathrm{N/m} = k\frac{1\mathrm{A}\cdot1\mathrm{A}}{1\mathrm{m}} \tag{10・2}$$

ここから，比例係数 k を式(10・3）のように決定することができる．

$$k = 2\times10^{-7}\ \mathrm{N/A^2} \tag{10・3}$$

さらに，式(10・4）のように真空の透磁率 μ_0 を導入することによって，

$$\mu_0 = 2\pi k = \underbrace{4\pi\times10^{-7}\ \mathrm{N/A^2}}_{\text{SI 単位系において}} \tag{10・4}$$

真空の透磁率

真空の透磁率 μ_0 は真空の磁気的性質を表す量である．３章において真空の誘電率 ε_0 というものを導入したが，静磁界でそれに対応するものが真空の透磁率である．真空の誘電率を導入したときも，電荷と電荷の間に働く力の法則に現れる比例係数に関係していたことを思い出そう．式(3・4）参照．

μ_0 は式(10・2）から式(10・4）のような手続きで定められていた．しかし，2019 年の SI 単位の定義改訂に伴い，現在は不確かさのある測定値として与えられており，$\mu_0 = 1.25663706212(19)\times10^{-6}$ N/A^2 となっている．

平行電流の間に働く力の大きさを式(10・5）のように表現することができる．

平行電流の間に働く力の大きさ

$$F = \frac{\mu_0}{2\pi}\frac{I_1 I_2}{r} \tag{10・5}$$

本当は無限の長さ

式(10・5）が厳密に成り立つのは平行電流が無限の長さをもつ場合である．

ここで，３章において，クーロンの法則に基づいて電界 $\boldsymbol{E}$ という物理量を導入したときのことを思い出してみよう．クーロンの法則は式(10・6）に再掲するように，二つの電荷の間に働く力の大きさがそれらの電荷量 Q_1 と Q_2 に比例し，距離 r の２乗に反比例することを示すものであった．クーロンの法則から電界 $\boldsymbol{E}$ に相当する部分を独立させる．これによって，電荷と電荷の間に働く力が電界 $\boldsymbol{E}$ というベクトル場を介して伝えられる，という近接相互作用の考え方が導入された．クーロンの法則から電界 $\boldsymbol{E}$ に相当する部分を抜き出して"Q_2 が Q_1 の位置につくり出す影響を表す物理量"として独立させたのである．

クーロンの法則との比較

平行電流に働く力の式とクーロンの法則はどこが同じでどこが違うのだろうか．クーロンの法則は電荷の間に働く力が電荷量に比例する点では平行電流の式と似ているが，力が距離の２乗に反比例する点が少し異なる．また，クーロンの法則は同符号の電荷には斥力，逆符号の電荷には引力が働いたが，平行電流においては，同方向の電流が引力，逆方向の電流が斥力となっている．静電界と静磁界は，非常に似ているものの，細部が少しずつ異なっているのである．

クーロンの法則

$$F = \frac{1}{4\pi\varepsilon_0}\frac{Q_1 Q_2}{r^2} = Q_1\Bigl(\underbrace{\frac{1}{4\pi\varepsilon_0}\frac{Q_2}{r^2}}_{\text{電界 }\boldsymbol{E}\text{：}Q_2\text{ が }Q_1\text{ の位置につくり出す影響}}\Bigr) = Q_1 E \tag{10・6}$$

式(10・6）のクーロンの法則は，簡単のため，大きさだけの表現となっている．電界 $\boldsymbol{E}$ は本来はベクトル量である．

この電界 $\boldsymbol{E}$ を導入したときのアプローチを，式(10・5）の平行電流の間に働く力に対しても適用してみよう．式(10・7）に再掲する平行電流の式をそのままの形で眺めると，I_1 と I_2 という２本の電流がその２本だけで直

接的に相互作用して力を及しあっている，という遠隔相互作用の立場で解釈しそうになる．しかし，式(10・7)の右辺に示すように，平行電流の式からI_1だけを外に取出してそれ以外の部分と分割すると，クーロンの法則からQ_1を取出して電界$\boldsymbol{E}$という物理量を導入したときと同じ議論をすることができる．

磁束密度$\boldsymbol{B}$はベクトル量
本節では，簡単のために，平行電流に働く力の“大きさ”をスカラー量として表現した式(10・5)をもとに話を進めてきた．しかし，磁束密度$\boldsymbol{B}$は，本来は方向をもつベクトル量である．$\boldsymbol{B}$の方向については次節で考えることにする．

平行電流の間に働く力

$$F = \frac{\mu_0}{2\pi}\frac{I_1 I_2}{r} = I_1\left(\frac{\mu_0}{2\pi}\frac{I_2}{r}\right) \qquad (10\cdot7)$$

$$= I_1 B$$

磁束密度$\boldsymbol{B}$：I_2がI_1の位置につくり出す影響

ここでは，I_2という電流はI_1があるかないかにかかわらず，まわりの空間にその影響をつくり出していると考える．それが式(10・7)右辺の括弧の中の部分である．この部分は“I_2がI_1の位置につくり出す影響を表す物理量”と考えることができ，**磁束密度$\boldsymbol{B}$**とよばれている．近接相互作用の立場では，まずI_2は，I_1が存在するかどうかを知らないままに周囲の空間に磁束密度$\boldsymbol{B}$をつくり出す，と考える．次にI_1は，I_2によってつくられたものであることを知らないままに磁束密度$\boldsymbol{B}$による影響を受けて力を感じる．つまり，I_2が磁束密度$\boldsymbol{B}$をつくる段階と，I_1が磁束密度$\boldsymbol{B}$を感じて力を受ける段階が完全に分離されているのである．

近接相互作用ふたたび
近接相互作用の考え方のポイントは，影響を表すベクトル場（$\boldsymbol{E}$もしくは$\boldsymbol{B}$）をつくる側の電荷や電流が，その影響を感じる側の電荷や電流のことを認識していないということである．$\boldsymbol{E}$や$\boldsymbol{B}$というベクトル場を介して，コミュニケーションが行われているのである．

電磁気学マップの右側には，電流によってつくられる静磁界が描かれている．左側の静電界は，電荷の存在がまわりの空間に$\boldsymbol{E}$を生み出すことによって形づくられた．$\boldsymbol{B}$の源は電流であり，その電流は電荷が動くことによって流れる．つまり，静電界も静磁界も出発点は電荷であるが，そこから独立な二つの世界が形づくられているのである．

すべての始まりは電荷
静電界も静磁界も出発点は電荷である．電荷が止まっていれば静電界のみが生まれ，動いていれば電流が流れ，静磁界“も”つくられるのである．

10・2 アンペア力

前節ではアンペールの実験から出発し，近接相互作用の立場に立つことによって，磁束密度$\boldsymbol{B}$という物理量を導入した．しかし，近接相互作用の概念を伝えることを優先し，$\boldsymbol{B}$がベクトル量であることを無視してきた．ここでは改めて$\boldsymbol{B}$がベクトル量であることを認識し，$\boldsymbol{B}$から電流が受ける力の“方向”について考える．

図10・2(a)に描かれているように，平行電流I_2とIが同じ方向に流れている．まず，左側に黒い矢印で描かれた上向きに流れるI_2によって，I_2に対して右ねじに巻付くように回転する磁束密度$\boldsymbol{B}$がつくられると考える（灰色で示された渦状のベクトル場）．少し離れた場所に青い矢印で描かれたやはり上向きに流れるIという電流は，I_2がつくり出した$\boldsymbol{B}$（Iが流れているところでは奥向き）を感じて力を受ける．アンペールの実験を思い出すと，I_2とIは同じ方向に流れているため，引力が働かなければならない．ここで，引力$\boldsymbol{F}$の向きが，電流の方向を表すベクトル$\boldsymbol{I}$と磁束密度のベクトル$\boldsymbol{B}$の

磁束密度$\boldsymbol{B}$の“形”
電界$\boldsymbol{E}$は発散・収束するベクトル場であった．それに対し，磁束密度$\boldsymbol{B}$は発散・収束ではなく，回転するベクトル場を考えなければ，実験事実との整合性をとることができない．

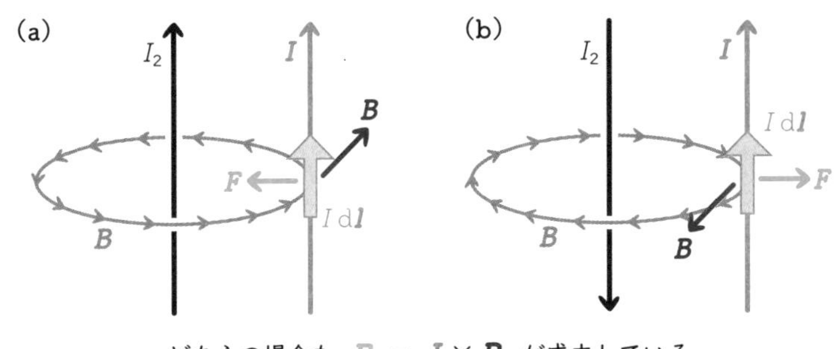

図 10・2 磁束密度 $\boldsymbol{B}$ が電流に及ぼす力を方向も含めて考えるための平行電流系.

電流はベクトルではないが
9章で述べたように，電流は本来ベクトル量ではない（電流密度はベクトル量であるが）．ただし，ここでは説明のしやすさのために，電流 I を，方向をもつベクトル量 $\boldsymbol{I}$ として考えている．この“ごまかし”については，この後，電流素片という考え方を導入することによって解消する.

外積の方向（図中では左方向）で与えられるならば，$\boldsymbol{F}$ は左側を向きアンペールの実験と矛盾しない．図 10・2(b) のように I_2 が下向きに流れている場合についても考えると，I_2 に対して右ねじに巻付く $\boldsymbol{B}$ は先ほどとは逆向きに回転するベクトル場となる．I が流れている場所において $\boldsymbol{B}$ は手前向きとなり，電流の方向を表すベクトル $\boldsymbol{I}$ と $\boldsymbol{B}$ の外積をとることで右側を向く $\boldsymbol{F}$ が得られる．この結果も，アンペールの実験において逆向きに流れる 2 本の電流の間に働く力が斥力になることと矛盾しない．つまり，電流 I_2 に対して右ねじに巻付くような回転する $\boldsymbol{B}$ がつくられ，電流 $\boldsymbol{I}$ は $\boldsymbol{B}$ によって $\boldsymbol{I}\times\boldsymbol{B}$ で与えられる方向に力を受けると考えてよいことがわかる.

上では，本来スカラー量である電流を，説明の都合のためにベクトル量として表記してきた．ここでは，図 10・2 に水色の矢印で示したような微小な電流の要素 $I\,\mathrm{d}\boldsymbol{l}$ を考えることによって，その“ごまかし”を解消する．この微小な電流の要素は**電流素片**とよばれ，電流の方向を与える微小な線要素ベクトル $\mathrm{d}\boldsymbol{l}$ と，電流の大きさ I を掛け合わせたものとして与えられる．この電流素片 $I\,\mathrm{d}\boldsymbol{l}$ に対して働く力 $\mathrm{d}\boldsymbol{F}$ は式 (10・8) のように表現される.

電流素片とは
電流素片は，文字どおり，電流の“かけら”である．線状に流れる電流の一部分を，線要素の長さ分だけ切り出したものと考えればよい.

電流素片に働く力

$$\mathrm{d}\boldsymbol{F} = I\,\mathrm{d}\boldsymbol{l} \times \boldsymbol{B} \quad \text{：アンペア力} \qquad (10\cdot 8)$$

電流素片　　電流に対して $\boldsymbol{B}$ が与える力

磁束密度 $\boldsymbol{B}$ が存在することによって，電流が受ける力のことを**アンペア力**とよぶ．静電界におけるクーロン力に相当する力である.

ここまでは，電流素片全体に働くアンペア力を表現してきた．その表現から出発して，電流が流れている領域の単位体積あたりに働く力を求めてみよう．まず，図 10・3 のように電流素片を拡大したものを考える．電流素片の断面積を ΔS，電流素片の長さと方向を与える線要素ベクトルを $\mathrm{d}\boldsymbol{l}$ とする．この電流素片の中を下から上に電流 I が流れており，この場所には離れた場所にある別の電流によって磁束密度 $\boldsymbol{B}$ がつくられているものとする．この電流素片全体に働くアンペア力 $\mathrm{d}\boldsymbol{F}$ は，式 (10・8) によってすでに与えられている．$\mathrm{d}\boldsymbol{F}$ を電流素片の体積である $\Delta S|\mathrm{d}\boldsymbol{l}|$ で割ることによって，電流素片の中の単位体積あたりに働く力 $\boldsymbol{f}$ を式 (10・9) のように表すことができる．次に，式 (10・9) の右辺の $\mathrm{d}\boldsymbol{F}$ に式 (10・8) を代入すると式

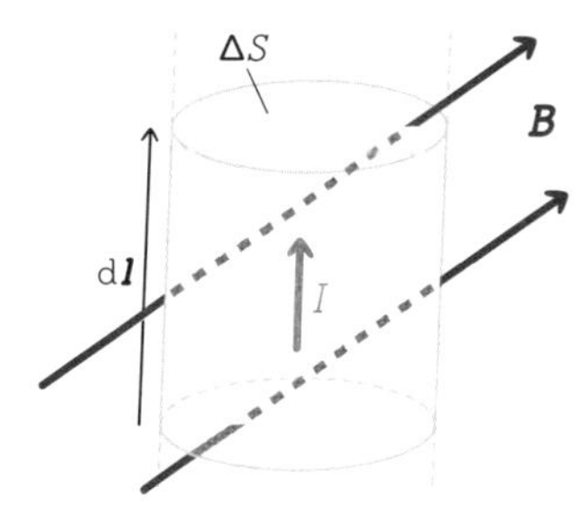

図 10・3 電流素片を拡大したもの．電流素片は磁束密度 $\boldsymbol{B}$ が存在する場所におかれている.

(10・10) が得られる．ここで，式(10・10) に電流密度 $\boldsymbol{j}$ で置き換えることができる部分が現れていることに注意する．この部分を $\boldsymbol{j}$ で置き換えると，単位体積あたりに働くアンペア力を，式(10・11) のように $\boldsymbol{f}=\boldsymbol{j}\times\boldsymbol{B}$ という非常に簡単な形で表現することができる．

電流密度 j の表現について
電流密度はベクトル量であるが，その大きさは，電流 I を電流が流れている面積 ΔS で割ることで求められる．また，電流密度の方向を与える大きさが 1 の単位ベクトルは，$\mathrm{d}\boldsymbol{l}$ を $\mathrm{d}\boldsymbol{l}$ の大きさで割ることで得られる．

単位体積あたりの力　$\mathrm{d}\boldsymbol{F} = I\mathrm{d}\boldsymbol{l}\times\boldsymbol{B}$

$$\boldsymbol{f} = \frac{\mathrm{d}\boldsymbol{F}}{\Delta S\,|\mathrm{d}\boldsymbol{l}|} \tag{10・9}$$

$$= \frac{I\mathrm{d}\boldsymbol{l}\times\boldsymbol{B}}{\Delta S\,|\mathrm{d}\boldsymbol{l}|} \tag{10・10}$$

$\longrightarrow j = \dfrac{I}{\Delta S}\dfrac{\mathrm{d}\boldsymbol{l}}{|\mathrm{d}\boldsymbol{l}|}$　電流方向の単位ベクトル

$$= \boldsymbol{j}\times\boldsymbol{B} \tag{10・11}$$

単位体積あたりに働くアンペア力

前章で電流は電荷の流れであることを学んだ．つまり，磁束密度 $\boldsymbol{B}$ によって電流がアンペア力を受けるということは，実際には電流を流している個々の電荷が力を受けていることになる．ここでは，電荷の運び手（キャリヤー）である電荷に働くアンペア力を求めてみよう．電流密度 $\boldsymbol{j}$ は，キャリヤーとなる電荷の密度（電荷密度 ρ）とキャリヤーの速度 $\boldsymbol{v}$ を掛けて，式(10・12) のように表すことができる．

速度と電流密度の関係
9 章ですでに述べたことの繰返しになるが，電荷密度 ρ に電荷の速度 $\boldsymbol{v}$ を掛けたものが電流密度になる．厳密な説明は割愛するが，それぞれの単位を考えることで納得することができる．SI 単位系において，ρ の単位は $\mathrm{C/m^3}$，$\boldsymbol{v}$ の単位は m/s である．この両者の単位を掛け合わせると $\mathrm{C/m^2s}$ となり（分母は $\mathrm{m^2s}$ である），電流密度の単位となっていることがわかる．

$$\boldsymbol{j} = \rho\boldsymbol{v} \tag{10・12}$$

電荷密度　キャリヤーの速度

これを式(10・11) で求めた単位体積あたりに働くアンペア力の式に代入すると，式(10・13) が得られる．

$$\begin{aligned}\boldsymbol{f} &= \boldsymbol{j}\times\boldsymbol{B}\\ &= \rho\boldsymbol{v}\times\boldsymbol{B}\end{aligned} \tag{10・13}$$

式(10・13) は，速度 $\boldsymbol{v}$ で動いている電荷が単位体積あたり ρ あれば，その ρ の電荷に全体として $\rho\boldsymbol{v}\times\boldsymbol{B}$ の力が働くことを意味している．

“ρ の電荷” の意味
ρ は単位体積あたりの電荷量を示す．SI 単位系であれば，ρ C（クーロン）になると考えておけばよい．ここでは単位体積中に ρ C の電荷が存在し，その電荷の集団が速度 $\boldsymbol{v}$ で運動している状態をイメージすればよい．

同じ空間に電界 $\boldsymbol{E}$ が存在する場合，動いている電荷はクーロン力も受けることになる．単位体積中に存在する ρ の電荷が受けるすべての力は式(10・14) のように表される．

$$\boldsymbol{f} = \rho\,(\boldsymbol{E}+\boldsymbol{v}\times\boldsymbol{B}) \tag{10・14}$$

単位体積あたりの電荷量

式(10・14) と式(10・15) の違い
式(10・14) の表現は，単位体積に存在する “電荷の集団” に対して働く力を示している．一方，式(10・15) は電荷 1 個（1 粒，点電荷をイメージすればよい）に働く力を示している．式(10・15) では，1 粒の電荷が q という電荷量をもっている状況を考えている．

このように，電界 $\boldsymbol{E}$ によるクーロン力と磁束密度 $\boldsymbol{B}$ によるアンペア力を足し合わせたものを**ローレンツ力**とよぶ．式(10・14) 右辺の $\rho\boldsymbol{E}$ がクーロン力，$\rho\boldsymbol{v}\times\boldsymbol{B}$ がアンペア力である．また，1 個の電荷に対して働くローレンツ力は，式(10・15) のように表すことができる．

$$\boldsymbol{F} = q\,(\boldsymbol{E}+\boldsymbol{v}\times\boldsymbol{B}) \tag{10・15}$$

1 個の電荷がもっている電荷量

ここで，q は1個の電荷がもっている電荷量を示している．次章では，式（10・15）をもとにして，電界 $\boldsymbol{E}$ や磁束密度 $\boldsymbol{B}$ が存在する空間において，電荷をもつ粒子（荷電粒子）がローレンツ力を受けてどのように運動するかについて述べる．

演 習 問 題

10・1　水平方向に一様に分布する磁束密度 $\boldsymbol{B}$ が存在している．その中に，$\boldsymbol{B}$ と直交する方向に，断面積 S，長さ l，質量 m の導線が水平に置かれている．導線を静止した状態に保つためには，導線にどのような電流を流せばよいか．方向と電流密度 $\boldsymbol{j}$ の大きさを答えよ．

11

荷電粒子の運動

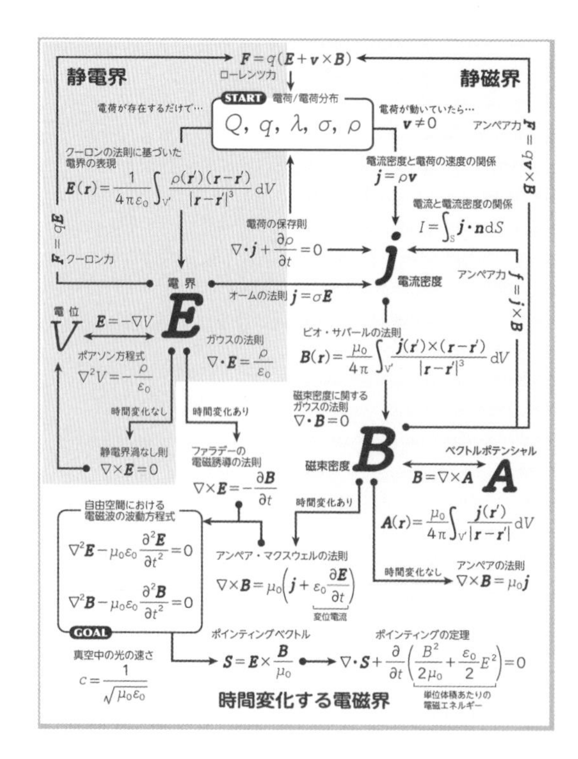

前章では，空間に磁束密度$\boldsymbol{B}$が存在することによって，運動する電荷がアンペア力とよばれる力を受けることを学びました．つまり，電荷をもった粒子（荷電粒子）が電磁界中に存在するとき，その運動は電界$\boldsymbol{E}$によるクーロン力と磁束密度$\boldsymbol{B}$によるアンペア力を足し合わせた“ローレンツ力”によって決定されるのです．本章では，ローレンツ力を受けた荷電粒子がどのような運動をするかをみていきます．特に，磁束密度$\boldsymbol{B}$の影響を受けることによって起こる“サイクロトロン運動”，電磁界双方の影響を受けることによって生じる“$\boldsymbol{E}\times\boldsymbol{B}$ドリフト”について，荷電粒子の運動方程式に基づいた考察を行います．

11・1　サイクロトロン運動

電界$\boldsymbol{E}$と磁束密度$\boldsymbol{B}$の双方が存在する空間の中（電磁界中）に存在する電荷量がqの荷電粒子は，式(11・1)に表されるように，電界$\boldsymbol{E}$によるクーロン力と磁束密度$\boldsymbol{B}$によるアンペア力をあわせた，ローレンツ力を受ける．

$$\underbrace{\boldsymbol{F}}_{\text{ローレンツ力}} = \underbrace{q\boldsymbol{E}}_{\text{クーロン力}} + \underbrace{q\boldsymbol{v}\times\boldsymbol{B}}_{\text{アンペア力}} = q(\boldsymbol{E}+\boldsymbol{v}\times\boldsymbol{B}) \tag{11・1}$$

運動方程式とは
運動方程式は，

質量 × 加速度 = 働く力

の形になる．今の場合，左辺には荷電粒子の質量mと速度ベクトル$\boldsymbol{v}$の時間微分によって与えられる加速度，右辺には荷電粒子に働く力の総和（今の場合はローレンツ力）が現れることになる．

荷電粒子の運動は，その質量をmとすると，式(11・2)で与えられる運動方程式によって記述される．

$$m\frac{\mathrm{d}\boldsymbol{v}}{\mathrm{d}t} = q(\boldsymbol{E}+\boldsymbol{v}\times\boldsymbol{B}) \tag{11・2}$$

この節では，電界$\boldsymbol{E}$が存在しない場合について荷電粒子の運動をみていくことにしよう．$\boldsymbol{E}=0$の場合，運動方程式の右辺はアンペア力のみとなり，運動方程式は式(11・3)のようになる．

$$\boldsymbol{E}=0\text{ のとき}\quad m\frac{\mathrm{d}\boldsymbol{v}}{\mathrm{d}t} = q\boldsymbol{v}\times\boldsymbol{B} \tag{11・3}$$

この条件のもとでの荷電粒子の運動を図11・1を使って説明する．ここで，磁束密度$\boldsymbol{B}$はすべての領域でz方向を向き，大きさが場所によって変わらないものとする．図にはz軸に沿う$\boldsymbol{B}$のベクトルのみが描かれているが，実際にはすべての場所にz方向を向く$\boldsymbol{B}$が存在することに注意する．

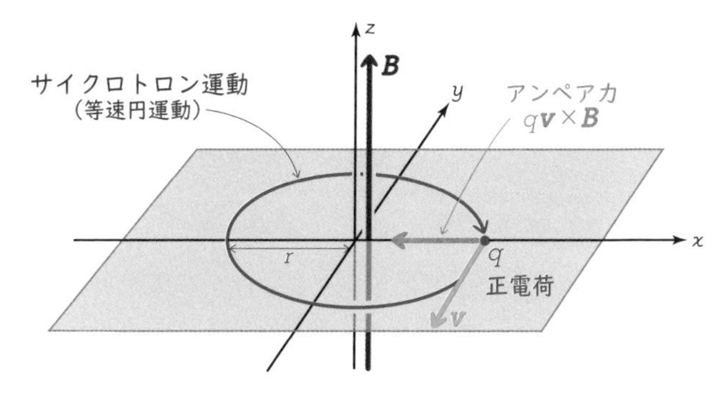

図11・1　サイクロトロン運動の模式図.

ある時刻に，電荷量 q をもつ荷電粒子（正電荷とする）が x 軸上に存在し，$-y$ 方向に速度 $\boldsymbol{v}$ で運動しているとする．この荷電粒子に働くアンペア力 $q\boldsymbol{v}\times\boldsymbol{B}$ は，q が正であることを考えると $-x$ 方向になる．荷電粒子は $\boldsymbol{v}$ の方向に運動しようとするが，それとは垂直な方向に働くアンペア力によって軌道が曲げられ，最終的には，赤色で描かれたような円運動をすることになる．荷電粒子が受ける力は常に速度ベクトルに対して垂直な方向であるため，荷電粒子はアンペア力によって仕事をされることがない．つまり，運動エネルギーは変化せず，速度の大きさも変わらないことになる（等速運動）．このような場合，図11・1に示されている円運動は等速円運動となる．この等速円運動のことを**サイクロトロン運動**とよぶ．

等速円運動の向心方向の運動方程式は式(11・4）で与えられる．ここで，向心加速度は $\boldsymbol{v}$ の大きさである v，および円運動の半径 r を用いて v^2/r と表現される．

$$m\underbrace{\frac{v^2}{r}}_{\text{向心加速度}} = \underbrace{qvB}_{\text{向心力}} \qquad (11・4)$$

この向心方向の運動方程式を r について解くと式(11・5）が得られる．この r を**ラーマー半径**とよび，サイクロトロン運動の旋回半径を与える．

$$\text{ラーマー半径}\quad r = \frac{mv}{qB} \qquad (11・5)$$

また，旋回運動の周期 T は，円軌道1周の移動距離を速さ v で割ったものなので式(11・6）となる．この周期のことを**サイクロトロン周期**とよぶ．

$$\text{サイクロトロン周期}\quad T = \frac{2\pi r}{v} = \frac{2\pi m}{qB} \qquad (11・6)$$

最後に，$\boldsymbol{B}$ の中での荷電粒子の運動を記述する際に最も重要となる**サイクロトロン角周波数**を導いておこう．サイクロトロン角周波数 ω は，円運動において，単位時間あたり（SI 単位系で考えると1秒あたり）どれくらいの角度を旋回することができるかを示す量である．360°にわたる旋回（ラジアンで考えると 2π）にかかる時間がサイクロトロン周期 T であるため，単位時間あたりの旋回角度は 2π を T で割ったものとなり，次のように求めることができる．

負電荷の場合は
ここでは，荷電粒子の電荷が正である場合を考えている．荷電粒子として負電荷を考える場合は，アンペア力が逆向きに働くため，逆向きの旋回をすることになる.

仕事と運動エネルギー
物体がなされる仕事は，“受けた力”と“力の方向への移動距離”を掛けたものである．物体に力が働いていても，受けた力の方向に動いていなければ仕事をされることはない．今の場合，荷電粒子が受けるアンペア力は常に速度 $\boldsymbol{v}$ と垂直な方向なので，荷電粒子は受けた力の方向には全く移動していない．そのため，荷電粒子はアンペア力によって仕事をされない．仕事をされない限り，運動エネルギーを獲得することはなく，速度の大きさは変化しない.

向心方向の運動方程式
速度の大きさ v で，半径 r の円周上を等速円運動する粒子の向心加速度は v^2/r で与えられる．向心方向には qvB の大きさのアンペア力が働き，これが向心方向にかかる力（向心力）となる．向心加速度と向心力を用いて，向心方向のみを考えたスカラー形式の運動方程式をたてたものが式(11・4)である.

1 周の移動距離
荷電粒子はラーマー半径 r を半径とする円軌道を周回するため，1 周の移動距離は $2\pi r$ となる．これを速度で割ることで，1 周に要する時間（サイクロトロン周期）T が求められる.

周波数と角周波数
ここで ω はサイクロトロン“角”周波数，f はサイクロトロン周波数を表している．サイクロトロン周波数は，単位時間あたり何周できるか，を意味している．サイクロトロン運動を考えるうえでよく用いられるのは，サイクロトロン角周波数 ω のほうである．

サイクロトロン角周波数

$$\omega = 2\pi f = \frac{2\pi}{T} = \frac{qB}{m} \tag{11・7}$$

11・2　E×Bドリフト

前節では，電界 $\boldsymbol{E}$ が存在せず磁束密度 $\boldsymbol{B}$ のみが存在する状況において，荷電粒子がサイクロトロン運動することを学んだ．本節では，荷電粒子が電界 $\boldsymbol{E}$ によるクーロン力と磁束密度 $\boldsymbol{B}$ によるアンペア力の双方を受けたときにみせる **E×B ドリフト**とよばれる運動について考えてみよう．まず，$\boldsymbol{E}$，$\boldsymbol{B}$ の双方が存在する場合の，荷電粒子の運動の軌跡のイメージを図11・2に示す．

ドリフトという言葉の意味
“ドリフト”という言葉は“ずれる”ことを意味する．以下では，$\boldsymbol{E}$ と $\boldsymbol{B}$ の双方の影響を受けたときに，荷電粒子の運動がどのように“ずれて”いくのかを詳しくみていこう．

E，B の分布について
図11・2では，y 軸と z 軸の場所にのみ $\boldsymbol{E}$ や $\boldsymbol{B}$ のベクトルが描かれているが，空間のすべての場所に同じ大きさで同じ方向を向く $\boldsymbol{E}$ と $\boldsymbol{B}$ が存在している．つまり，図中のどの場所に荷電粒子が存在しても，y 方向を向く $\boldsymbol{E}$ と z 方向を向く $\boldsymbol{B}$ を感じて力を受けることになる．

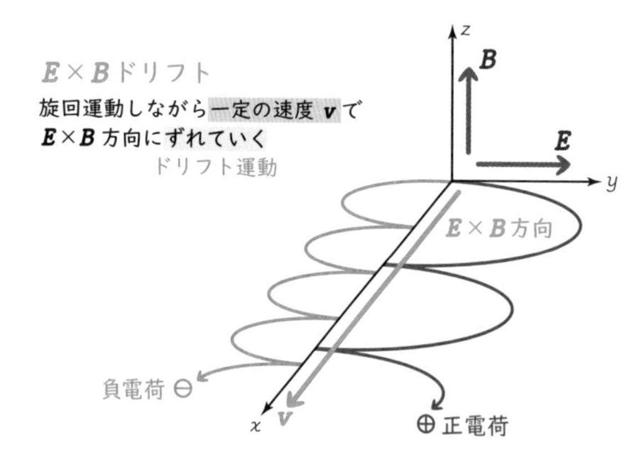

図 11・2　E×B ドリフトの模式図．正電荷の軌跡を赤線，負電荷の軌跡を青線で示している．どちらも旋回運動をしながら $\boldsymbol{E}\times\boldsymbol{B}$ 方向に一定の速度 $\boldsymbol{v}$ でずれていく（ドリフトしていく）ような軌跡を描く．

原点における初動
正電荷は原点に“静止”している状態から運動をスタートする．静止している状態では $\boldsymbol{v}=0$ なので，荷電粒子にアンペア力 $q\boldsymbol{v}\times\boldsymbol{B}$ が働くことはない．そのため，荷電粒子の初動は電界 $\boldsymbol{E}$ によるクーロン力がつくり出す．

直交座標において，y 方向を向く電界 $\boldsymbol{E}$，z 方向を向く磁束密度 $\boldsymbol{B}$ が一様に存在する場合に，正電荷が原点に静止している状況からスタートして，どのような軌跡を描いて運動をするかを考えていく．まず，静止している正電荷には電界 $\boldsymbol{E}$ による力であるクーロン力が $+y$ 方向にかかる．これにより，静止していた正電荷が $+y$ 方向に運動を開始する．クーロン力によって $+y$ 方向の速度を獲得すると，正電荷は磁束密度 $\boldsymbol{B}$ によるアンペア力 $q\boldsymbol{v}\times\boldsymbol{B}$ も受けるようになる．具体的に考えると，最初に獲得した $+y$ 方向の速度 $\boldsymbol{v}$ と z 方向を向く $\boldsymbol{B}$ の外積が $+x$ 方向となるため，正電荷は $+x$ 方向にアンペア力を受けることとなる．このため正電荷は $+y$ 方向にまっすぐ進み続けることはできず，その軌道は進行方向に対して右側に，つまりは $+x$ 方向にずれていく（ドリフトしていく）．実際には，正電荷は図11・2に赤色で描かれた軌跡のように，旋回運動をしながら $+x$ 方向に動いていくことになる．

同じように，原点に負電荷が静止している状況からスタートして，その運動の軌跡がどうなるかを考えてみよう．負電荷は，電荷が負であるために $-y$ 方向にクーロン力を受け，$-y$ 方向に動き始める．速度を獲得したあとは，この $-y$ 方向の速度ベクトルに対して $q\boldsymbol{v}\times\boldsymbol{B}$ のアンペア力がかかることになる．電荷が負であるために$q\boldsymbol{v}\times\boldsymbol{B}$の方向は進行方向に対して左側，つまり $+x$ 方向になる．そのため，図11・2に青色で描かれた軌跡のように，負電荷も $+x$ 方向に旋回しながらずれていく運動をする．このように，正電荷も負電荷も $+x$ 方向に旋回しながらずれていく運動をすることになる．この運動が$\boldsymbol{E}\times\boldsymbol{B}$ドリフトとよばれるのは，軌跡がずれていく方向が$\boldsymbol{E}$と$\boldsymbol{B}$の外積の向きになるためである．荷電粒子の瞬間的な速度は時間とともに変化する．しかし，全体として$\boldsymbol{E}\times\boldsymbol{B}$方向にずれていく速度は一定であることが知られており，この速度のことを**$\boldsymbol{E}\times\boldsymbol{B}$ドリフト速度**とよぶ．

正電荷と負電荷の違い
クーロン力による荷電粒子の初動は，正電荷は電界$\boldsymbol{E}$と同じ方向，負電荷は電界$\boldsymbol{E}$と逆方向になる．このあと，荷電粒子はアンペア力を受けてドリフトしていくことになるが，$q\boldsymbol{v}\times\boldsymbol{B}$の方向を考えると，正電荷の場合も負電荷の場合も力の方向は $+x$ 方向になる．これは，電荷の正負でqの符号が逆になることと，初動の際の$\boldsymbol{v}$の向きが逆になることによるものである．

図11・2に表現されている$\boldsymbol{E}\times\boldsymbol{B}$ドリフトの速度$\boldsymbol{v}$を，式(11・8)に示す荷電粒子の運動方程式に基づいて求めてみよう．ここでは，上で述べたように$\boldsymbol{E}\times\boldsymbol{B}$ドリフトの速度が一定で，時間とともに変化しないということを前提として考える．速度が時間とともに変化しないため，運動方程式の中の加速度（速度の時間微分）を含む項を0にすることができる．

$\boldsymbol{E}\times\boldsymbol{B}$ドリフトの速度
ここで求めようとしている$\boldsymbol{E}\times\boldsymbol{B}$ドリフトの速度は，時々刻々の瞬間的な荷電粒子の速度ではなく，旋回運動をしながら $+x$ 方向へドリフトしていく巨視的な運動の速度である．

$$m\underbrace{\frac{\mathrm{d}\boldsymbol{v}}{\mathrm{d}t}}_{0} = q(\boldsymbol{E}+\boldsymbol{v}\times\boldsymbol{B}) \tag{11・8}$$

よって，運動方程式から式(11・9)が導かれる．

$$\boldsymbol{E}+\boldsymbol{v}\times\boldsymbol{B} = 0 \tag{11・9}$$

ここで，式(11・9)の両辺に$\boldsymbol{B}$を右側から外積として作用させると，式(11・10)が得られる．

$$(\boldsymbol{E}+\boldsymbol{v}\times\boldsymbol{B})\times\underbrace{\boldsymbol{B}}_{\boldsymbol{B}\text{を右側から外積として作用させる}} = 0$$

$$\boldsymbol{E}\times\boldsymbol{B}+(\boldsymbol{v}\times\boldsymbol{B})\times\boldsymbol{B} = 0 \tag{11・10}$$

さらに，以下のベクトル公式を用いることで，

$$(\boldsymbol{B}\times\boldsymbol{C})\times\boldsymbol{A} = (\boldsymbol{A}\cdot\boldsymbol{B})\boldsymbol{C}-(\boldsymbol{A}\cdot\boldsymbol{C})\boldsymbol{B}$$

ベクトル公式の中の$\boldsymbol{B}$
ベクトル公式の中の$\boldsymbol{A}$，$\boldsymbol{B}$，$\boldsymbol{C}$は任意のベクトルを表している．特に$\boldsymbol{B}$が磁束密度の$\boldsymbol{B}$ではないことに注意する．

式(11・10)の左辺第2項を式(11・11)のように書き表すことができる．

$$\begin{aligned}(\boldsymbol{v}\times\boldsymbol{B})\times\boldsymbol{B} &= \underbrace{(\boldsymbol{B}\cdot\boldsymbol{v})}_{\boldsymbol{B}\perp\boldsymbol{v}\text{なので}0}\boldsymbol{B}-\underbrace{(\boldsymbol{B}\cdot\boldsymbol{B})}_{B^2\text{に等しい}}\boldsymbol{v}\\ &= -B^2\boldsymbol{v}\end{aligned} \tag{11・11}$$

この式変形では，ドリフト速度$\boldsymbol{v}$が$\boldsymbol{E}\times\boldsymbol{B}$方向であることから，$\boldsymbol{v}$と$\boldsymbol{B}$は直交しており$\boldsymbol{B}\cdot\boldsymbol{v}$が0になることを利用している．この一連の式変形によって，式(11・12)が導かれる．

$\boldsymbol{v}$の方向を表す$\boldsymbol{E}\times\boldsymbol{B}$というベクトルは$\boldsymbol{E}$にも$\boldsymbol{B}$にも直交する．なので，$\boldsymbol{B}\cdot\boldsymbol{v}=0$となる．

$$\boldsymbol{E}\times\boldsymbol{B}-B^2\boldsymbol{v} = 0 \tag{11・12}$$

これを$\boldsymbol{v}$について解くことで，$\boldsymbol{E}\times\boldsymbol{B}$ドリフト速度を式(11・3)のように得ることができる．

$$\boldsymbol{E}\times\boldsymbol{B}\text{ドリフト速度}\quad \boldsymbol{v} = \frac{\boldsymbol{E}\times\boldsymbol{B}}{B^2} \tag{11・13}$$

ドリフト速度の大きさ
ドリフトの方向は$\boldsymbol{E}\times\boldsymbol{B}$で与えられ，速度の大きさは，分母に$B^2$があるため$E/B$になる．

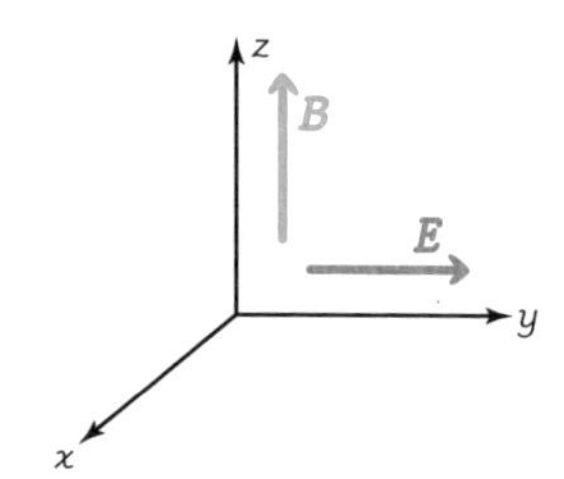

図 11・3　運動方程式を解く際に用いた座標系．電界 $\boldsymbol{E}$ は y 成分のみをもち，その大きさを E とする．また，磁束密度 $\boldsymbol{B}$ は z 成分のみをもち，その大きさを B とする．$\boldsymbol{E}$，$\boldsymbol{B}$ の方向は図 11・2 と同じであり，空間のすべての場所に共通の $\boldsymbol{E}$，$\boldsymbol{B}$ が存在している．つまり，図中のどの場所に荷電粒子が存在しても，y 方向を向く $\boldsymbol{E}$，z 方向を向く $\boldsymbol{B}$ を感じて力を受ける．

ここまでは，荷電粒子が $\boldsymbol{E}\times\boldsymbol{B}$ の方向に“一定の速度で”ドリフトすることを仮定して，ドリフト速度を導出してきた．ここからは，この仮定をおかずに運動方程式を解くことで，荷電粒子の運動をもう少し深く考察してみよう．図 11・3 のように，直交座標において電界 $\boldsymbol{E}$ を y 方向，磁束密度 $\boldsymbol{B}$ を z 方向にとり，$t=0$ において原点に静止している質量 m，電荷量 q の荷電粒子の運動方程式を考えると式 (11・14) のようになる．ここで，荷電粒子の速度 $\boldsymbol{v}$ に関しては直交座標における 3 成分すべて (v_x, v_y, v_z) を考える．

$\boldsymbol{v}=(v_x,\ v_y,\ v_z)$　　$\boldsymbol{E}=(0,\ E,\ 0)$　　$\boldsymbol{B}=(0,\ 0,\ B)$

$$m\frac{\mathrm{d}\boldsymbol{v}}{\mathrm{d}t} = q(\boldsymbol{E}+\boldsymbol{v}\times\boldsymbol{B}) \qquad (11\cdot14)$$

運動方程式の右辺にある $\boldsymbol{v}\times\boldsymbol{B}$ の外積の計算を行うと，直交座標における各成分は以下のようになる．

$$\boldsymbol{v}\times\boldsymbol{B} = (v_yB,\ -v_xB,\ 0) \qquad (11\cdot15)$$

これを用いると，運動方程式の各成分は，式 (11・16)，式 (11・17)，式 (11・20) のように表される．z 成分の運動方程式〔式 (11・20)〕をみると，z 方向には力が働いていない（右辺が 0 である）ため，荷電粒子は z 方向には加速も減速もされないことがわかる．そのため，これ以降は xy 面内における運動のみを考えていくことにする．x 成分〔式 (11・16)〕の右辺にはアンペア力に関係する項のみが存在する．y 成分〔式 (11・17)〕の右辺には E が含まれているが，v_x' という変数を導入することによって E を消すことができ，式 (11・19) が得られる．

z 方向の運動について
$t=0$ で z 方向に速度をもっていればその速度を維持する等速運動をし，$t=0$ で z 方向の速度がなければそのまま z 方向には運動をしない．

x 成分　$$m\frac{\mathrm{d}v_x}{\mathrm{d}t} = qv_yB \qquad (11\cdot16)$$

y 成分　$$m\frac{\mathrm{d}v_y}{\mathrm{d}t} = qE-qv_xB \qquad (11\cdot17)$$

定数

$$v_x' = v_x - \frac{E}{B} \qquad (11\cdot18)$$

$$m\frac{\mathrm{d}v_y}{\mathrm{d}t} = -qv_x'B \qquad (11\cdot19)$$

z 成分　$$m\frac{\mathrm{d}v_z}{\mathrm{d}t} = 0 \qquad (11\cdot20)$$

y 成分の変数変換
y 成分で行われている変数変換は，右辺の E を消し，微分方程式を解きやすくするためのものである．式 (11・18) に示すように，v_x の代わりに v_x' という変数を導入しているが，これは v_x から定数 E/B を引いただけのものである．この変数変換によって，式 (11・19) のように運動方程式の y 成分から E を消すことができる．

ここで，サイクロトロン角周波数 ω〔式 (11・7)〕を用いて，運動方程式の x 成分，y 成分を表記すると式 (11・21)，式 (11・22) のようになる．

$$\frac{\mathrm{d}v_x}{\mathrm{d}t} = \frac{\mathrm{d}v_x'}{\mathrm{d}t} = \omega v_y \qquad (11\cdot21)$$

$$\frac{\mathrm{d}v_y}{\mathrm{d}t} = -\omega v_x' \qquad (11\cdot22)$$

さらに，これら二つの式の両辺を時間で微分すると式 (11・23) が得られる．

式 (11・21) に至る式変形
E/B が定数であるために，v_x の時間微分と v_x' の時間微分が一致する．さらに，式 (11・16) の両辺を m で割ってから，式 (11・7) で導入したサイクロトロン角周波数 ω を用いた変形を行っている．

$$\omega = \frac{qB}{m}$$

$$\left.\begin{aligned}\frac{d^2 v_x'}{dt^2} &= \omega\frac{dv_y}{dt} = -\omega^2 v_x' \\ \frac{d^2 v_y}{dt^2} &= -\omega\frac{dv_x'}{dt} = -\omega^2 v_y\end{aligned}\right\}\ \text{単振動型の微分方程式} \tag{11・23}$$

この両式は，よく知られた単振動型の微分方程式であり，v_y の一般解を式(11・24) のような形でおくことができる．ただし，一般解は未定係数 A および C を含むため，初期条件を用いてこれらを決定する必要がある．

$$v_y = A\sin\omega t + C\cos\omega t \tag{11・24}$$

（A, C：未定係数）

一般解と特殊解
6章でも述べたが，未定係数（積分定数）を含む微分方程式の解を一般解とよぶ．今の場合，一般解の段階では未定係数 A，C による不定性が残っている．これに対して，初期条件を用いて未定係数を決め，一意に決定された解のことを特殊解とよぶ．ここでは，“$t=0$ において荷電粒子が原点で静止していた” という初期条件を用いて A，C を決定していく．

今の場合，$t=0$ で荷電粒子が原点に “静止” していることから，$t=0$ で $v_y=0$ という初期条件を用いることができ，$C=0$ であることがわかる．

初期条件 $t=0$ で $v_y=0$ なので $C=0$ 　よって　$v_y = A\sin\omega t$ 　(11・25)

式(11・25) で得られた $v_y = A\sin\omega t$ を用いて，式(11・26)，式(11・27) に示すような流れで，v_x' を経由して v_x を求めることができる．

$$v_x' = -\frac{1}{\omega}\frac{dv_y}{dt} = -A\cos\omega t \tag{11・26}$$

$$v_x = v_x' + \frac{E}{B} = \frac{E}{B} - A\cos\omega t \tag{11・27}$$

v_x' を経由して v_x を求めるときに，式(11・22) を用いている．この段階では，解にまだ未定係数 A が残っているが，v_x に関する初期条件を使って A を決定する．

ここで，$t=0$ において荷電粒子が原点に静止している（$t=0$ で $v_x=0$）という初期条件を用いて A を決定する．

初期条件 $t=0$ で $v_x=0$ なので　$A = \dfrac{E}{B}$

このように，初期条件を使って A と C という二つの未定係数を決めることで，式(11・28)，式(11・29) のように，v_x，v_y を時間 t の関数として表現することができた．

$$v_x = \frac{E}{B} - \frac{E}{B}\cos\omega t \tag{11・28}$$

$$v_y = +\frac{E}{B}\sin\omega t \tag{11・29}$$

（$\frac{E}{B}$：x 方向（**E**×**B** 方向）にドリフトする成分；$\cos$，$\sin$ の項：サイクロトロン運動の回転する成分）

v_x を求めるときは式(11・27) に A を代入した．また，v_y を求めるときは式(11・25) に A を代入している．

式(11・28)，式(11・29) において，cos や sin を含む項は，サイクロトロン運動による回転（旋回）する成分を表す．また，v_x にのみ現れる E/B という項は，x 方向にドリフトする成分に対応している．E/B は定数であることから，**E**×**B** の方向である x 方向に E/B という一定の速さで荷電粒子がドリフトすることを示している．それぞれの瞬間における粒子の速度は，**E**×**B** ドリフトの成分とサイクロトロン運動の足し合わせになっており，

E×**B** ドリフトの速度は式(11・13) で与えられているが，分母に B^2 があるため，その大きさは E/B になることに注意する．

“旋回しながら横にずれていく”という $\boldsymbol{E}\times\boldsymbol{B}$ ドリフトの特徴が表現されている．

加速度，速度，位置座標
位置座標を時間で微分すると速度，速度をさらに時間微分すると加速度が得られる．ここでは，時間微分の逆である時間積分を行うことによって，速度から粒子の座標を求めている．

最後に，時々刻々の荷電粒子の位置座標を時間の関数として求めておこう．速度を積分することによって位置座標を求めることができる．まず，式(11・30)に示すように，v_x を積分することによって x 座標を求める．時間に関する不定積分を行うため，x 座標には積分定数 D が含まれる．

$$x = \int v_x \mathrm{d}t = \frac{E}{B}t - \frac{E}{B\omega}\sin\omega t + \underbrace{D}_{\text{積分定数}} \qquad (11 \cdot 30)$$

ここでは，$t=0$ で荷電粒子が原点に存在するという初期条件を用いることによって D を求める（D は 0 になる）．

初期条件 $t=0$ で $x=0$ なので　$D = 0$

同様に，式(11・31)に示すように，v_y を積分することによって y 座標を求めることができる．

$$y = \int v_y \mathrm{d}t = -\frac{E}{B\omega}\cos\omega t + \underbrace{F}_{\text{積分定数}} \qquad (11 \cdot 31)$$

ここでも積分定数 F が現れるが，$t=0$ で y 座標が 0 であることを利用して F を求める．

初期条件 $t=0$ で $y=0$ なので　$F = \dfrac{E}{B\omega}$

最終的に，xy 平面において $\boldsymbol{E}\times\boldsymbol{B}$ ドリフトする荷電粒子の位置座標を，時間 t の関数として以下のように求めることができた．

$$x = \frac{E}{B}t - \frac{E}{B\omega}\sin\omega t \qquad (11 \cdot 32)$$

$$y = \frac{E}{B\omega}(1 - \cos\omega t) \qquad (11 \cdot 33)$$

（$\boldsymbol{E}\times\boldsymbol{B}$ ドリフトの軌跡）

図 11・2 の軌跡は，これらの x 座標，y 座標に関する一般解を模式的に描いたものとなっている．

演習問題

11・1　直交している一様な電界 $\boldsymbol{E}$（y 方向，大きさは E）と磁束密度 $\boldsymbol{B}$（z 方向，大きさは B）がある空間において，原点から質量 m，電荷 q の荷電粒子を初速度 $\boldsymbol{v} = (v_0, 0, 0)$ でスタートさせた（直交座標において x 方向のみに v_0 の大きさの初速度をもっている）．荷電粒子はその後どのような運動をするか．荷電粒子の速度と位置座標を時間の関数で表せ．x 成分，y 成分のみでよい．また，サイクロトロン角周波数を $\omega = qB/m$ として用いてよい．

ADDITIONAL TIME　オーロラと電磁気学の深いつながり

私は，地球の近くの宇宙空間にみられる自然現象について研究を行う“宇宙科学”を専門としている．北欧や北米でハイスピードカメラを用いた地上からのオーロラ観測を行い，科学衛星による観測と組合わせることで，オーロラをはじめとする宇宙空間の現象を研究してきた．本章で学んだ荷電粒子の運動，特に§11・1で扱ったサイクロトロン運動は，オーロラの生成メカニズムと密接に関連している．ここでは，本章で学んだ内容を踏まえて，オーロラの生成メカニズムを解説する．

オーロラは，極地方（北極および南極）の高度100～300 km 付近に存在する大気粒子が発光する現象である．本書の背表紙のように，緑，赤，ピンク，紫など，さまざまな色の発光が夜空をダイナミックに舞う．これらの発光は，地球近傍の宇宙空間“磁気圏”から電子が大気に降り注ぐことによって起こる．その詳細を図11・4に示す．まず，磁気圏から降り込んでくる“オーロラ電子”が，酸素原子や窒素分子に衝突して，エネルギーの低い状態（基底状態）から高い状態（励起状態）へと変化させる．原子や分子が励起状態からよりエネルギーの低い状態に戻るときに，余ったエネルギーが光（オーロラ）として放出される．ここで重要になるのは，地球が固有の磁気（地磁気）をもっていて，オーロラ電子がその地磁気の磁力線（磁束密度ベクトル $\boldsymbol{B}$ をつないでいったときにできる線と考えればよい）に導かれるようにして大気に降下するということである．§11・1で学んだように，$\boldsymbol{B}$ が存在する空間において電荷量 q の荷電粒子が速度 $\boldsymbol{v}$ で運動するとき，粒子はアンペア力 $q\boldsymbol{v}\times\boldsymbol{B}$ を受けてサイクロトロン運動をする．荷電粒子は1本の磁力線に巻付いて旋回運動をするが，$\boldsymbol{B}$ に沿った速度をもっている場合は，磁力線に巻付いたらせん状の軌道を描き，磁力線に沿って運動することができる．これにより，磁気圏に存在する電子が，磁力線にガイドされるようにして，オーロラ電子として地球大気に降下するのである．大気に雨のように降り注ぐオーロラ電子は，赤色のオーロラを200 km あたりの高度に，緑色，ピンク色のオーロラを100 km あたりの高度につくり出す．緑色，赤色の光は酸素原子による発光，ピンク色の光は窒素分子による発光であることが知られている．背表紙の写真においても，オーロラの下側が緑色で，上側が赤色になっていることがみてとれる．

オーロラはなぜ，緯度の高い極地方にだけ現れるのだろう？ これには地磁気の形が大きく関係している．地磁気は太陽から吹き付ける荷電粒子の風である“太陽風”によって吹き流されて，図11・5のように太陽と反対の方向に尾を引く“こいのぼり”のような形をしている．この地磁気の勢力が及ぶ範囲が磁気圏である．磁気圏の尾の部分には，エネルギーの高い荷電粒子（のちにオーロラ電子となって大気に降り注ぐもの）が溜まっている場所があり，そこから磁力線を地球の方向へとたどっていくと，南北両半球の緯度の高い地方へと行き着く．前述のように，$\boldsymbol{B}$ の中を運動する荷電粒子はアンペア力を受け，磁力線に巻付いてサイクロトロン運動をする．つまり，電子は自分が巻付いている磁力線からなかなか逃げられない．このため，磁力線に沿っては動きやすく，磁力線を横切っては動きにくいという性質をもつ．この性質のために，磁気圏

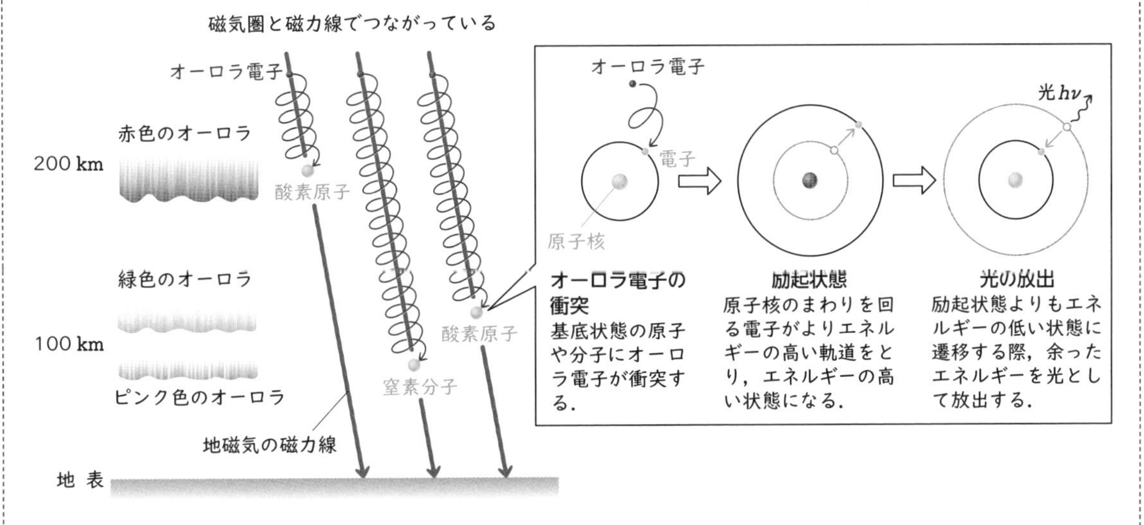

図11・4　オーロラ電子が大気に降下しオーロラが発光するメカニズム．

尾に溜まっているオーロラ電子は，地磁気の磁力線にガイドされるようにして高緯度地方へと降り注ぎ，オーロラを光らせるのである．オーロラが北極と南極にのみ現れるのは，これらの領域が磁気圏尾に存在する“オーロラ電子の源”と地磁気によって強くつながっているからである．つまり，オーロラは惑星が固有の磁気をもっていることの証であるともいえる．金星には大気は存在するが，磁気をもたないためオーロラは存在しない．木星や土星には大気と磁気の両方が存在するため，極に近い領域にオーロラが見られる．

磁気圏尾に存在するオーロラ電子はどこからやってきて，どのようにしてオーロラを光らせるために必要なエネルギーを得ているのだろうか？ その起源は太陽である．前述のように太陽からは電子や陽子などで構成される荷電粒子の風（太陽風）が吹き出している．太陽風は平均秒速 500 km という猛烈なスピードで地球に吹き付けている．そのような高速の風が地球に吹き付けた場合，われわれの日常生活にも大きな影響があるように感じられるが，太陽風の粒子も電荷をもっているため，地磁気を横切って運動することができない．このため，図 11・5 の右側に灰色で示すように，地磁気がバリアとなって，太陽風が地球の表層に直接吹き付けることを防いでいるのである．このバリアが常に完璧に働いて太陽風のエネルギーが磁気圏に入り込むのを防いでいれば，オーロラが光ることはないのかもしれない．しかし，磁気圏と太陽風が接している場所で起こる磁気的な現象によって，地磁気のバリアが部分的に破れる場合がある．そのような場合，磁気圏に吹き付ける太陽風が磁気圏の中をかき乱して，磁気圏内部の荷電粒子および電磁場のエネルギーを高める．そのようにして磁気圏尾に蓄積されたエネルギーが解放され，オーロラ電子を大気に注ぎ込むことによって，爆発的に美しいオーロラの舞いがつくられるのである．

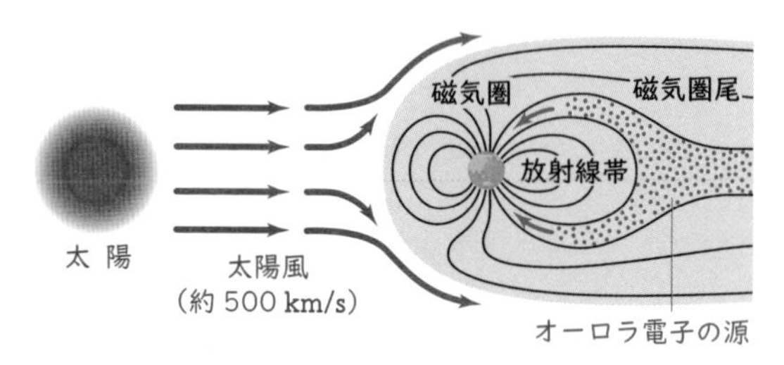

図11・5 太陽風と磁気圏の模式図.

12

ビオ・サバールの法則

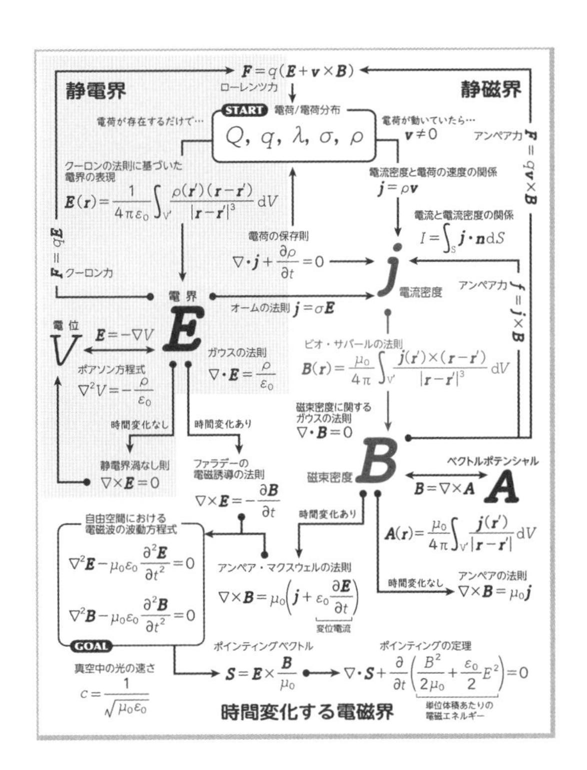

10 章では，電荷が動いて電流が流れることによって周囲の空間に磁束密度 $\boldsymbol{B}$ がつくられることを学びました．そこでは，無限に長い直線電流がつくる磁束密度 $\boldsymbol{B}$ についてその形状がどのようになるかを示しましたが，任意の形状の電流（直線電流ではない場合）について周囲にどのような磁束密度がつくられるのかを記述する法則については述べませんでした．本章では，一般的な電流（形状の指定がないもの）について，その電流によってつくられる磁束密度 $\boldsymbol{B}$ を表現する法則“ビオ・サバールの法則”を学びます．さらに，“クーロンの法則”との類似性を確認し，静電界と静磁界を比較します．

12・1　ビオ・サバールの法則

ある経路に沿って流れる電流がそのまわりの空間につくる磁束密度 $\boldsymbol{B}$ を表現するために，電流のかけらである電流素片 $I\mathrm{d}\boldsymbol{l}$（§10・2 参照）によってつくられる微小な磁束密度 $\mathrm{d}\boldsymbol{B}$ について考えてみよう．

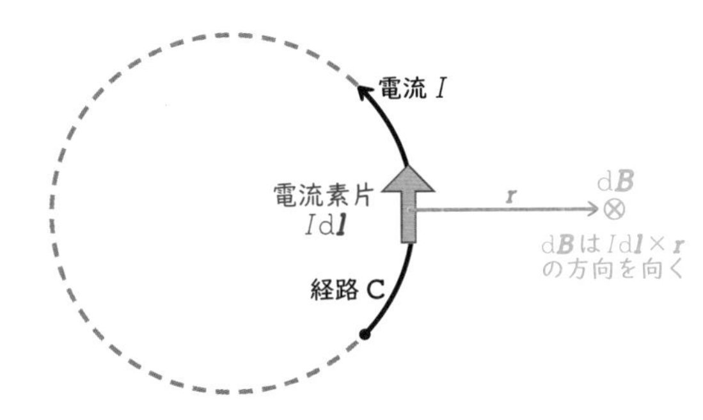

図 12・1　電流素片 $I\mathrm{d}\boldsymbol{l}$ によってつくられる微小磁束密度 $\mathrm{d}\boldsymbol{B}$.

図 12・1 に示すように，ある経路 C に沿って電流 I が流れている．この電流の一部をなす電流素片 $I\mathrm{d}\boldsymbol{l}$ を考える．この電流素片は，その場所を原点とする位置ベクトル $\boldsymbol{r}$ で表現される場所に，微小な磁束密度 $\mathrm{d}\boldsymbol{B}$ をつくり出す．$\mathrm{d}\boldsymbol{B}$ の方向は，図 12・1 に緑色で描かれているように $I\mathrm{d}\boldsymbol{l}\times\boldsymbol{r}$ で与えられ，電流素片に対して右ねじに巻付く方向（今の場合は紙面奥向き）となる．また，その大きさは電流素片からの距離の 2 乗に反比例して減少する．

定常電流の連続性
図 12・1 に黒い線で描かれている経路 C は，あたかも始まりと終わりがあるように描かれている．しかし，このような始点と終点をもつ経路を流れる電流は，今考えている“時間変化がない世界”には存在できない．これは，9 章で学んだ“電荷の保存則”による要請である．定常状態における電荷の保存則 $\nabla\cdot\boldsymbol{j}=0$〔式(9・10)〕を考えると，ある 1 点に“流れ込む電流”と“流れ出す電流”は同じ大きさでなければならない．もし，電流に始点や終点があれば，そこでは流れ込む電流と流れ出す電流が一致しない．電流に不連続がある状況は，定常状態では許されないのである．定常電流は図 12・1 に破線で示すように，始点と終点がつながってループになっている必要がある．つまり，始まりも終わりもない閉じた経路になっていなければならないのである．

このような微小な磁束密度 d$\boldsymbol{B}$ は式(12・1) のように表現できる.

$$\mathrm{d}\boldsymbol{B} = \frac{\mu_0}{4\pi}\frac{I\,\mathrm{d}\boldsymbol{l}\times\boldsymbol{r}}{|\boldsymbol{r}|^3} \qquad (12\cdot 1)$$

この微小な d$\boldsymbol{B}$ を, 以下のように経路Cに沿って足し合わせる(線積分をする)ことで, 電流全体がつくる磁束密度 $\boldsymbol{B}$ を式(12・2) のように表すことができる.

$$\boldsymbol{B} = \oint_{\mathrm{C}}\mathrm{d}\boldsymbol{B} = \frac{\mu_0}{4\pi}\oint_{\mathrm{C}}\frac{I\,\mathrm{d}\boldsymbol{l}\times\boldsymbol{r}}{|\boldsymbol{r}|^3} \qquad (12\cdot 2)$$

閉じた経路Cについての線積分(周回積分)

これで, 任意の電流がつくる磁束密度を記述する一般的な表現を得ることができたように思える. しかし, 実はこの表現には不完全な部分がある. 線積分を行う際には電流に沿って無数の電流素片を考える必要があるが, 磁束密度を求めようとする場所の位置ベクトル $\boldsymbol{r}$ は電流素片の場所を原点としており, 積分の過程で原点(電流素片が存在する場所)が変化してしまうのである.

この問題を解決するために, 図12・2に示すように, 絶対的な(動かない)基準点である原点Oを電流から離れた場所に設け, 磁束密度を求めたい点の位置ベクトルを改めて $\boldsymbol{r}$ とおく. さらに, 原点から電流素片への位置ベクトルを $\boldsymbol{r}'$ とする. これにより, 式(12・2)の $\boldsymbol{r}$ を $\boldsymbol{r}-\boldsymbol{r}'$ に置き換えるだけで, 式(12・3) を得ることができる. これが任意の電流がつくる磁束密度を表す一般的な表現であり, **ビオ・サバールの法則**とよばれているものである.

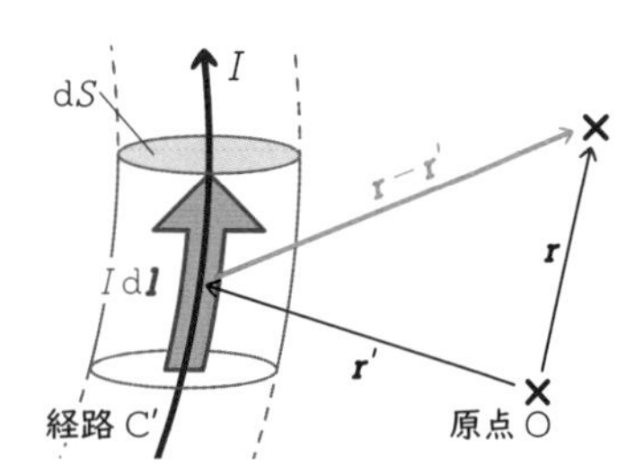

図12・2　独立した原点Oを考えて, 電流素片がつくり出す磁束密度を位置ベクトル $\boldsymbol{r}$ の関数として表現する. なお, この図では電流の太さも考慮し, 電流が灰色の破線で示された管の中を流れていると考えている.

積分は $\boldsymbol{r}'$ について行う

$\boldsymbol{r}'$ について積分を行うことは, 経路C′上のさまざまな電流素片についてそれらがつくる d$\boldsymbol{B}$ を考え, それを足し合わせていくことを意味する. $\boldsymbol{r}'$ について積分を行うため, 積分をしたあとは $\boldsymbol{r}'$ に対する依存性は消えて, $\boldsymbol{B}$ は $\boldsymbol{r}$ のみの関数になる.

$\boldsymbol{r}'$ の関数

$$\boldsymbol{B}(\boldsymbol{r}) = \frac{\mu_0}{4\pi}\oint_{\mathrm{C}'}\frac{I\,\mathrm{d}\boldsymbol{l}\times(\boldsymbol{r}-\boldsymbol{r}')}{|\boldsymbol{r}-\boldsymbol{r}'|^3} \qquad (12\cdot 3)$$

あとでクーロンの法則との比較を行う際の見通しをよくするために, 式(12・3) をもう少しだけ変形することを考えよう. ここまでは, 経路C′が太さをもっていないために, 電流が太さのない線に沿って流れているように考えてきた. しかし, 実際には, 図12・2に描かれているように電流はある太さをもつ“管”のようなものの中を流れており, §10・2でみたように電流素片にも太さがあると考えるべきである. ここでは電流が流れる管を電流管とよぶことにする. 電流管の太さ dS を考えると, 電流素片 Id$\boldsymbol{l}$ を式(12・4) のように変形することができる.

電流素片の太さを考える

式(12・4) の電流素片に関する式変形では, dS と dl を掛け合わせたものが電流素片(図12・2の円柱)の体積であることを用いている. また, 変形の途中で, 電流の方向についての情報を d$\boldsymbol{l}$ から $\boldsymbol{j}$ へと移していることにも注意する.

$$I\,\mathrm{d}\boldsymbol{l} = j\,\mathrm{d}S\,\mathrm{d}\boldsymbol{l} = \boldsymbol{j}\,\mathrm{d}S\,\mathrm{d}l = \boldsymbol{j}\,\mathrm{d}V \qquad (12\cdot 4)$$

電流密度の大きさ　電流密度ベクトル　電流素片に対応する電流管の体積

式(12・4) を式(12・3) に代入することによって, 式(12・5) に示すように線積分を体積積分に変換することができる.

ビオ・サバールの法則

$$\boldsymbol{B}(\boldsymbol{r}) = \frac{\mu_0}{4\pi}\int_{V'}\frac{\boldsymbol{j}(\boldsymbol{r}')\times(\boldsymbol{r}-\boldsymbol{r}')}{|\boldsymbol{r}-\boldsymbol{r}'|^3}\mathrm{d}V \quad (12・5)$$

電流管の体積

式(12・3) では太さをもたない経路 C′ に関する線積分であったものが，太さをもつ閉じた電流管の体積である V′ についての体積積分になっている．この式(12・5) が，電流が流れる経路の太さも考慮した，よりごまかしのない形式のビオ・サバールの法則である．

式(12・5) で与えられる体積積分としてのビオ・サバールの法則を，3 章で学んだクーロンの法則と比較して，その相違点について考えてみよう．まず静電界におけるクーロンの法則について考えると，電荷（電荷密度 ρ）の分布が源となって周囲の空間に電界 $\boldsymbol{E}$ をつくり，その電界の大きさと方向は，式(12・6) に示すクーロンの法則に基づいた電界の表現，

クーロンの法則に基づいた電界の表現

$$\boldsymbol{E}(\boldsymbol{r}) = \frac{1}{4\pi\varepsilon_0}\int_{V'}\frac{\rho(\boldsymbol{r}')(\boldsymbol{r}-\boldsymbol{r}')}{|\boldsymbol{r}-\boldsymbol{r}'|^3}\mathrm{d}V \quad (12・6)$$

（電荷密度の分布 ／ 電荷密度の分布がつくる $\boldsymbol{E}$）

によって記述される．電界がつくられた場所に別の電荷が存在すれば，電界は電荷に対してクーロン力を与える．その仕組みは以下のようにまとめることができる．

ρ ⇒（クーロンの法則）⇒ $\boldsymbol{E}$ ⇒（クーロン力）⇒ $\boldsymbol{f} = \rho\boldsymbol{E}$

本章で学んだ静磁界におけるビオ・サバールの法則について考えると，電荷が動くことによって流れる電流が磁束密度 $\boldsymbol{B}$ の源となる．つまり，電流密度 $\boldsymbol{j}$ の空間分布が与えられれば，式(12・7) に再掲するビオ・サバールの法則，

ビオ・サバールの法則

$$\boldsymbol{B}(\boldsymbol{r}) = \frac{\mu_0}{4\pi}\int_{V'}\frac{\boldsymbol{j}(\boldsymbol{r}')\times(\boldsymbol{r}-\boldsymbol{r}')}{|\boldsymbol{r}-\boldsymbol{r}'|^3}\mathrm{d}V \quad (12・7)$$

（電流密度の分布 ／ 電流密度の分布がつくる $\boldsymbol{B}$）

によって磁束密度 $\boldsymbol{B}$ の空間分布を記述することができるのである．さらに，磁束密度 $\boldsymbol{B}$ が存在する場所に電流が流れていれば，磁束密度は電流に対してアンペア力という力を与える．

$\boldsymbol{j}$ ⇒（ビオ・サバールの法則）⇒ $\boldsymbol{B}$ ⇒（アンペア力）⇒ $\boldsymbol{f} = \boldsymbol{j}\times\boldsymbol{B}$

$\boldsymbol{j} = \rho\boldsymbol{v}$

体積積分になる意味

いきなり体積積分になってしまうことに違和感を感じるかもしれないが，ある太さをもつ管でつくられる閉回路をイメージすればよい．この閉じた電流管の内部のあらゆる場所に電流密度 $\boldsymbol{j}$ を考え，その $\boldsymbol{j}$ がつくる磁束密度を電流管の体積 V′ 全体で足し合わせているのである．

クーロンの法則の“形”

クーロンの法則に基づいた電場の表現については 3 章で述べた．ある体積領域 V′ の中に電荷が分布している（電荷密度 ρ の分布が与えられている）ときに，そのすべての電荷からの寄与を積分することによって電界 $\boldsymbol{E}$ が表現される．

結局の大元は電荷

ここで，磁束密度の源は電流であることを述べているが，電流は電荷が動くことによって流れるものである．実際に，電流密度 $\boldsymbol{j}$ は電荷密度 ρ と電荷分布の速度 $\boldsymbol{v}$ を掛けたもので表現することができる．静磁界も，空間に電荷が存在しないとつくることができないのである．

ここで注意したいのは，静電界におけるクーロンの法則に基づいた電界の表現〔式(12・6)〕と静磁界におけるビオ・サバールの法則〔式(12・7)〕が形式的に非常に似ていることである．双方ともρや$\boldsymbol{j}$が存在する体積領域V′についての体積積分の形になっている．さらに，それぞれの源となるρや$\boldsymbol{j}$からの距離の２乗に反比例して$\boldsymbol{E}$や$\boldsymbol{B}$の大きさが決まるという点も類似点としてあげられる．異なる点は，ビオ・サバールの法則では$\boldsymbol{j}$と$(\boldsymbol{r}-\boldsymbol{r}')$の間の演算がただの掛け算ではなく外積になっているということである．

このように，少しの違いはあるものの，静電界と静磁界は非常に似た枠組みをもっていることがわかる．これ以降の章でも，さまざまな場面において静電界と静磁界の類似性が表れる．その類似性，もしくは“似ているけれどもちょっと違うところ”を感じながら電磁気学の世界をみていくと，少し見通しがよくなることがある．

12・2 ビオ・サバールの法則を用いた磁束密度の計算例

前節で導入したビオ・サバールの法則を用いて，電流が周囲の空間につくり出す磁束密度$\boldsymbol{B}$を計算してみよう．最も簡単な例として，図12・3に描かれているようなz軸に沿って流れる無限に長い直線電流を考え，電流からの距離がrの点における磁束密度$\boldsymbol{B}$を求めてみる．

図12・3に関する補足
z軸に沿って$z=-\infty$から$z=\infty$まで直線的に流れる電流Iを考えている．時間変化のない定常状態では，この直線電流は無限遠でつながっている閉じた電流回路の一部であると考える．この状況で，xy平面上に電流Iからの距離（z軸からの距離に一致する）がrである点を考え，この点における磁束密度$\boldsymbol{B}$を求める．

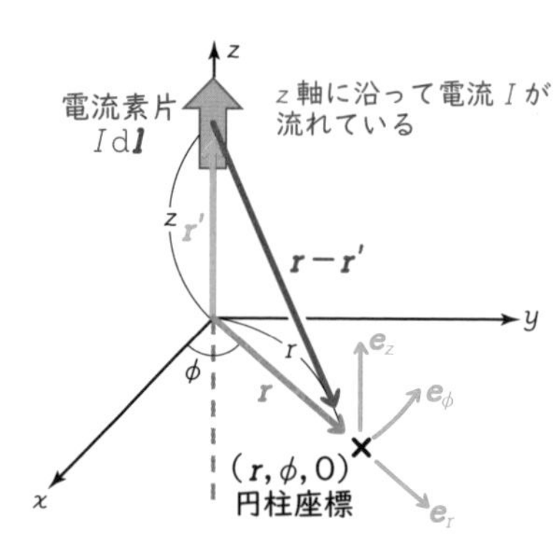

図12・3 z軸に沿って流れる無限に長い直線電流Iが電流からの距離がrの点につくる磁束密度．

ビオ・サバールの法則の形
前節では，体積積分として表現されるビオ・サバールの法則〔式(12・5)〕を最終形として導出したが，今の場合は太さがない理想的な電流を考えているため，線積分としてのビオ・サバールの法則〔式(12・3)〕を用いて差し支えない．電磁気の演習問題では，このような太さがない理想的な電流（現実には存在しない）を考えることが多い．そのような場合は，線積分としてのビオ・サバールの法則を用いる．

円柱座標の単位ベクトル
図12・3に円柱座標における３成分$(r,\ \phi,\ z)$に対応する単位ベクトルを緑色の矢印で描いている．ϕ方向は，z軸に対して右ねじに巻付く方向を与える．

計算に用いるビオ・サバールの法則を式(12・8)に示す．ここでは，z軸上の$z=z$のところ〔円柱座標では$(0,\ 0,\ z)$と表現される〕に電流素片$I\mathrm{d}\boldsymbol{l}$を考えている．このとき，式(12・8)を構成する$\mathrm{d}\boldsymbol{l}$，$\boldsymbol{r}-\boldsymbol{r}'$，$|\boldsymbol{r}-\boldsymbol{r}'|$などの要素を円柱座標においてそれぞれ書きくだすことができる．

$$\boldsymbol{B}(\boldsymbol{r}) = \frac{\mu_0}{4\pi}\int_{C'}\frac{I\underbrace{\mathrm{d}\boldsymbol{l}}_{(0,\,0,\,\mathrm{d}z)}\times(\underbrace{\boldsymbol{r}}_{(r,\,0,\,0)}-\underbrace{\boldsymbol{r}'}_{(0,\,0,\,z)})}{\underbrace{|\boldsymbol{r}-\boldsymbol{r}'|}_{(r^2+z^2)^{1/2}}{}^3} \qquad (12\cdot8)$$

ここで，分子に表れる$\mathrm{d}\boldsymbol{l}\times(\boldsymbol{r}-\boldsymbol{r}')$を，式(12・9)のように計算することが

でき，ϕ 方向成分しかもたないベクトルであることがわかる．

$$\begin{aligned} d\boldsymbol{l}\times(\boldsymbol{r}-\boldsymbol{r}') &= (0,\ 0,\ dz)\times(r,\ 0,\ -z) \\ &= (0,\ r\,dz,\ 0) \\ &= r\,dz\,\boldsymbol{e}_\phi \qquad (12\cdot 9) \end{aligned}$$

（r成分 ϕ成分 z成分；$\boldsymbol{e}_\phi$：ϕ方向の単位ベクトル）

式(12・9) を式(12・8) の分子に代入することで式(12・10) が得られる．

$$\begin{aligned} \boldsymbol{B} &= \frac{\mu_0 I}{4\pi}\int_{-\infty}^{\infty}\frac{r\,dz\,\boldsymbol{e}_\phi}{(r^2+z^2)^{3/2}} \\ &= \frac{\mu_0 r I}{4\pi}\boldsymbol{e}_\phi\int_{-\infty}^{\infty}(r^2+z^2)^{-\frac{3}{2}}dz \qquad (12\cdot 10) \end{aligned}$$

（この部分を置換積分で計算する）

式(12・10) の積分は z について行っているため，I，r および $\boldsymbol{e}_\phi$ を積分の外に出すことができる．

式(12・10) に含まれる積分を行うために，以下のような変数変換を試みる．

置換積分のための変数変換
置換積分のために導入した θ と z の関係を図 12・4 に示す．これを数式で表現したものが，式(12・11) と式(12・12) である．式(12・12) の両辺を z で微分することで $d\theta$ と dz の関係が式(12・14) のように得られる．また，変数を置換したあとの θ の積分区間は $-\pi/2$ から $\pi/2$ となり，これは $z=-\infty$ から $z=\infty$ までに対応する．

$$\cos\theta = \frac{r}{(r^2+z^2)^{1/2}} \qquad (12\cdot 11)$$

$$\tan\theta = \frac{z}{r} \qquad (12\cdot 12)$$

（両辺を z で微分）

$$\frac{1}{\cos^2\theta}\frac{d\theta}{dz} = \frac{1}{r} \qquad (12\cdot 13)$$

$$dz = r\frac{1}{\cos^2\theta}d\theta \qquad (12\cdot 14)$$

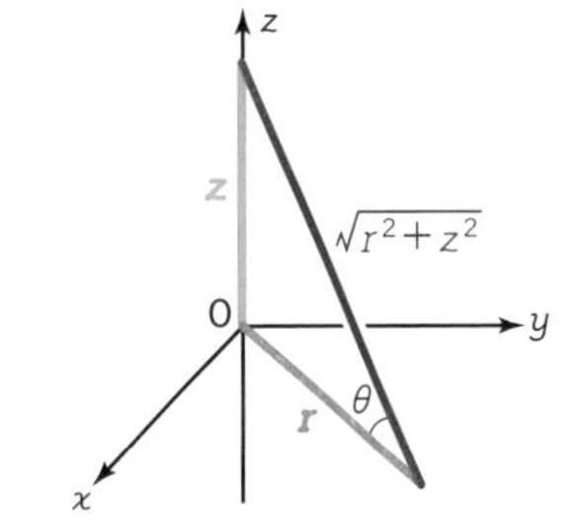

図 12・4　置換積分のために導入した変数 θ と z の関係．

この変数変換により，式(12・10) に含まれる積分計算を以下のように進めることができる．

（式(12・14)を代入；式(12・11)より $\cos^3\theta$ に相当）

$$\begin{aligned} \int_{-\infty}^{\infty}(r^2+z^2)^{-\frac{3}{2}}dz &= \int_{-\frac{\pi}{2}}^{\frac{\pi}{2}}\frac{1}{r^3}\frac{r^3}{(r^2+z^2)^{3/2}}\,r\frac{1}{\cos^2\theta}d\theta \\ &= \frac{1}{r^2}\int_{-\frac{\pi}{2}}^{\frac{\pi}{2}}\cos\theta\,d\theta = \frac{2}{r^2} \qquad (12\cdot 15) \end{aligned}$$

式(12・15) で得られた結果を式(12・10) に代入することで，式(12・16) のように直線電流によってつくられる磁束密度の表現を得ることができた．

$$\boldsymbol{B} = \frac{\mu_0 r I}{4\pi}\boldsymbol{e}_\phi\frac{2}{r^2} = \frac{\mu_0 I}{2\pi r}\boldsymbol{e}_\phi \qquad (12\cdot 16)$$

式(12・16) は，10 章で学んだ直線電流がつくる磁束密度 $\boldsymbol{B}$ に一致する〔式(10・7) 参照〕．$\boldsymbol{B}$ が ϕ 成分のみをもち，電流 I に右ねじに巻付いて回転するベクトル場となっていることもわかる．ここでは直線電流を例にとってビオ・サバールの法則を適用したが，同様の積分計算を行うことで任意の形状の電流について，それによってつくられる磁束密度を求めることができる．

演習問題

12・1 直交座標における xy 平面内に原点を中心とする半径 a の円があり，その円周に沿って電流 I が流れている．原点から h だけ z 軸の正の方向に離れた点 P における磁束密度 $\boldsymbol{B}$ を，ビオ・サバールの法則を用いて求めよ．

13

ベクトルポテンシャル

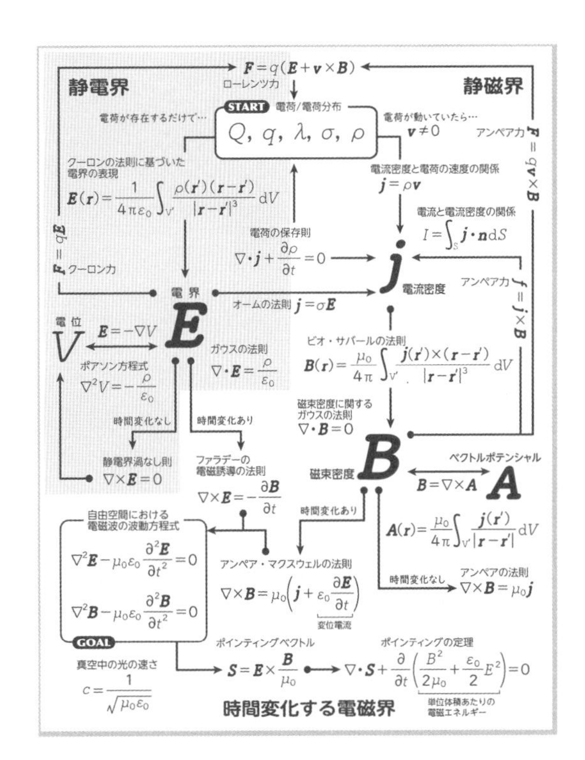

これまでの章で，静電界と静磁界の似ているところと違うところについて述べてきました．静電界にあるものは，完全に同じではないものの，おおよそそれに対応するものが静磁界にも存在します．たとえば，静電界には電界 $\boldsymbol{E}$ と密接に関連する物理量として電位 V（静電ポテンシャル）が存在しますが，静磁界にもそれに対応するベクトルポテンシャルという物理量が存在します．本章では，静磁界にベクトルポテンシャル $\boldsymbol{A}$ が存在することを示し，その表現，および磁束密度 $\boldsymbol{B}$ との関係を学びます．また，電流分布からベクトルポテンシャルを求める手続きについても，実例を示しながら確認します．

13・1　ベクトルポテンシャルの存在

静電界には，電界 $\boldsymbol{E}$ に関連する物理量として電位 V というものが存在し，それらの間には $\boldsymbol{E} = -\nabla V$ という関係があった．まず，この電位（静電ポテンシャル）について考えるところから始めよう．3 章で学んだように，電界 $\boldsymbol{E}$ は，式 (13・1) に再掲するクーロンの法則に基づいた電界の表現によって与えられる．

$$\boldsymbol{E}(\boldsymbol{r}) = \frac{1}{4\pi\varepsilon_0}\int_{V'}\frac{\rho(\boldsymbol{r}')(\boldsymbol{r}-\boldsymbol{r}')}{|\boldsymbol{r}-\boldsymbol{r}'|^3}\,\mathrm{d}V \qquad (13\cdot1)$$

この $\boldsymbol{E}$ に対応する電位 V を，同じく $\boldsymbol{r}$ の関数として表現してみよう．まず，式 (13・2) に示すベクトル関係式を用いる．

$$\nabla\left(\frac{1}{|\boldsymbol{r}-\boldsymbol{r}'|}\right) = -\frac{\boldsymbol{r}-\boldsymbol{r}'}{|\boldsymbol{r}-\boldsymbol{r}'|^3} \qquad (13\cdot2)$$

式 (13・2) を用いて，式 (13・1) を式 (13・3) のように書き換えることができる．

$$\boldsymbol{E}(\boldsymbol{r}) = \frac{1}{4\pi\varepsilon_0}\int_{V'}\frac{\rho(\boldsymbol{r}')(\boldsymbol{r}-\boldsymbol{r}')}{|\boldsymbol{r}-\boldsymbol{r}'|^3}\,\mathrm{d}V$$

式 (13・2) を用いた

$$= -\frac{1}{4\pi\varepsilon_0}\int_{V'}\rho(\boldsymbol{r}')\,\nabla\left(\frac{1}{|\boldsymbol{r}-\boldsymbol{r}'|}\right)\mathrm{d}V \qquad (13\cdot3)$$

電位と電界の関係
電位と電界の関係については 5 章を参照．

$\boldsymbol{r}$ と $\boldsymbol{r}'$ について
$\boldsymbol{r}$ は電界 $\boldsymbol{E}$ を求めたい（計算したい）と考えている場所を表す位置ベクトルである．$\boldsymbol{r}'$ は電荷密度 ρ の分布を与える位置ベクトルである．この表現の詳細については，式 (3・15) および図 3・6 を参照．

式 (13・2) の証明
式 (13・2) は本章のコラム（94 ページ）で証明する．ここでは式 (13・2) が成り立つことを認めたうえで読み進めてもらいたい．

式(13・3) において，∇ を積分の外側に出すことで式(13・4) が得られる．ここで，電位と電界の関係 $\boldsymbol{E} = -\nabla V$ と比較することによって，電位 V に相当する部分を見出すことができる．

静電界においては $\boldsymbol{E} = -\nabla V$ という関係が常に成り立つので，式(13・4)の括弧の中身が電位 V になることがわかる．

$$\boldsymbol{E}(\boldsymbol{r}) = -\nabla\left(\underbrace{\frac{1}{4\pi\varepsilon_0}\int_{V'}\frac{\rho(\boldsymbol{r}')}{|\boldsymbol{r}-\boldsymbol{r}'|}\mathrm{d}V}_{\text{電位}V}\right) = -\nabla V \tag{13・4}$$

電位（静電ポテンシャル）の一般的な表式を式(13・5) として改めて示す．

電位（静電ポテンシャル）V

$$V(\boldsymbol{r}) = \frac{1}{4\pi\varepsilon_0}\int_{V'}\frac{\rho(\boldsymbol{r}')}{|\boldsymbol{r}-\boldsymbol{r}'|}\mathrm{d}V \tag{13・5}$$

式(13・5) のかたち
$|\boldsymbol{r}-\boldsymbol{r}'|$ は，電荷から電位を求めたい場所までの距離を示している．電位 V が，電荷から距離が離れるほど，距離に反比例して小さくなっていくことを示している．

この表現は，式(13・6) を介して，式(13・1) で与えられる $\boldsymbol{E}$ の表式と結び付いていることをもう一度思い出しておこう．

$$\boldsymbol{E} = -\nabla V \tag{13・6}$$

電位 V が存在する条件
スカラー量である電位 V は，$\boldsymbol{E}$ に回転がない場合にのみ存在することが許される．静電界渦なし則で示されているように，静電界において $\boldsymbol{E}$ は常に“渦なし”であるため，時間変化がない場合は常に電位 V を考えることができる（§5・3 参照）．同じようにスカラー量の勾配をとることで $\boldsymbol{B}$ を表すことができるとよいが，$\boldsymbol{B}$ が“常に渦なしである”ということがいえないので，勾配を使うことができない．

ここから本題であるベクトルポテンシャルの話に入っていこう．静磁界に電位 V に相当するような物理量は存在しないのだろうか．たとえば，ベクトル解析の空間微分（勾配, 発散, 回転）をとった結果が $\boldsymbol{B}$ になるような“何か”は存在しないのだろうか．“勾配”は電位と電界の関係 $\boldsymbol{E} = -\nabla V$ においてすでに使ったものであるが，電位 V の存在は静電界が“渦なし”であることによって保証されるものであった（§5・3 参照）．15 章以降で詳しく学ぶことになるが，$\boldsymbol{B}$ については“常に渦なしである”ことは保証されていない．たとえば，電流が流れている場所では電流が $\boldsymbol{B}$ の回転をつくり出す（12 章で少し触れ，15 章で本格的に学ぶ）．よって，勾配をとって $\boldsymbol{B}$ になるような物理量を，あらゆる場合について考えることはむずかしい．また，“発散”は結果がスカラー量となるため，何かの物理量の発散をとってその結果がベクトル量である $\boldsymbol{B}$ になることはない．ここでは，残った“回転”について考えることにしよう．回転をとった結果が $\boldsymbol{B}$ になるようなベクトル量 $\boldsymbol{A}$ は存在してよいのだろうか．

ベクトル解析の三つの空間微分

勾配 … $\nabla\times\boldsymbol{B} = 0$ が常に成り立つわけではないので，一般に $\boldsymbol{B} = -\nabla V_{\mathrm{H}}$ のような V_{H} を考えることはできない

発散 … 結果がスカラー量になる

回転 … $\boldsymbol{B} = \nabla\times\boldsymbol{A}$ になるような $\boldsymbol{A}$ は存在してよいのか？

$\boldsymbol{B}$ の一般的な表現
ビオ・サバールの法則は，どのような電流分布（電流密度ベクトルの空間分布）についても，それによってつくられる磁束密度 $\boldsymbol{B}$ を表現できる．つまり，ビオ・サバールの法則が“$\boldsymbol{B}$ の一般的な表現”を与えていると考えてよい．

結論からいうと，そのようなベクトル量 $\boldsymbol{A}$ は存在する．任意の電流分布によってつくられる磁束密度 $\boldsymbol{B}$，いい換えると“$\boldsymbol{B}$ の一般的な表現”は，式(13・7) に示すビオ・サバールの法則によって与えられる．回転をとって，

その結果がビオ・サバールの法則になるような物理量$\boldsymbol{A}$というものは存在し，その形式は式(13・8)の括弧の中の式で表されることが知られている．

ビオ・サバールの法則

$$\boldsymbol{B} = \frac{\mu_0}{4\pi}\int_{V'}\frac{\boldsymbol{j}(\boldsymbol{r}')\times(\boldsymbol{r}-\boldsymbol{r}')}{|\boldsymbol{r}-\boldsymbol{r}'|^3}\mathrm{d}V \qquad (13\cdot 7)$$

$$= \nabla\times\left(\underbrace{\frac{\mu_0}{4\pi}\int_{V'}\frac{\boldsymbol{j}(\boldsymbol{r}')}{|\boldsymbol{r}-\boldsymbol{r}'|}\mathrm{d}V}_{\boldsymbol{A}\text{に相当するベクトル量}}\right) \qquad (13\cdot 8)$$

以下では，式(13・7)と式(13・8)の間に等号が成り立つことを証明する．まず，式(13・9)のように，式(13・8)の体積積分の中身だけを取出して，その回転をとることを考える．

$$\nabla\times\left(\underbrace{\frac{1}{|\boldsymbol{r}-\boldsymbol{r}'|}}_{\text{スカラー量}}\ \underbrace{\boldsymbol{j}(\boldsymbol{r}')}_{\text{ベクトル量}}\right) \qquad (13\cdot 9)$$

ここで，括弧の中の部分は，スカラー量とベクトル量を掛けたものになっている．スカラー量ϕとベクトル量$\boldsymbol{C}$の積についてのベクトル公式，

$$\nabla\times(\phi\boldsymbol{C}) = \nabla\phi\times\boldsymbol{C} + \phi\nabla\times\boldsymbol{C}$$

により，式(13・9)を式(13・10)のように書き換えることができる．

$$\nabla\times\left(\frac{1}{|\boldsymbol{r}-\boldsymbol{r}'|}\boldsymbol{j}(\boldsymbol{r}')\right) = \nabla\left(\frac{1}{|\boldsymbol{r}-\boldsymbol{r}'|}\right)\times\boldsymbol{j}(\boldsymbol{r}') + \frac{1}{|\boldsymbol{r}-\boldsymbol{r}'|}\nabla\times\boldsymbol{j}(\boldsymbol{r}') \qquad (13\cdot 10)$$

$\boldsymbol{r}$に関する微分

式(13・2)より $-\dfrac{\boldsymbol{r}-\boldsymbol{r}'}{|\boldsymbol{r}-\boldsymbol{r}'|^3}$

$\boldsymbol{j}(\boldsymbol{r}')$は$\boldsymbol{r}'$の関数なので$\boldsymbol{r}$で微分すると0 よって，この項は0

この展開の過程において，式(13・10)の右辺第1項に$1/|\boldsymbol{r}-\boldsymbol{r}'|$の勾配をとったものが出てくるが，この部分の計算については，式(13・2)のベクトル関係式を用いる．また，右辺第2項に電流密度$\boldsymbol{j}$の回転をとる部分が出てくるが，$\boldsymbol{j}$は$\boldsymbol{r}'$の関数であって$\boldsymbol{r}$に対する依存性はないため，この項は0になる．これらを踏まえると，以下のような式変形を行うことができる．

$$\nabla\times\left(\frac{1}{|\boldsymbol{r}-\boldsymbol{r}'|}\boldsymbol{j}(\boldsymbol{r}')\right) = -\frac{\boldsymbol{r}-\boldsymbol{r}'}{|\boldsymbol{r}-\boldsymbol{r}'|^3}\times\boldsymbol{j}(\boldsymbol{r}')$$

$$= \frac{\boldsymbol{j}(\boldsymbol{r}')\times(\boldsymbol{r}-\boldsymbol{r}')}{|\boldsymbol{r}-\boldsymbol{r}'|^3} \qquad (13\cdot 11)$$

外積の順番を入れ換えるとマイナスが付く

ビオ・サバールの法則の積分の中身に一致している

最終的に式(13・11)で得られた形は，式(13・7)のビオ・サバールの法則の積分の中身に一致するものとなっている．つまり，式(13・8)で$\boldsymbol{A}$として考えた物理量の回転をとることで，磁束密度$\boldsymbol{B}$の一般的な表現が得られ

証明の道筋

式(13・8)にある回転の計算を行って，結果として式(13・7)が得られれば，等号が成り立ち$\boldsymbol{A}$の存在が証明ができたことになる．ここでは，式(13・8)の微分（∇×）と積分の順番を入れ換え，被積分関数（積分の中身）を変形していく．つまり，式(13・8)の被積分関数に回転を作用させたもの，

$$\nabla\times\frac{\boldsymbol{j}(\boldsymbol{r}')}{|\boldsymbol{r}-\boldsymbol{r}'|}$$

を変形して，式(13・7)の被積分関数，

$$\frac{\boldsymbol{j}(\boldsymbol{r}')\times(\boldsymbol{r}-\boldsymbol{r}')}{|\boldsymbol{r}-\boldsymbol{r}'|^3}$$

が得られればよい．

電流密度$\boldsymbol{j}$は$\boldsymbol{r}'$の関数

ここで$\boldsymbol{j}$は$\boldsymbol{r}'$の関数であって，$\boldsymbol{r}$の関数ではない．ここでとっている回転は$\boldsymbol{r}$に関する空間微分である．$\boldsymbol{r}'$の関数としての$\boldsymbol{j}$は$\boldsymbol{r}$に対する依存性はないため，定数を微分しているのと同じことになり，右辺第2項は0になるのである．

ることが証明された．これにより，$\boldsymbol{B} = \nabla\times\boldsymbol{A}$ を満たす $\boldsymbol{A}$ が存在することが示された．

ベクトルポテンシャルのかたち
ベクトルポテンシャル $\boldsymbol{A}$ は，電流密度の空間分布 $\boldsymbol{j}(\boldsymbol{r}')$ が与えられたときに計算できる量である．ここでは，電流密度 $\boldsymbol{j}$ が位置ベクトル $\boldsymbol{r}'$ の関数として与えられている．また，ベクトルポテンシャルを計算しようとする場所を表す位置ベクトルを $\boldsymbol{r}$ としている．ビオ・サバールの法則の場合と同じように，$\boldsymbol{r}'$ について，かつ電流が流れている体積領域 V' にわたって積分を行うことで，$\boldsymbol{A}$ が $\boldsymbol{r}$ の関数として表現できる．

回転をとることで磁束密度 $\boldsymbol{B}$ になる量 $\boldsymbol{A}$ のことを**ベクトルポテンシャル**とよび，式(13・12) のように表される．

ベクトルポテンシャル $\boldsymbol{A}$

$$\boldsymbol{A}(\boldsymbol{r}) = \frac{\mu_0}{4\pi}\int_{V'}\frac{\boldsymbol{j}(\boldsymbol{r}')}{|\boldsymbol{r}-\boldsymbol{r}'|}\,\mathrm{d}V \qquad (13\cdot12)$$

$\boldsymbol{B}$ との間には式(13・13) のような関係がある．

$$\boldsymbol{B} = \nabla\times\boldsymbol{A} \qquad (13\cdot13)$$

ここで，“静電界に存在する電位 V” と “静磁界に存在するベクトルポテンシャル $\boldsymbol{A}$” の性質をまとめ，似ているところと違うところを考えてみよう．まず，静電界において導入される電位 V の電荷密度 ρ や電界 $\boldsymbol{E}$ との関係は，以下のようにまとめることができる．

《静電界》

電荷密度 ρ ⟹ $V = \frac{1}{4\pi\varepsilon_0}\int_{V'}\frac{\rho(\boldsymbol{r}')}{|\boldsymbol{r}-\boldsymbol{r}'|}\mathrm{d}V$ ⟹ 電位 V ⟹ $\boldsymbol{E} = -\nabla V$（スカラー量）⟹ 電界 $\boldsymbol{E}$

クーロンの法則に基づく電界の表現

電荷密度 $\rho(\boldsymbol{r}')$ で表される電荷の分布は，周囲の空間に電位 V の分布をつくり出し，さらには電界 $\boldsymbol{E}$ の空間分布ができることになる．電荷の分布によってつくられる電位 V は，式(13・5) のように表現することができる．

$$V = \frac{1}{4\pi\varepsilon_0}\int_{V'}\frac{\rho(\boldsymbol{r}')}{|\boldsymbol{r}-\boldsymbol{r}'|}\,\mathrm{d}V \qquad (13\cdot5,\ 再掲)$$

電位（静電ポテンシャル）はスカラー量であり，電位 V の勾配をとってマイナスを付けることによって電界 $\boldsymbol{E}$ が与えられる．

$$\boldsymbol{E} = -\nabla V$$

スカラー量　← 電位（静電ポテンシャル）

静磁界において導入されるベクトルポテンシャル $\boldsymbol{A}$ の電流密度 $\boldsymbol{j}(\boldsymbol{r}')$ や磁束密度 $\boldsymbol{B}$ との関係は，以下のようにまとめることができる．

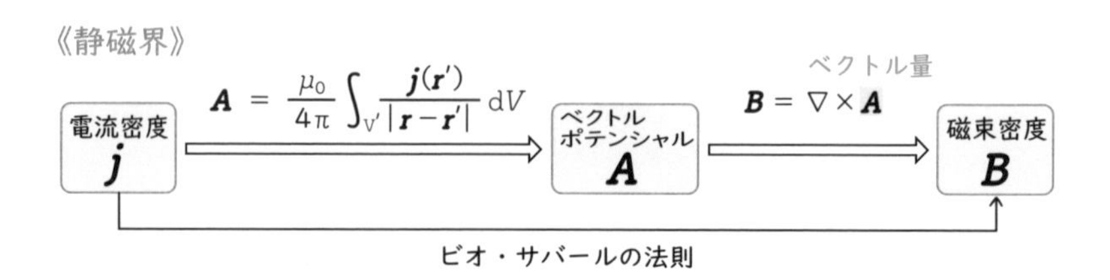

電流密度 $\boldsymbol{j}(\boldsymbol{r}')$ で表される電流の分布は，周囲の空間にベクトルポテンシャ

ル$\boldsymbol{A}$の分布をつくり出し，さらには磁束密度$\boldsymbol{B}$の空間分布ができることになる．電流の分布によってつくられるベクトルポテンシャルは，式(13・12)のように表現することができる．

$$\boldsymbol{A} = \frac{\mu_0}{4\pi}\int_{V'}\frac{\boldsymbol{j}(\boldsymbol{r}')}{|\boldsymbol{r}-\boldsymbol{r}'|}\mathrm{d}V \qquad (13・12，再掲)$$

ベクトルポテンシャル$\boldsymbol{A}$はベクトル量であり，$\boldsymbol{A}$の回転をとることで磁束密度$\boldsymbol{B}$が与えられる．

$$\boldsymbol{B} = \nabla\times\boldsymbol{A}$$

ベクトル量
←ベクトルポテンシャル

電位とベクトルポテンシャルは，その源となるものが異なる（電位は電荷分布によってつくられ，ベクトルポテンシャルは電流分布によってつくられる）．しかし，それらの源からVや$\boldsymbol{A}$がつくられる様子を表現する式(13・5)および式(13・12)の“かたち”は，驚くほど似ている．電荷密度ρはスカラー量，電流密度$\boldsymbol{j}$はベクトル量であるため，スカラーかベクトルかの違いはあるものの，Vも$\boldsymbol{A}$も源からの距離$|\boldsymbol{r}-\boldsymbol{r}'|$に反比例して大きさが小さくなる点は共通である．ここにも静電界と静磁界の類似性を見出すことができる．

13・2　ベクトルポテンシャルを介した磁束密度の計算例

無限に長い直線電流が周囲の空間につくり出すベクトルポテンシャルを計算してみよう．座標系を図13・1のようにとる．

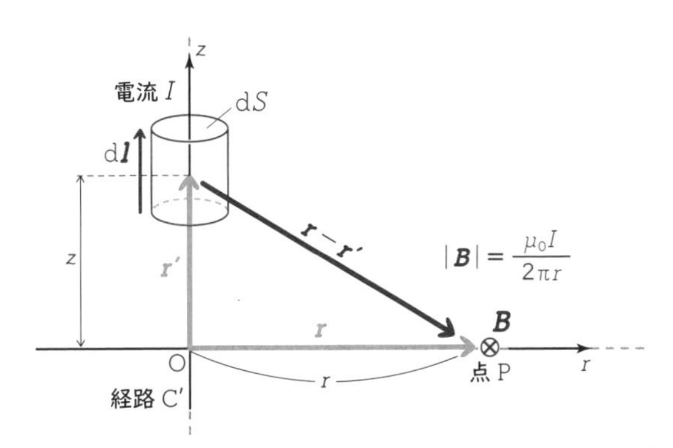

図 13・1　z軸に沿って流れる無限に長い直線電流Iがつくる磁束密度$\boldsymbol{B}$.

図13・1の補足説明
z軸について軸対称な円柱座標を考えている．z軸からの距離がrである点Pにおける磁束密度の大きさは電流Iの大きさに比例，距離rに反比例し，以下の式で表すことができる．

$$|\boldsymbol{B}| = \frac{\mu_0 I}{2\pi r}$$

この式は，無限に長い直線電流がつくる磁束密度の式として知られているものである（10章，12章において既出）．

z軸に沿って電流Iが連続的に流れており，この電流Iが流れている経路をC′とする．$z=0$の面上においてz軸から距離がrだけ離れた点Pには，図では紙面奥向きとなる磁束密度$\boldsymbol{B}$がつくられる．この点Pにおけるベクトルポテンシャル$\boldsymbol{A}$を式(13・12)で与えられた定義に沿って書くと，式(13・14)のようになる．

$$\boldsymbol{A} = \frac{\mu_0}{4\pi}\int_{V'}\frac{\boldsymbol{j}(\boldsymbol{r}')}{|\boldsymbol{r}-\boldsymbol{r}'|}\mathrm{d}V \qquad (13・14)$$

体積積分から線積分へ
以下では，式(13・14) において，緑色で囲まれた部分を変形することで，全体を体積積分から線積分に変換する．

式(13・15) に至る式変形
最初に $\mathrm{d}V = \mathrm{d}S\mathrm{d}l$ を用いる．なお，$\mathrm{d}V$ は電流素片に対応する領域の体積を表しており，図 13・1 の中に描かれた円柱状の領域（断面積 $\mathrm{d}S$，高さ $\mathrm{d}l$）である．次に，電流密度ベクトル $\boldsymbol{j}$ がもっている“方向に関する情報”を線要素ベクトル $\mathrm{d}\boldsymbol{l}$ に移す．最後に，電流密度の大きさ j に断面積 $\mathrm{d}S$ を掛けたものを電流 I に変換している．

線要素ベクトル $\mathrm{d}\boldsymbol{l}$ は z 軸に沿った微小ベクトルであるため $\mathrm{d}\boldsymbol{l} = (0, 0, \mathrm{d}z)$ のように表すことができる．また，$|\boldsymbol{r}-\boldsymbol{r}'|$ は，図 13・1 から $\sqrt{r^2+z^2}$ であることがわかる．

$\boldsymbol{A}$ が回転している？
次ページで述べるが，図 13・2 の右側において，ベクトル場 $\boldsymbol{A}$ は時計まわりに回転している．たとえば図の右側に風車を仮想的に置いてみよう．

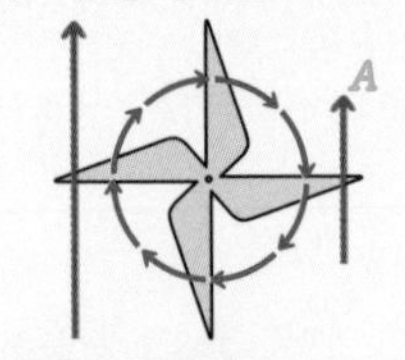

ベクトル量 $\boldsymbol{A}$ を風速ベクトルと考えると，風車の左側において上向きの風が強く，右側では風が弱い．その結果，風車は時計まわりに回転する．つまり，ベクトル量 $\boldsymbol{A}$ には回転があることがわかる．ベクトル場に回転があるかどうかがわからないときは，風車を置いて，どの向きに回転するかを考えるとよい．

ビオ・サバールの法則のときと同様に，電流が流れて電流密度 $\boldsymbol{j}(\boldsymbol{r}')$ が存在する体積領域を V′として体積積分を行っているが，今の場合，電流 I は太さをもたない経路 C′に沿って流れていると考えることができるため，次のような手順で線積分への変換を行う．

$$\underbrace{\boldsymbol{j}(\boldsymbol{r}')\,\mathrm{d}V}_{} = \underbrace{\boldsymbol{j}(\boldsymbol{r}')}_{\text{ベクトル}}\,\underbrace{\mathrm{d}S\,\mathrm{d}l}_{\text{スカラー}} = \underbrace{j(\boldsymbol{r}')\,\mathrm{d}S}_{\text{スカラー}}\,\underbrace{\mathrm{d}\boldsymbol{l}}_{\text{ベクトル}} = \underbrace{I\mathrm{d}\boldsymbol{l}}_{\text{電流素片}} \tag{13・15}$$

$\mathrm{d}V$ という微小体積領域を流れる電流を電流素片に置き換えている．体積積分を線積分に置き換えると，点 P におけるベクトルポテンシャル $\boldsymbol{A}$ を式(13・16) のように表現することができる．

$$\boldsymbol{A} = \frac{\mu_0}{4\pi}\int_{V'}\frac{\boldsymbol{j}(\boldsymbol{r}')}{|\boldsymbol{r}-\boldsymbol{r}'|}\mathrm{d}V = \frac{\mu_0}{4\pi}\int_{C'}\frac{I\mathrm{d}\boldsymbol{l}}{|\boldsymbol{r}-\boldsymbol{r}'|} \tag{13・16}$$

（z 成分のみをもつ $\mathrm{d}\boldsymbol{l} = (0, 0, \mathrm{d}z)$，$|\boldsymbol{r}-\boldsymbol{r}'| = \sqrt{r^2+z^2}$）

ここで，電流は z 軸に沿って流れているため，電流素片 $I\mathrm{d}\boldsymbol{l}$ は z 成分のみをもつ．また，$z = z$ に存在する電流素片と点 P の間の距離である $|\boldsymbol{r}-\boldsymbol{r}'|$ も r と z を用いて表現することができる．つまり，ベクトルポテンシャル $\boldsymbol{A}$ は z 成分のみをもつベクトル量となり，その z 成分である A_z は式(13・17) のように表される．

$$\boldsymbol{A} = (0, 0, A_z)$$

$$A_z = \frac{\mu_0 I}{4\pi}\int_{-\infty}^{\infty}\frac{\mathrm{d}z}{\sqrt{r^2+z^2}} \tag{13・17}$$

この積分計算を行う前に，ベクトルポテンシャルの概形をイメージしてみよう．図 13・2 に，$z = 0$ の位置に存在する電流素片がつくるベクトルポテンシャルの概形を示す．

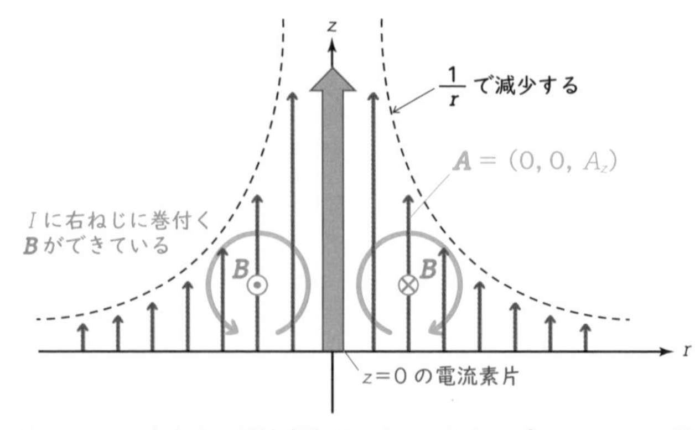

図 13・2　$z = 0$ に存在する電流素片がつくるベクトルポテンシャルの概形．

電流素片は $z = -\infty$ から $z = \infty$ まで連続的に存在している．ここでは，簡単のために，$z = 0$ に存在する電流素片の寄与のみを考えて，ベクトルポテンシャルの概形のイメージを示す．式(13・17) の被積分関数に $z = 0$ を代入すると $1/r$ になることがわかる．つまり，ベクトルポテンシャルの大きさ(ベクトル $\boldsymbol{A}$ の長さ) は，z 軸から離れるに従って，つまり，距離 r に反比例して小さくなっていくことになる．図 13・2 には，z 軸から離れるに従って小さくなっていくベクトル $\boldsymbol{A}$ が深緑色の矢印で示されている．

式(13・13) に示したように，ベクトルポテンシャル $\boldsymbol{A}$ の回転が磁束密度 $\boldsymbol{B}$ を与える．図 13・3 はこの関係を表現したものであるが，$\boldsymbol{A}$ が右ねじに巻付くようなベクトルが $\nabla\times\boldsymbol{A}$，つまりは $\boldsymbol{B}$ を与える．図 13・2 に戻って $\boldsymbol{A}$ と $\boldsymbol{B}$ の関係を確認してみよう．図の右側の部分では，緑色の矢印で示されているように，$\boldsymbol{A}$ は時計回りに回転する要素をもっていることがみてとれる．逆に左側では，反時計回りに回転する要素があることがわかる．つまり，$\boldsymbol{B}$ を与える $\nabla\times\boldsymbol{A}$ というベクトルは図の右側では紙面奥向き，左側では手前向きとなっており，z 軸に沿って流れる電流 I について右ねじに巻付く方向を向くことがわかる．これは，直線電流がつくる $\boldsymbol{B}$ の形状と一致するものとなっている．

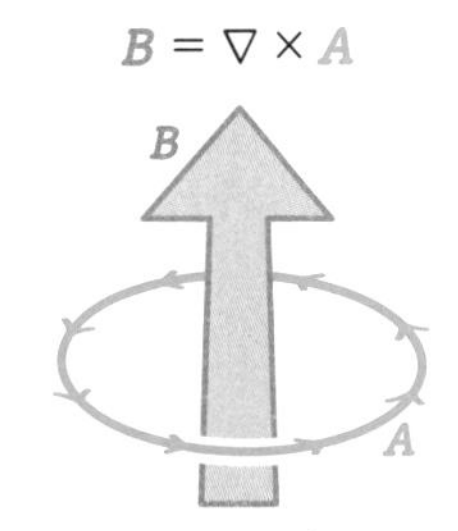

図 13・3　ベクトルポテンシャル $\boldsymbol{A}$ と磁束密度 $\boldsymbol{B}$ の関係．$\boldsymbol{A}$ が $\boldsymbol{B}$ に対して右ねじに巻付く方向に回転している．

では，実際にベクトルポテンシャル $\boldsymbol{A}$ の計算を行ってみよう．電流 I は z 軸に沿って無限の長さにわたって流れているが，まずはその一部分，$z = -l$ から $z = l$ の部分について式(13・17) の積分計算を行うと，式(13・21) のように A_z を得ることができる．

$$A_z = \frac{\mu_0 I}{4\pi}\int_{-l}^{l}\frac{\mathrm{d}z}{\sqrt{r^2+z^2}} \tag{13・18}$$

$$= \frac{\mu_0 I}{4\pi}\left[\log\left(\sqrt{r^2+z^2}+z\right)\right]_{-l}^{l} \tag{13・19}$$

$$= \frac{\mu_0 I}{4\pi}\left[\log\left(\sqrt{r^2+l^2}+l\right) - \log\left(\sqrt{r^2+l^2}-l\right)\right] \tag{13・20}$$

式(13・18) → 式(13・19) の積分
不定積分の詳細な計算は割愛するが，式(13・19) の [ ] の中の関数を z で微分してみると，式(13・18) の被積分関数が得られることがわかる．

ベクトルポテンシャルの計算はここまでで終わりである．ここからは，$\boldsymbol{A}$ から $\boldsymbol{B}$ を計算していく．具体的には，式(13・20) で得られたベクトルポテンシャルの回転をとり，対応する磁束密度 $\boldsymbol{B}$ を計算する．$\boldsymbol{A}$ を図 13・4 に示されるような円柱座標で表現して回転を計算すると，式(13・22) のようになる．

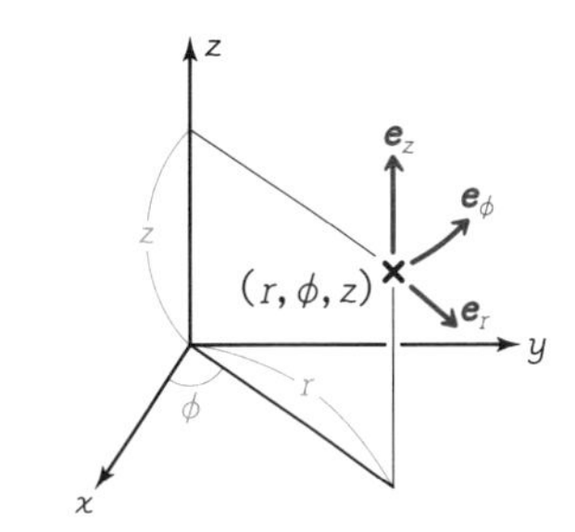

図 13・4　ベクトルポテンシャルの計算を行う際に用いた円柱座標．

$$\boldsymbol{B} = \nabla\times\boldsymbol{A}$$

円柱座標において $\boldsymbol{A} = (A_r, A_\phi, A_z)$

この項のみ 0 ではない

$$= \left(\frac{1}{r}\frac{\partial A_z}{\partial\phi} - \frac{\partial A_\phi}{\partial z}\right)\boldsymbol{e}_r + \left(\frac{\partial A_r}{\partial z} - \frac{\partial A_z}{\partial r}\right)\boldsymbol{e}_\phi + \frac{1}{r}\left(\frac{\partial}{\partial r}(rA_\phi) - \frac{\partial A_r}{\partial\phi}\right)\boldsymbol{e}_z \tag{13・21}$$

（$\frac{\partial A_z}{\partial\phi}$，$\frac{\partial A_\phi}{\partial z}$，$\frac{\partial A_r}{\partial z}$，$\frac{\partial}{\partial r}(rA_\phi)$，$\frac{\partial A_r}{\partial\phi}$ → 0）

$$= -\frac{\partial A_z}{\partial r}\boldsymbol{e}_\phi \tag{13・22}$$

B_ϕ：$\boldsymbol{B}$ の ϕ 成分

円柱座標での回転
円柱座標における回転の公式が初めて出てきた．直交座標，円柱座標，球座標における発散，回転，勾配の計算は見返しの公式集を参照してもらいたい．

式(13・21) では 1 項が残る
$\boldsymbol{A}$ は z 成分のみをもつベクトルである．また，式(13・20) の A_z は r のみの関数となっていて，ϕ に依存していないので，ほとんどの項が消える．

円柱座標の ϕ 成分
図13・4に示すように，円柱座標の ϕ 方向（$\boldsymbol{e}_\phi$ の方向）は z 軸正方向に対して右ねじに巻付く方向である．

式(13・22) から，$\boldsymbol{A}$ の回転をとることで得られる $\boldsymbol{B}$ が ϕ 成分しかもたないことがわかる．式(13・22) に式(13・20) を代入することで，$\boldsymbol{B}$ の ϕ 成分を式(13・23) のように求めることができる．

ADDITIONAL TIME 式(13・2)の導出

式(13・2) に示した以下のベクトル関係式の導出をする．

$$\nabla\left(\frac{1}{|\boldsymbol{r}-\boldsymbol{r}'|}\right) = -\frac{\boldsymbol{r}-\boldsymbol{r}'}{|\boldsymbol{r}-\boldsymbol{r}'|^3}$$

直交座標系において，それぞれ $\boldsymbol{r}=(x, y, z)$，$\boldsymbol{r}'=(x', y', z')$ とおくと，$\boldsymbol{r}-\boldsymbol{r}'$ は以下のように表せる．

$$\boldsymbol{r}-\boldsymbol{r}' = (x-x', y-y', z-z')$$

次に，$|\boldsymbol{r}-\boldsymbol{r}'|$ に各成分を代入して，直交座標における勾配の計算を進める．

$$\nabla\left(\frac{1}{|\boldsymbol{r}-\boldsymbol{r}'|}\right) = \nabla\left(\frac{1}{[(x-x')^2+(y-y')^2+(z-z')^2]^{1/2}}\right)$$

スカラー量 Φ とおく

$$= \left(\frac{\partial\Phi}{\partial x}, \frac{\partial\Phi}{\partial y}, \frac{\partial\Phi}{\partial z}\right)$$

勾配を計算すると結果はベクトルになるが，ここではまず x 成分の $\partial\Phi/\partial x$ について計算を行う．

$$\frac{\partial\Phi}{\partial x} = -\frac{1}{2}\left[(x-x')^2+(y-y')^2+(z-z')^2\right]^{-\frac{3}{2}}2(x-x')$$

$$= \frac{-(x-x')}{\left[(x-x')^2+(y-y')^2+(z-z')^2\right]^{\frac{3}{2}}}$$

$$= -\frac{x-x'}{|\boldsymbol{r}-\boldsymbol{r}'|^3}$$

y 成分，z 成分についても同様の計算を行うと，以下の二つの式が得られる．

$$\frac{\partial\Phi}{\partial y} = -\frac{y-y'}{|\boldsymbol{r}-\boldsymbol{r}'|^3} \qquad \frac{\partial\Phi}{\partial z} = -\frac{z-z'}{|\boldsymbol{r}-\boldsymbol{r}'|^3}$$

最終的に以下のようなベクトル形式で表現すると，式(13・2) で示したベクトル関係式を得ることができる．

$$\nabla\left(\frac{1}{|\boldsymbol{r}-\boldsymbol{r}'|}\right) = \left(\frac{\partial\Phi}{\partial x}, \frac{\partial\Phi}{\partial y}, \frac{\partial\Phi}{\partial z}\right)$$

$$= -\frac{1}{|\boldsymbol{r}-\boldsymbol{r}'|^3}\underbrace{(x-x', y-y', z-z')}_{\boldsymbol{r}-\boldsymbol{r}'\text{ になる}}$$

$$= -\frac{\boldsymbol{r}-\boldsymbol{r}'}{|\boldsymbol{r}-\boldsymbol{r}'|^3}$$

ここに式(13・20)を代入

$$B_\phi = -\frac{\partial A_z}{\partial r}$$

$$= -\frac{\mu_0 I}{4\pi}\left[\frac{\frac{1}{2}(r^2+l^2)^{-\frac{1}{2}}2r}{\sqrt{r^2+l^2}+l} - \frac{\frac{1}{2}(r^2+l^2)^{-\frac{1}{2}}2r}{\sqrt{r^2+l^2}-l}\right]$$

$$= \frac{\mu_0 I l}{2\pi r\sqrt{r^2+l^2}} = \frac{\mu_0 I}{2\pi r\sqrt{\frac{r^2}{l^2}+1}} \qquad (13・23)$$

分子と分母を l で割る

$l \to \infty$ の極限をとると 0 になる

$l \to \infty$ の極限をとる理由
式(13・18)で行った $\boldsymbol{A}$ を求める際の積分を，有限の区間（$-l$ から l まで）においてしか実行していなかったことを思い出す．実際には，電流 I は無限の長さをもつ経路 C′ に沿って流れているため，l を ∞ にする極限をとらなければ，与えられた電流によってつくられる真の磁束密度を求めることができない．

式(13・23) 3 行目の分母と分子を l で割り，l を ∞ にする極限をとると，最終的には式(13・24)のように無限長の直線電流がつくる磁束密度の式が得られる．ここで行った手続きは，6 章において，電荷密度の分布から電位を求め，電位から電界を求める際に行ったものと同様である．電流密度の分布からベクトルポテンシャルを計算し，その回転をとることによって磁束密度を求めているのである．

直線電流 I がつくる磁束密度

$$B_\phi = \frac{\mu_0 I}{2\pi r} \qquad (13・24)$$

演 習 問 題

13・1　直交座標において次のように表現されているベクトルポテンシャル $\boldsymbol{A}$ に対応する磁束密度 $\boldsymbol{B}$ を求めよ．C は定数とする．なお，Cx は C と x を掛けたものである．Cy についても同様．

(a) $A_x = 0,\ A_y = Cx,\ A_z = 0$

(b) $A_x = -Cy,\ A_y = 0,\ A_z = 0$

(c) $A_x = -\frac{1}{2}Cy,\ A_y = \frac{1}{2}Cx,\ A_z = 0$

13・2　直交座標において次のように表現されるベクトルポテンシャル $\boldsymbol{A}$ に対応する磁束密度 $\boldsymbol{B}$ を求めよ．I は定数，$r = \sqrt{x^2+y^2}$ とする．

$$A_x = A_y = 0,\ A_z = -\frac{\mu_0 I}{2\pi}\log r$$

14

磁束密度に関するガウスの法則

12 章と 13 章では，電流分布が与えられたときに，磁束密度$\boldsymbol{B}$がどのような数式で記述できるのかを示しました．その過程で，ベクトルポテンシャル$\boldsymbol{A}$という物理量も導入しました．ここからの二つの章では，ベクトル場としての磁束密度$\boldsymbol{B}$が，どのような“かたち”をしているのかを表現する法則を示したいと思います．本章では，その法則の一つである“磁束密度$\boldsymbol{B}$に関するガウスの法則”について述べます．まず，ベクトルポテンシャルが存在することから，磁束密度に関するガウスの法則の“微分形”を導出し，そこから“積分形”を得ます．得られた法則を，電界$\boldsymbol{E}$に関するガウスの法則と比較し，静電界と静磁界の違いをみます．

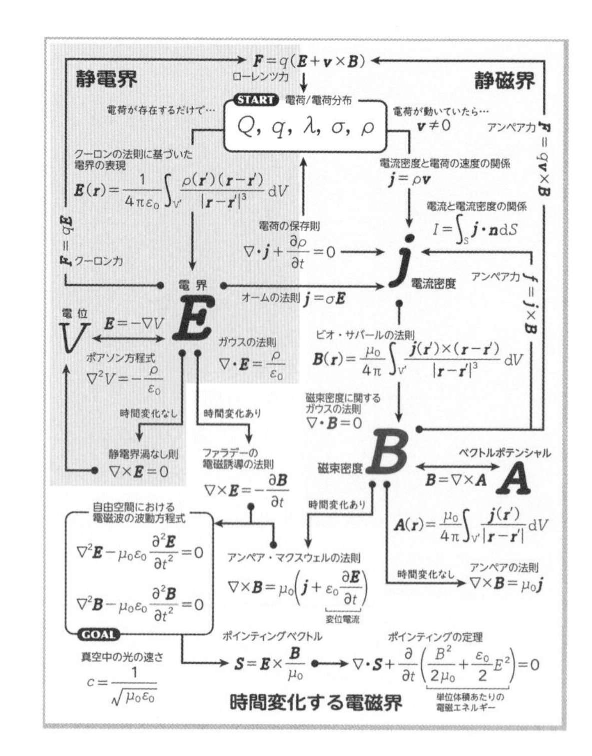

14・1　磁束密度に関するガウスの法則の微分形

前章において，磁束密度$\boldsymbol{B}$が分布している空間には式(14・1)を満たすベクトルポテンシャル$\boldsymbol{A}$という物理量が存在することを示した．

$$\boldsymbol{B} = \nabla\times\boldsymbol{A} \tag{14・1}$$

ここで式(14・1)の両辺の発散をとることを考える．式(14・2)に示すように，ベクトル解析において，回転をとった結果得られたベクトルの発散をとると，その結果は常に 0 になることが知られている．

$$\nabla\cdot\boldsymbol{B} = \underbrace{\nabla\cdot(\nabla\times\boldsymbol{A})}_{\text{回転の発散は常に 0 になる}} = 0 \tag{14・2}$$

回転の発散は必ず 0 になる
$\boldsymbol{A}=(A_x,\ A_y,\ A_z)$のように成分をおいて，回転をとってから発散をとる計算をしてみるとよい．展開すると，最終的には六つの項が出てくるが，これらが打ち消しあって，きれいに0になる．

これにより，$\nabla\times\boldsymbol{A}$の発散，つまりは磁束密度$\boldsymbol{B}$の発散が常に 0 になることがわかる．これを，**磁束密度に関するガウスの法則**とよぶ．

磁束密度に関するガウスの法則（微分形）

$$\nabla\cdot\boldsymbol{B} = 0 \tag{14・3}$$

二つのガウスの法則
4 章で学んだように，静電界にもガウスの法則が存在する．通常，$\boldsymbol{E}$に関するガウスの法則を“ガウスの法則”とよび，$\boldsymbol{B}$に関するガウスの法則を“磁束密度に関するガウスの法則”とよぶ．

式(14・3)に示した$\boldsymbol{B}$に関するガウスの法則が表現していることを，$\boldsymbol{E}$に関するガウスの法則と見比べながら確認してみよう．まず，これらの二つのガウスの法則のイメージを図 14・1 に示す．

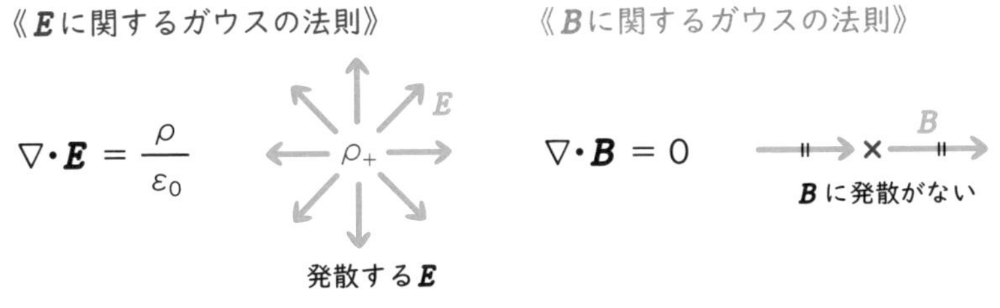

《$\boldsymbol{E}$に関するガウスの法則》　　《$\boldsymbol{B}$に関するガウスの法則》

$$\nabla\cdot\boldsymbol{E} = \frac{\rho}{\varepsilon_0}$$

ρ_+　$\boldsymbol{E}$

発散する$\boldsymbol{E}$

$$\nabla\cdot\boldsymbol{B} = 0$$

$\boldsymbol{B}$

$\boldsymbol{B}$に発散がない

図 14・1　二つのガウスの法則のイメージ.

$\boldsymbol{E}$に関するガウスの法則
$\boldsymbol{E}$に関するガウスの法則については4章で学んだ．空間のある1点の電荷密度ρが0でなければ，電界$\boldsymbol{E}$に発散・収束が生じる（$\nabla\cdot\boldsymbol{E}$が0でなくなる）ことを意味している．図14・1では発散する$\boldsymbol{E}$のみを描いているが，ρが正であれば発散する電界，ρが負であれば収束する電界ができることに注意する．つまり，電荷の正負によって発散か収束かが決まるのである．

まず，電界$\boldsymbol{E}$に関するガウスの法則（微分形）は，電荷があれば，そこから発散・収束する電界が生まれるというものであった．それに対して，磁束密度$\boldsymbol{B}$に関するガウスの法則は，$\boldsymbol{B}$には“常に”発散や収束が存在しないということを表現している．これは，図14・1に示すように，磁束密度ベクトル$\boldsymbol{B}$については，ある1点に入っていく量と出て行く量が変わらないということを意味している．これは，$\boldsymbol{E}$の世界において電荷が源となって電界の発散や収束が生み出されていたのとは大きく異なるもので，磁束密度$\boldsymbol{B}$を発散・収束的に生み出すような仕組みは存在しないことを表現している．

14・2　磁束密度に関するガウスの法則の積分形

この節では，前節で導入した磁束密度に関するガウスの法則の微分形から積分形を導いてみる．まず，その過程で必要となる**磁束**という物理量を導入する．図14・2のように，ある面Sを考える．いま，この面を磁束密度$\boldsymbol{B}$のベクトルが貫いている．このとき，この面を貫く磁束は式(14・4）で与えられる．

$$\text{磁束}\quad \Phi = \int_S \underline{\boldsymbol{B}\cdot\boldsymbol{n}}\,\mathrm{d}S \qquad (14\cdot4)$$

└─ 面を垂直に貫く成分

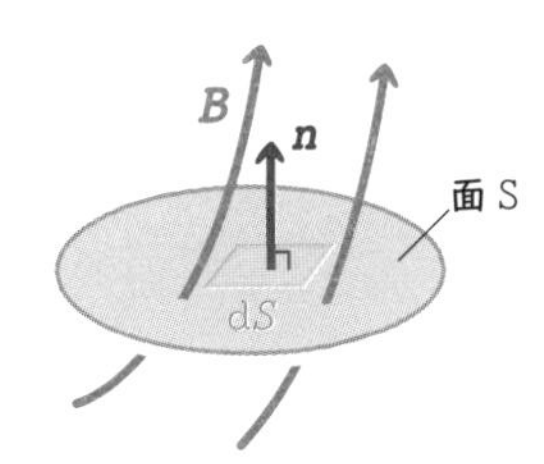

図 14・2　面Sを貫く磁束密度$\boldsymbol{B}$のイメージ．面の法線ベクトル（厳密にいうと面S上の微小面積dSの法線ベクトル）が$\boldsymbol{n}$で与えられている．

まず，磁束密度ベクトル$\boldsymbol{B}$に面Sの法線ベクトル$\boldsymbol{n}$を内積として掛けることによって，$\boldsymbol{B}$の面に垂直な成分のみを取出していることに注意する．磁束Φは，面S上の微小面積dSについて，面を貫く成分を取出してからdSを掛け，それを面全体で積分することによって求められる．つまり，磁束Φは，面Sを貫く磁束密度$\boldsymbol{B}$をすべて足し合わせたものとなっている．

図14・2では通常の面（開いた面）を考えて磁束の定義を行ったが，図14・3のように閉じた面Sを貫く磁束を考えてみよう．閉じた面に関する面積分を行うため，式(14・5）のように積分記号に○が付く．また，閉曲面の法線ベクトル$\boldsymbol{n}$は表面のすべての点において外向きであるため，$\boldsymbol{B}\cdot\boldsymbol{n}$を計算することは閉曲面を外向きに貫く$\boldsymbol{B}$の成分を抽出していることになる．つまり，それを面全体について足し合わせたものは，閉曲面Sから“外向きに”出ていく磁束密度$\boldsymbol{B}$の総和を表すのである．ここで，式(14・4）の右辺の面積分を，ガウスの定理を用いることによって体積積分に変換すると，

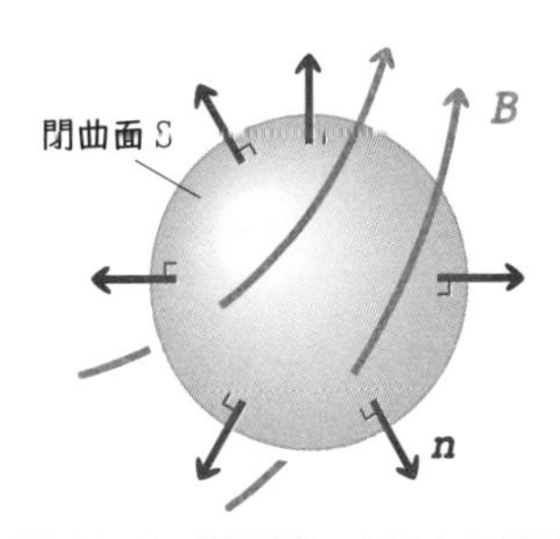

図 14・3　閉曲面Sを貫く磁束密度$\boldsymbol{B}$のイメージ.

ガウスの定理
ここまでに何度も用いてきたガウスの定理であるが，ここでも，面積分と体積積分を変換するための変換器として用いる．

$$\oint_S \boldsymbol{F}\cdot\boldsymbol{n}\,\mathrm{d}S = \int_V \nabla\cdot\boldsymbol{F}\,\mathrm{d}V$$

式(14・5) を得ることができる．

$$\Phi = \oint_S \boldsymbol{B}\cdot\boldsymbol{n}\,\mathrm{d}S = \int_V \nabla\cdot\boldsymbol{B}\,\mathrm{d}V = 0 \qquad (14\cdot5)$$

ガウスの定理

微分形より $\nabla\cdot\boldsymbol{B} = 0$

体積積分の中に $\nabla\cdot\boldsymbol{B}$ が現れるが，これは，磁束密度に関するガウスの法則の微分形を考えると常に0になる．つまり，任意の閉曲面Sを考えたときに，その面を貫く磁束の総和は0になることがわかる．ここまでの式変形から，磁束密度に関するガウスの法則の積分形を，式(14・6) のように得ることができる．

磁束密度に関するガウスの法則（積分形）

$$\oint_S \boldsymbol{B}\cdot\boldsymbol{n}\,\mathrm{d}S = 0 \qquad (14\cdot6)$$

表面を貫いて外向きに出ていく $\boldsymbol{B}$ の総和

ここで導いた積分形〔式(14・6)〕も，前節で導出した微分形〔式(14・3)〕も，磁束密度の性質について全く同じことを表現している．微分形と積分形の法則のイメージを図14・4に示す．微分形の場合は，ある1点に入っていく $\boldsymbol{B}$ と出ていく $\boldsymbol{B}$ が量的に変わらないことを表している．積分形では，ある有限の広がりをもつ体積領域について，その表面である閉曲面Sを通過して入っていく $\boldsymbol{B}$ の総量と出ていく $\boldsymbol{B}$ の総量が一致することを示している．つまり，この風船のような領域全体でみたときに，磁束密度 $\boldsymbol{B}$ の出入りの収支のバランスがとれていることを表現している．

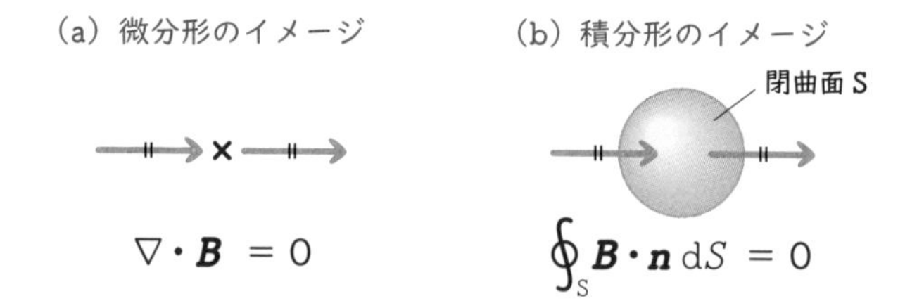

図14・4 磁束密度に関するガウスの法則のイメージ．(a)が微分形，(b)が積分形．

本章では，磁束密度 $\boldsymbol{B}$ に関するガウスの法則を導き，その意味を考えることによって，$\boldsymbol{B}$ は発散・収束をもたないベクトル場であることを学んだ．前節の繰返しになるが，静電界には，電界 $\boldsymbol{E}$ の発散・収束を生み出す機能をもつ“電荷”が存在したが，静磁界には磁束密度 $\boldsymbol{B}$ を発散・収束的につくり出すような仕組みは存在しない．発散・収束によって $\boldsymbol{B}$ をつくることができないとすると，$\boldsymbol{B}$ がつくられるプロセスはどのような法則によって，どのように表現されるのであろうか．それについては，次章において，アンペアの法則を導入することを通じて学んでいく．

演習問題

14・1　円柱座標において z 方向に流れる直線電流は，周囲の空間に以下のような磁束密度 $\boldsymbol{B}$ をつくる．磁束密度に関するガウスの法則を満たしていることを示せ．

$$\boldsymbol{B} = \frac{\mu_0 I}{2\pi r}\boldsymbol{e}_\phi$$

14・2　直交座標において，以下のような磁束密度 $\boldsymbol{B}$ のベクトル場が存在する．このベクトル場が，磁束密度に関するガウスの法則を満たしていることを示せ．

$$\boldsymbol{B} = \frac{yz}{r}\boldsymbol{e}_x + \frac{xz}{r}\boldsymbol{e}_y - \frac{2xy}{r}\boldsymbol{e}_z$$

15

アンペアの法則

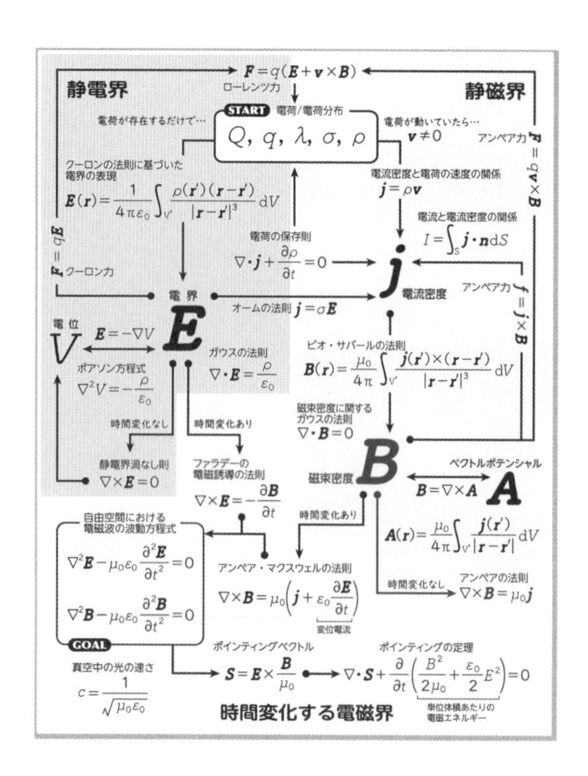

前章で学んだ磁束密度に関するガウスの法則は，磁束密度$\boldsymbol{B}$に発散・収束がないことを示すものでした．一方，5章では，時間変化がない場合，電界$\boldsymbol{E}$には発散・収束はあるものの，回転が存在しないこと（静電界渦なし則）を学びました．では，磁束密度$\boldsymbol{B}$に回転はあるのでしょうか．本章では磁束密度に回転があるのか，さらには，その回転の向きや強弱を何が決めているのか，を記述する“アンペアの法則”について学びます．まず，アンペアの法則の積分形を示したあと，それを用いて，いくつかの電流分布がつくる磁束密度を求めてみます．最後に，アンペアの法則の微分形を導き，$\boldsymbol{E}$と$\boldsymbol{B}$という二つのベクトル場の違いをまとめます．

15・1　アンペアの法則の積分形

まず，**アンペアの法則**の積分形について考えよう．図15・1に示すように面Sを貫いて上向きに流れる電流Iを考える．電流Iの周囲には磁束密度$\boldsymbol{B}$がつくられることになるが，面Sを囲むような閉回路Cを考えたとき，電流Iと磁束密度$\boldsymbol{B}$の間には式(15・1)の関係が成り立つ．

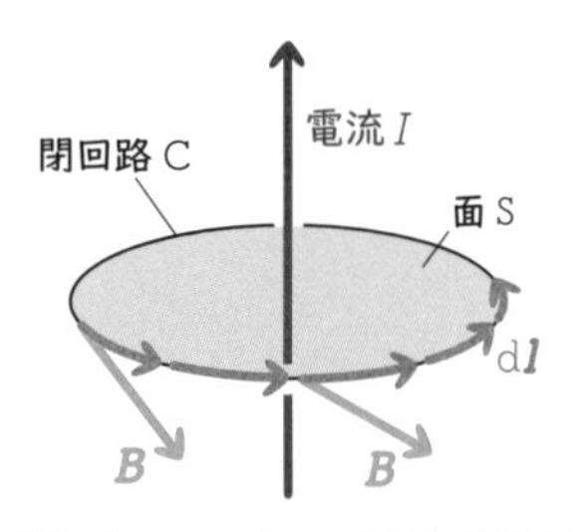

図15・1　アンペアの法則（積分形）を説明するための図．電流Iが無限長の直線電流で，閉回路Cが真円であれば$\boldsymbol{B}$とd$\boldsymbol{l}$は平行になるが，ここでは説明のために，$\boldsymbol{B}$とd$\boldsymbol{l}$がある角度をなすように描いている．

閉回路を貫く総電流

$$\oint_C \boldsymbol{B}\cdot d\boldsymbol{l} = \mu_0 I \qquad (15\cdot 1)$$

$$I=\int_S \boldsymbol{j}\cdot\boldsymbol{n}\,dS$$

$$= \mu_0\int_S \boldsymbol{j}\cdot\boldsymbol{n}\,dS \qquad (15\cdot 2)$$

式(15・1)の左辺は閉回路Cに沿って$\boldsymbol{B}$を線積分したものである．$\boldsymbol{B}\cdot d\boldsymbol{l}$を考えることによって$\boldsymbol{B}$の“経路Cに沿った成分”を抽出し，それを経路Cに沿ってすべて足し合わせたものと考えればよい．式(15・1)は，この$\boldsymbol{B}$に関する周回積分の結果が，閉回路を貫いている電流Iに真空の透磁率μ_0を掛けたものと等しくなることを表している．図15・1では，電流は1本の線に沿って流れているように描かれているが，式(15・1)の電流Iは閉回路を貫く総電流であり，電流が面Sをどのように貫いていても，総電流さえわかっていればよい．よって，電流Iと電荷密度$\boldsymbol{j}$の関係式〔式(9・1)〕を用いることで，式(15・2)を得ることができる．この$\boldsymbol{B}$と$\boldsymbol{j}$の関係をアンペアの法則（積分形）とよび，式(15・3)のように表現される．

閉回路に沿った成分の抽出
図15・1に示されているとおり，d$\boldsymbol{l}$は閉回路Cに沿った線要素ベクトルである．$\boldsymbol{B}$とd$\boldsymbol{l}$の内積を考えることで，d$\boldsymbol{l}$に沿った成分，つまり閉回路Cに沿った成分のみを抽出しているのである．

アンペアの法則（積分形）

$$\oint_C \boldsymbol{B}\cdot \mathrm{d}\boldsymbol{l} = \mu_0 \int_S \boldsymbol{j}\cdot\boldsymbol{n}\,\mathrm{d}S \tag{15・3}$$

アンペアの法則（積分形）の意味について，もう少し考えてみよう．図15・2に示されているように，ベクトル場$\boldsymbol{F}$が赤い矢印のような回転をもっている状況を考える．ここで，$\boldsymbol{F}$に沿った閉回路Cについて，$\boldsymbol{F}$の周回積分を計算する．閉回路Cの線要素ベクトル$\mathrm{d}\boldsymbol{l}$と$\boldsymbol{F}$は平行であるため，閉回路上の各点において$\boldsymbol{F}\cdot\mathrm{d}\boldsymbol{l}$は正の値をとる．つまり，それを閉回路Cに沿って周回積分して足し合わせたものも正の値をとることになる．このことから，あるベクトル場$\boldsymbol{F}$について，閉回路に沿った周回積分をとった結果が0でないときには，$\boldsymbol{F}$には回転する成分があることがわかる．

ここで，閉回路Cの向きは，回転するベクトル$\boldsymbol{F}$と同じ向きを考えている．よって，その線要素ベクトル$\mathrm{d}\boldsymbol{l}$も時計まわりを向くことになる．

回転があるかないかの判定
ここで述べた内容は，5章において“静電界渦なし則”の意味を考えたときのものと同じである．あるベクトル量に回転する成分があるかないかを確認したいときは，そのベクトルが存在する空間に閉回路を考え（回路は閉じていなければならない）その経路に沿った線積分を計算すればよい．その線積分の結果が0であれば回転はなく，0でなければ何らかの回転する成分があるということがわかる．

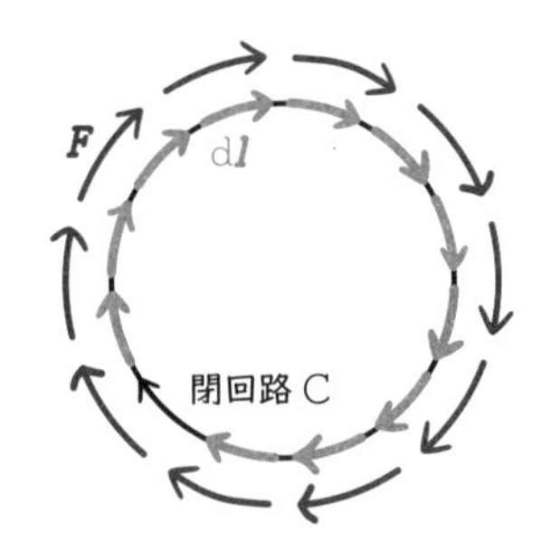

図 15・2　回転性のあるベクトル場$\boldsymbol{F}$を閉回路Cで周回積分する．

ここで，式(15・3)のアンペアの法則について考える．上で述べたことを考慮すると，左辺は$\boldsymbol{B}$に回転があるかないかを示していることになる．この$\boldsymbol{B}$の回転の有無を決めているのが右辺ということになるが，右辺が閉回路を貫く総電流であることを考えると，電流が磁束密度$\boldsymbol{B}$の回転の有無を決めているといえる．これは，電流Iがそのまわりに回転する$\boldsymbol{B}$をつくるという，これまでに学んできた内容と一致するものである．また，左辺の$\boldsymbol{B}$の周回積分の結果は，回転の有無だけではなく，回転の強さも表現している．閉回路を貫く電流が大きければ大きいほど（右辺が大きいほど），ベクトル$\boldsymbol{B}$の回転が強くなるのである．

ここまでで述べたアンペアの法則の積分形のイメージを図15・3に示す．§10・2において，磁束密度$\boldsymbol{B}$を電流に対して右ねじに巻付くベクトル量として導入したが，ここで示すイメージはその内容も踏まえたものとなっている．図15・3(a)は電流が紙面奥向きに流れている場合を示し，このとき磁束密度$\boldsymbol{B}$は電流Iに右ねじに巻付く方向，つまり時計まわりの回転をもつ．また，図15・3(b)は電流が紙面手前向きに流れている場合を示し，このとき磁束密度$\boldsymbol{B}$は反時計まわりの回転をもつ．どちらの場合も$\boldsymbol{B}$に回転があり，閉回路Cに沿って$\boldsymbol{B}$を線積分したものは0ではない有限の値をとっている．$\boldsymbol{B}$の回転の有無や大きさだけでなく，回転の方向もIによってコン

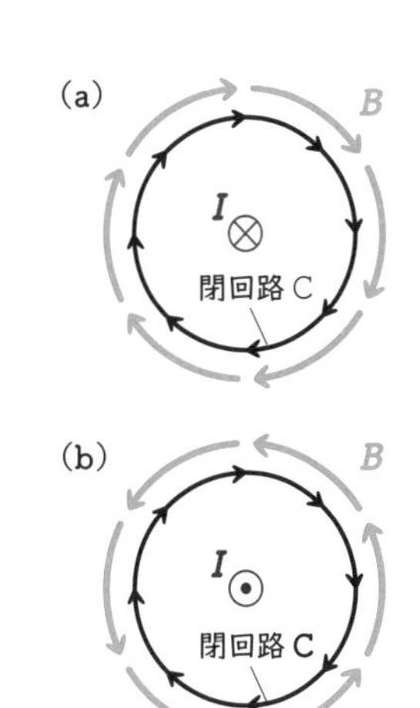

図 15・3　アンペアの法則（積分形）のイメージ．

トロールされているのである．

前章で，静磁界には，発散・収束するベクトル場としての磁束密度 $\boldsymbol{B}$ をつくり出す仕組みがないことを学んだ．本章で学んだアンペアの法則は，発散・収束する $\boldsymbol{B}$ をつくることができない代わりに，電流が源となって，そのまわりに回転する $\boldsymbol{B}$ をつくっていることを表現しているのである．

15・2 アンペアの法則の積分形を用いた磁束密度の計算例

4 章でガウスの法則の積分形を学んだときのことを思い出す．ガウスの法則は $\boldsymbol{E}$ の発散・収束的な性質を表現する法則である．同時に，電荷分布に空間的な対称性がある場合については，ガウスの法則を用いることで電界 $\boldsymbol{E}$ の空間分布が求められることを学んだ．前節で学んだアンペアの法則の積分形でも同じようなことができる．電流分布に空間的な対称性がある場合に，アンペアの法則の積分形を用いることで，比較的簡単に磁束密度 $\boldsymbol{B}$ の分布を導くことができるのである．以下では，その過程を，三つの例をあげて説明する．

■ 例 1 無限に長い直線電流がつくる磁束密度 $\boldsymbol{B}$

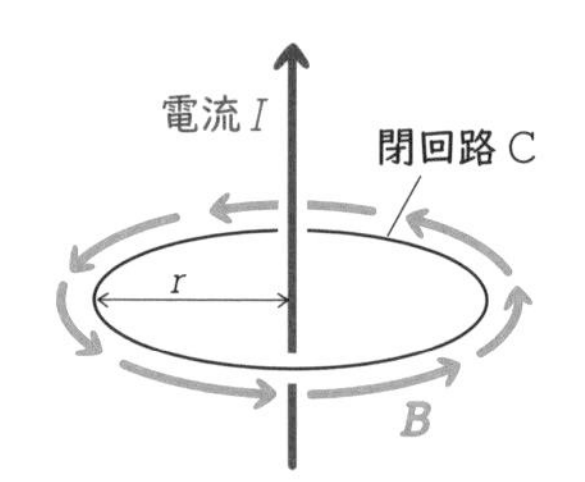

図 15・4 無限に長い直線電流 I からの距離が r の場所における $\boldsymbol{B}$ の大きさを求める．

まず，これまでに何度も考えてきた無限に長い直線電流について，アンペアの法則（積分形）を用いて，周囲にできる磁束密度の大きさを計算してみよう．図 15・4 のように，電流 I を取囲む半径 r の円形の閉回路 C を考える．このときアンペアの法則は式(15・4) のようになる．また，閉回路 C で囲まれる面 S を貫いて流れる電流は I だけなので，式(15・5) が得られる．

$$\oint_C \boldsymbol{B}\cdot \mathrm{d}\boldsymbol{l} = \mu_0 \int_S \boldsymbol{j}\cdot\boldsymbol{n}\,\mathrm{d}S \tag{15・4}$$

$$= \mu_0 I \tag{15・5}$$

ここで，対称性から，電流 I がつくる磁束密度 $\boldsymbol{B}$ は半径 r の円周上で同じ大きさとなり，経度方向（円柱座標で考えると ϕ 方向）の成分のみをもつことに注意する．このことから，アンペアの法則の左辺は，$\boldsymbol{B}$ の大きさである B に，閉回路 C の円周の長さを掛けたものになる．

対称性で得をすること
閉回路 C 上のどの場所でも $\boldsymbol{B}$ の大きさは同じなので，円周の長さを掛けるだけで，線積分をしたことになる．対称性があることによって，面倒な積分計算を回避することができている．

$$\oint_C \boldsymbol{B}\cdot \mathrm{d}\boldsymbol{l} = 2\pi r B = \mu_0 I \tag{15・6}$$

ここから，式(15・7) のように $\boldsymbol{B}$ の大きさを求めることができる．また，$\boldsymbol{B}$ は I に対して右ねじに巻付く方向に回転するベクトル量であるため，円柱座標の ϕ 成分の単位ベクトルを用いて方向を含めた表現にすることもできる．

$$B = \frac{\mu_0 I}{2\pi r} \Longrightarrow \boldsymbol{B} = \frac{\mu_0 I}{2\pi r}\boldsymbol{e}_\phi \tag{15・7}$$

式(15・7) は，ビオ・サバールの法則やベクトルポテンシャルを経由して求めてきた結果と一致している〔式(12・16)，式(13・24) 参照〕．アンペアの法則を用いることで，面倒な計算を回避して同じ結果が得られていることに注意する．

■ 例 2 同軸ケーブルの内外の磁束密度 $\boldsymbol{B}$

図 15・5 のように，逆方向に流れる 2 系統の電流によって構成されてい

るケーブルを同軸ケーブルとよぶ．図はケーブルの断面を描いたものであり，この構造が金太郎あめのように紙面垂直方向に続いている．ケーブルの内側には半径 c の円柱状導体が存在し，そこを電流 I が手前向きに一様に流れている．外側の半径 b から a の部分には，厚みをもつ筒状の導体が存在しており，この筒状の導体の断面を内側導体と同じ大きさの電流 I が奥向きに一様に流れている．ここで，中心から半径 r のところに仮想的な閉回路 C を考え（青い線で描かれた円）アンペアの法則を適用すると式(15・8)のようになる．ここで，I' はこの半径 r の仮想閉回路 C を貫く電流である．r が変わると I' も変わり，それによって仮想閉回路がある場所の磁束密度 $\boldsymbol{B}$ の大きさも変わる．なお，例 1 でみたように，対称性があるために，アンペアの法則の左辺の線積分は，式(15・9)のように磁束密度の大きさ B に円周の長さを掛けたものになる．

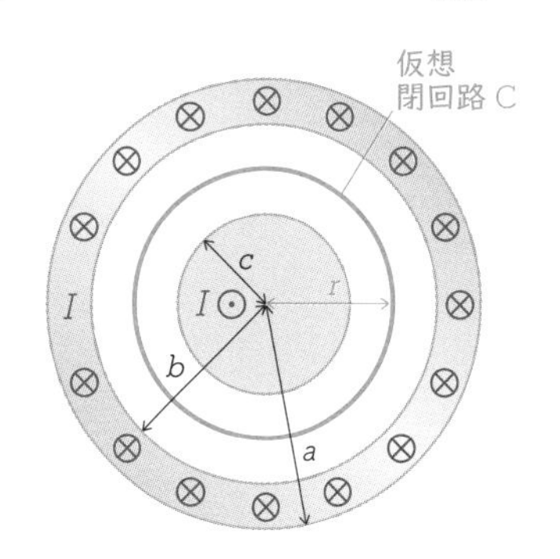

図 15・5　同軸ケーブルの断面．

$$\oint_C \boldsymbol{B} \cdot \mathrm{d}\boldsymbol{l} = \mu_0 I' \tag{15・8}$$

半径 r の仮想閉回路 C を貫く電流

対称性

$$2\pi r B = \mu_0 I' \tag{15・9}$$

ここからは，仮想閉回路 C の半径 r を段階的に大きくしていき，それぞれの場合に対応する I' を考えて式(15・9)を適用することによって，$\boldsymbol{B}$ の大きさを求める．まず，内側導体の内部に仮想閉回路を考えた場合は以下のようになる．

$r \leqslant c$ の場合

$$2\pi r B = \mu_0 I \frac{\pi r^2}{\pi c^2} \Longrightarrow B = \frac{\mu_0 I r}{2\pi c^2} \tag{15・10}$$

面積で比例配分

面積で比例配分の意味
内側導体の断面積は πc^2 であり，その面積を電流が一様に流れている．よって，電流密度の大きさは $I/\pi c^2$ になる．仮想閉回路の面積は πr^2 であるため，仮想閉回路を貫く電流は $I\pi r^2/(\pi c^2)$ のようになる．

次に，内外の導体の間の空洞領域に仮想閉回路を考えた場合，閉回路を貫く電流は内側導体を流れている I だけになるので，B は以下のように求められる．

$c < r \leqslant b$ の場合

$$2\pi r B = \mu_0 I \Longrightarrow B = \frac{\mu_0 I}{2\pi r} \tag{15・11}$$

仮想閉回路を外側導体の内部に考えた場合，外側導体を流れる電流については面積を考えて比例配分をすればよい．また，内側と外側の導体を流れる電流は逆向きなので，差し引きをする必要があることにも留意する．

$b < r \leqslant a$ の場合

$$2\pi r B = \mu_0 I - \mu_0 I \frac{\pi r^2 - \pi b^2}{\pi a^2 - \pi b^2} \Longrightarrow B = \frac{\mu_0 I}{2\pi r} \frac{a^2 - r^2}{a^2 - b^2} \tag{15・12}$$

面積で比例配分

ふたたび比例配分
外側導体の面積は $\pi a^2 - \pi b^2$ であり，その面積を電流が一様に流れている，つまり電流密度は $I/(\pi a^2 - \pi b^2)$ である．仮想閉回路と外側導体が重なっている部分の面積は $\pi r^2 - \pi b^2$ であるため，外側導体を流れる電流の寄与は，式(15・12)の左式の右辺第 2 項に示されるような形になる．

最後に同軸ケーブルの外側に仮想閉回路を考えると，その内側には逆向きに流れる大きさが同じ電流が存在しているので，総電流は差し引き 0 となる．

同軸ケーブルによる遮蔽
同軸ケーブルの外側に磁束密度 $\boldsymbol{B}$ が漏れ出すことはない．これは，ケーブル内の 2 系統の電流が，逆向きに流れていて大きさが同じであるために，アンペアの法則の右辺が打ち消されて 0 になることによるものである．

$r > a$ の場合

$$2\pi r B = 0 \implies B = 0 \quad (15 \cdot 13)$$

$\boldsymbol{B}$ はケーブルの外に出ない

■ 例 3　ソレノイドの内外の磁束密度 $\boldsymbol{B}$

図 15・6 のようにらせん状のコイルに電流が流れている．電流の大きさは I で，コイルは単位長さあたり n 回巻かれているものとする．このようなコイルをソレノイドとよぶ．ソレノイドの内外の磁束密度をアンペアの法則によって計算してみよう．

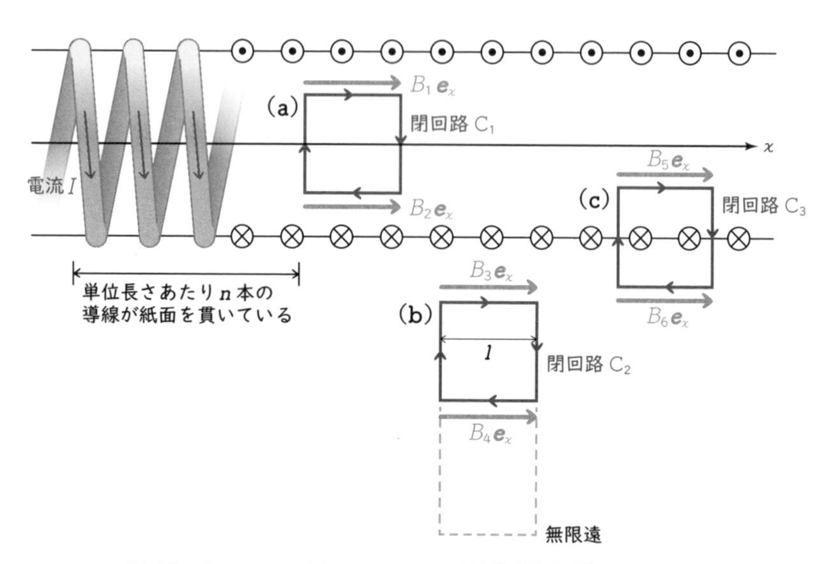

図 15・6　ソレノイドにアンペアの法則（積分形）を適用する．

まず，対称性より，ソレノイドの内外にできる磁束密度はソレノイドの軸である x 軸に沿った方向になる．これを前提として，ソレノイドの内外に閉回路を考え，アンペアの法則を適用していく．

まず始めに，ソレノイドの内部に閉回路 C_1 を考えてアンペアの法則を適用する〔図 15・6(a)〕．閉回路 C_1 には四つの辺があるが，$\boldsymbol{B}$ は x 軸に沿った成分しかもたず，その大きさは x 座標には依存しないため，上の辺の場所での $\boldsymbol{B}$ の大きさを B_1，下の辺の場所での $\boldsymbol{B}$ の大きさを B_2 とおくと，アンペアの法則における $\boldsymbol{B}$ の線積分は式 (15・14) のように書くことができる．

式 (15・14) の線積分
上下の辺の線積分は，磁束密度の大きさが辺に沿って一定であることから，$\boldsymbol{B}$ の大きさに辺の長さ l を掛けたもので表すことができる．また，左右の辺においては $\boldsymbol{B}$ と回路の線要素ベクトル $\mathrm{d}\boldsymbol{l}$ が垂直であるために線積分への寄与がない．なお，下の辺に相当する項にマイナスがついているのは，下辺において $B_2\boldsymbol{e}_x$ と $\mathrm{d}\boldsymbol{l}$ が逆向きになるためである．

(a) 内部に閉回路 C_1

$$\oint_{C_1} \boldsymbol{B} \cdot \mathrm{d}\boldsymbol{l} = \underbrace{B_1 l}_{\text{上の辺}} + 0 + \underbrace{(-B_2) l}_{\text{下の辺}} + 0 \quad (15 \cdot 14)$$

（0 の項：左右の辺）

$$= B_1 l - B_2 l = 0$$

$$\Downarrow$$

$$B_1 = B_2$$

ソレノイド内部の $\boldsymbol{B}$ は一様

ここで，閉回路 C_1 の内部を貫いて流れる電流は存在しないため，アンペアの法則の右辺は 0 になる．このことから $B_1 = B_2$ が得られる．ソレノイドの内部の任意の場所に C_1 を考えても同じ結論が得られることから，ソレノイド内部の磁束密度は，どこでも同じ大きさになることがわかる．

次にソレノイドの外部に閉回路 C_2 を考えると〔図 15・6(b)〕，C_1 のときと同じ手続きによって式(15・15) が得られる．

(b) 外部に閉回路 C_2

$$\oint_{C_2} \boldsymbol{B} \cdot \mathrm{d}\boldsymbol{l} = B_3 l - B_4 l = 0 \qquad (15 \cdot 15)$$

⇩

$$B_3 = B_4 = 0$$

C_2 の下の辺を電流から無限遠離れたところにとると $B_4 = 0$ と考えてよい

ソレノイドの内部でも外部でも，磁束密度 $\boldsymbol{B}$ は x 成分しかもたないため，左右の辺の寄与はない．上下の辺の寄与は，磁束密度の大きさに辺の長さ l を掛けたもので表すことができる．

閉回路 C_2 についても，閉回路はソレノイドの外側にあり回路を貫く電流は流れていないことから，$B_3 = B_4$ が得られる．閉回路 C_2 はソレノイドの外側であれば任意のものを考えることができるが，C_2 の下側の辺をソレノイドから無限に離れた場所にとることを考えてみる．その場所では，電流から遠いために磁束密度が存在しないとしてよいため $B_4 = 0$ とみなして構わない．つまり，B_3 も B_4 も 0 になることとなり，最終的にはソレノイドの外側であれば，どの場所でも磁束密度は 0 になると考えることができる．

これは，ソレノイドの外部に磁束密度が漏れ出さないことを意味している．

最後に，ソレノイドの電流をまたぐような閉回路 C_3 を考えて〔図 15・6(c)〕，アンペアの法則を適用すると式(15・16) が得られる．

(c) 電流をまたぐ閉回路 C_3

$$\oint_{C_3} \boldsymbol{B} \cdot \mathrm{d}\boldsymbol{l} = B_5 l - B_6 l = \mu_0 n l I \qquad (15 \cdot 16)$$

外部なので 0

⇩

$$B_5 = \mu_0 n I$$

ソレノイド内部の $\boldsymbol{B}$ は一様
大きさは $\mu_0 n I$

左辺の磁束密度の線積分についてはこれまでの場合と変わらないが，ソレノイドの外側に位置する辺では磁束密度が 0 になるので（B_6 は 0 なので），$\boldsymbol{B}$ の線積分は $B_5 l$ となる．閉回路 C_3 はソレノイドのコイルをまたぐように置かれているため，閉回路を貫く電流は nlI になる．ここから，ソレノイドの内部の磁束密度の大きさである B_5 を求めることができる．

閉回路を貫く電流
導線 1 本あたりの電流が I で，単位長さあたり n 本の導線が貫くので，単位長さあたりの電流は nI となる．閉回路 C_3 の横幅を l としているので，nI に l を掛けると閉回路を貫く総電流 nlI が求まる．

最初に閉回路 C_1 を考えたときに，ソレノイドの内部はどこでも $\boldsymbol{B}$ の大きさが同じであることを導いていた．その結果とあわせて考えると，ソレノイド内部の B はどの場所でも $\mu_0 n I$ になるという結果が得られる．また，ソレノイドの外部に $\boldsymbol{B}$ は漏れ出さず，外部では $\boldsymbol{B} = 0$ である．

15・3　アンペアの法則の微分形

アンペアの法則の積分形から出発して，微分形を導いてみよう．式(15・3)

に示されているように，アンペアの法則の積分形の左辺は線積分，右辺は面積分となっており，積分の中身を直接比較することができない．まずは，積分の次元を合わせるために，式(15・17) に示すストークスの定理を用いた式変形を行う．

$$\text{ストークスの定理} \quad \underbrace{\oint_C \boldsymbol{F} \cdot \mathrm{d}\boldsymbol{l}}_{\text{線積分}} = \underbrace{\int_S (\nabla \times \boldsymbol{F}) \cdot \boldsymbol{n}\,\mathrm{d}S}_{\text{面積分}} \qquad (15 \cdot 17)$$

ストークスの定理を用いて，式(15・3) の左辺の線積分を面積分に変換することでアンペアの法則の積分形を式(15・18) のように書きかえることができる．

$$\oint_C \boldsymbol{B} \cdot \mathrm{d}\boldsymbol{l} = \int_S (\nabla \times \boldsymbol{B}) \cdot \boldsymbol{n}\,\mathrm{d}S = \mu_0 \int_S \boldsymbol{j} \cdot \boldsymbol{n}\,\mathrm{d}S \qquad (15 \cdot 18)$$

（ストークスの定理：左辺→中辺．$\nabla \times \boldsymbol{B}$ と μ_0，$\boldsymbol{j}$ に下線：一致する必要がある）

これにより，アンペアの法則の両辺が面積分になり，直接比較をすることが可能になった．これまでにもやってきたように，どのような面 S を考えて面積分を行っても結果が一致するためには，積分の中身（被積分関数，式(15・18) で赤で下線を引いた部分）がそもそも一致している必要がある，という要請から，以下のアンペアの法則の微分形を得ることができる．

アンペアの法則（微分形）

$$\nabla \times \boldsymbol{B} = \mu_0 \boldsymbol{j} \qquad (15 \cdot 19)$$

2 章において回転の定義を示したときに述べたが，式(15・19) の $\nabla \times \boldsymbol{B}$ は，$\boldsymbol{B}$ に回転があるとき，その回転が右ねじに巻付く方向を与えるベクトルである．また，$\nabla \times \boldsymbol{B}$ が 0 ベクトルである場合，$\boldsymbol{B}$ に回転はない．つまり，$\nabla \times \boldsymbol{B}$ は，$\boldsymbol{B}$ に回転があるかないか，さらにはその回転の向きと強さを表現するベクトルとなっている．式(15・19) は，$\boldsymbol{B}$ の回転の方向および強さが，右辺に存在する電流密度ベクトル $\boldsymbol{j}$ によってコントロールされていることを示している．図 15・7 にアンペアの法則の微分形のイメージを示す．図 15・7(a) は，ある 1 点において，紙面奥向きを向く電流密度ベクトル $\boldsymbol{j}$ が存在しているとき，その周囲に $\boldsymbol{j}$ に右ねじに巻付くような $\boldsymbol{B}$ がつくられることを示している．図 15・7(b) は，紙面手前向きを向く電流密度ベクトルが存在する場合を示しており，電流密度ベクトルに右ねじに巻付くように回転する $\boldsymbol{B}$ がつくられている．

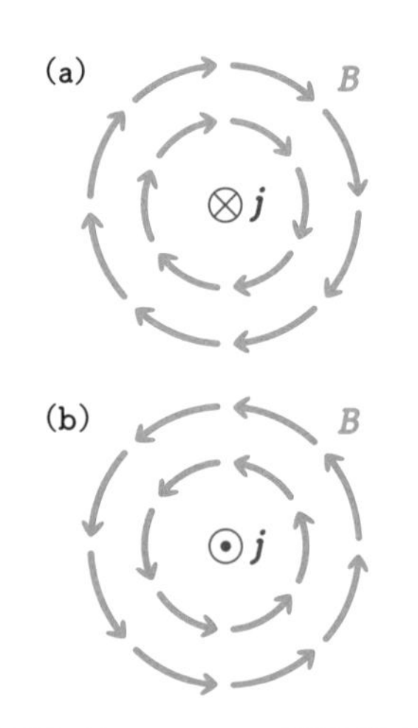

図 15・7 アンペアの法則（微分形）のイメージ．

演習問題

15・1 半径 a の無限に長い円柱の導体の中を一様な密度で定常電流が流れている．総電流を I として円柱の内側，外側の磁束密度を半径 r の関数として求めよ.

15・2　半径aの円筒と半径b（$b > a$とする）の円筒からなる同軸ケーブルがある．それらの円筒の表面に同じ大きさの一様な電流Iが軸方向に互いに逆向きに流れている．中心軸からの距離をrとして，$r < a$，$a < r < b$，$b < r$のそれぞれの領域での磁束密度の大きさを求めよ．

ADDITIONAL TIME　静電界と静磁界を比べてみよう

これまでの章では，時間変化のない静電界および静磁界について学んできた．そのまとめを図15・8に示す．

静電界は“電荷がつくり出す発散・収束の世界”である．静電界において電界$\boldsymbol{E}$に回転する要素があってはならない．その性質を記述しているのが，ガウスの法則および静電界渦なし則である．ここでは，それらの微分形のみを示している．ガウスの法則は，電荷が源となって発散・収束する電界$\boldsymbol{E}$が生み出されることを表現している．また，静電界渦なし則は，時間変化が存在しない場合，電界$\boldsymbol{E}$に回転する要素があってはならないことを要請している．

静磁界は“電流がつくり出す回転の世界”である．静磁界において磁束密度$\boldsymbol{B}$に発散・収束する要素はない．これらの性質を記述しているのが，磁束密度に関するガウスの法則およびアンペアの法則である．ガウスの法則は，いかなる場合も$\boldsymbol{B}$に発散・収束がないという非常に強い制約を与えている．また，アンペアの法則は，電流が源となって回転する磁束密度$\boldsymbol{B}$がつくり出されることを表している．

静電界と静磁界では，主役となる物理量である$\boldsymbol{E}$，$\boldsymbol{B}$の性質が鏡のように反転している点が興味深い．

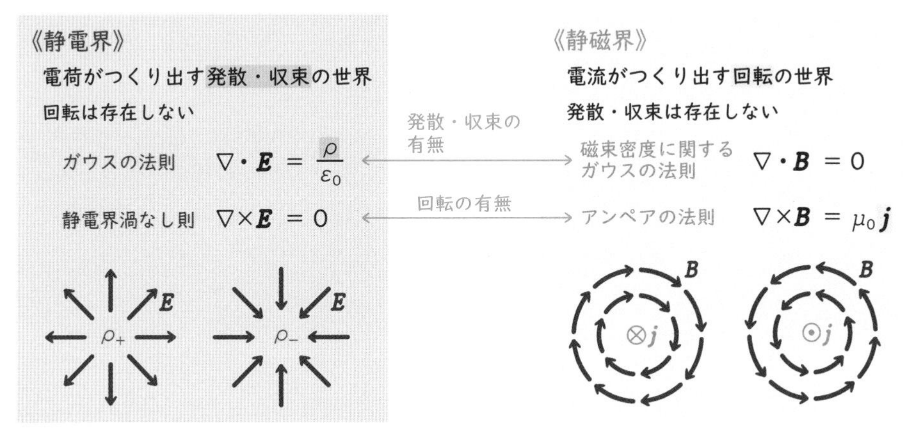

図15・8　静電界における電界$\boldsymbol{E}$と静磁界における磁束密度$\boldsymbol{B}$の性質.

16

電磁誘導の法則

本章から，$\boldsymbol{E}$ や $\boldsymbol{B}$ が“時間変化する”世界に入り込んでいきます．静電界，静磁界においては，$\boldsymbol{E}$ と $\boldsymbol{B}$ が互いに影響を及ぼしあう（一つの法則の中に $\boldsymbol{E}$ と $\boldsymbol{B}$ の両方が現れる）ことはありませんでした．しかし，時間変化する世界では，$\boldsymbol{E}$ と $\boldsymbol{B}$ が相互作用をします．本章は，時間変化する世界に入ってすぐのところに立って，“ファラデーの電磁誘導の法則”について学びます．時間変化のない静電界においては“静電界渦なし則”という法則が成り立っていましたが，時間変化が許された世界では，それがファラデーの電磁誘導の法則に置き換わります．さらに，ファラデーの電磁誘導の法則に関連する速度起電力というものについても考えます．

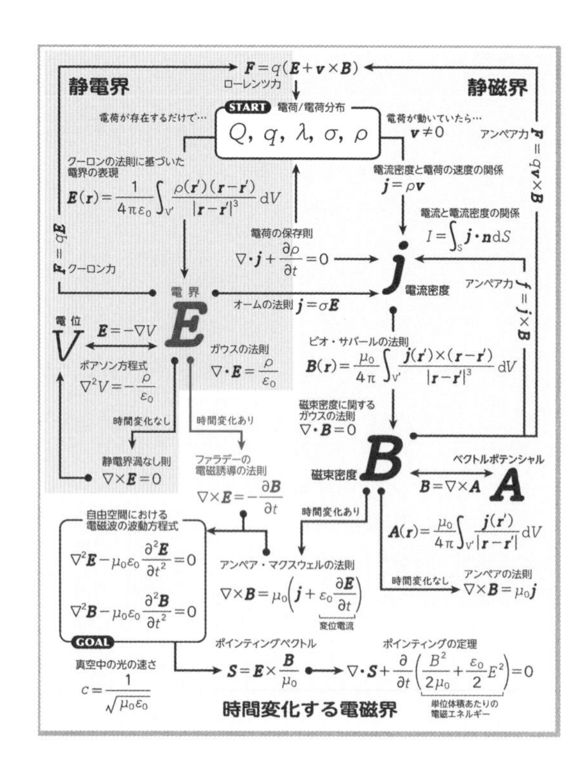

16・1 ファラデーの電磁誘導の法則

多くのみなさんが，**ファラデーの電磁誘導の法則**について一度は学んだことがあるのではないだろうか．ファラデーの電磁誘導の法則は“閉回路を貫く磁束 Φ が時間変化すると起電力 U が生じる”ことを表現している．数式を用いると式(16・1)のように表すことができる．

$$\underset{\text{起電力}}{U} = -\frac{\mathrm{d}\overset{\text{磁束}}{\Phi}}{\mathrm{d}t} \tag{16・1}$$

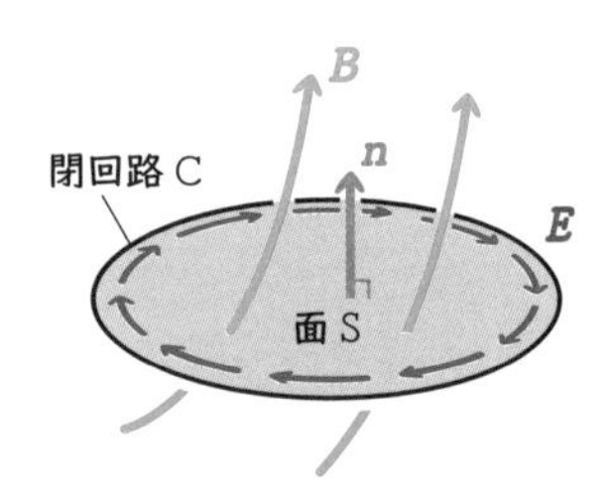

図 16・1 閉回路Cによって囲まれる面Sを考える．面Sを磁束密度 $\boldsymbol{B}$ が貫いており，この $\boldsymbol{B}$ を面Sについて足し合わせたものが磁束 Φ である．この磁束 Φ が時間変化すると，閉回路Cに沿って電界 $\boldsymbol{E}$ が誘導され，起電力 U が生じる．

左辺の起電力 U，および右辺の磁束 Φ を定義するために，図16・1のような閉回路Cを考える必要がある．起電力 U は，式(16・2)に示すように，この閉回路Cに沿って生じた電界 $\boldsymbol{E}$ を線積分によって足し合わせたものである．ここで $\mathrm{d}\boldsymbol{l}$ は閉回路Cに沿った線要素ベクトルである．また，磁束 Φ は，式(16・3)に示すように，閉回路Cによって囲まれる面Sについて，磁束密度 $\boldsymbol{B}$ を面積分したものになっている．

$$\text{起電力}\quad U = \oint_{\mathrm{C}} \boldsymbol{E}\cdot\mathrm{d}\boldsymbol{l} \tag{16・2}$$

$$\text{磁　束}\quad \Phi = \int_{\mathrm{S}} \boldsymbol{B}\cdot\boldsymbol{n}\,\mathrm{d}S \tag{16・3}$$

ファラデーの電磁誘導の法則は，閉回路を貫く磁束 Φ が時間とともに増減すると，図16・1に示すように，閉回路に沿って電界ができ，起電力が生じることを示している．ここで，磁束が変化することによってつくられる電

誘導電界とふつうの電界

磁束密度 $\boldsymbol{B}$，もしくはそれを面積分として足し合わせた磁束 Φ が時間変化することによってつくられた電界を“誘導電界”とよぶ．電荷がつくる(ふつうの)電界とは源が異なるが，本書では同じ $\boldsymbol{E}$ という記号で表現することとする．

界を**誘導電界**とよび，それに伴って発生する起電力を**誘導起電力**という．式(16・1) のUおよびΦを，式(16・2) と式(16・3) を用いて書き換えることによって，式(16・4) のようにファラデーの電磁誘導の法則の積分形を得ることができる．

ファラデーの電磁誘導の法則（積分形）

$$\oint_C \boldsymbol{E} \cdot \mathrm{d}\boldsymbol{l} = -\frac{\mathrm{d}}{\mathrm{d}t}\int_S \boldsymbol{B} \cdot \boldsymbol{n}\,\mathrm{d}S \qquad (16・4)$$

式(16・4) の左辺は，閉回路Cに沿って$\boldsymbol{E}$を周回積分したものになっている．これまでにも述べてきたように，あるベクトル量を閉じた経路に沿って周回積分したものが0でないとき，そのベクトル量は回転する要素をもつ（渦がある）．つまり，式(16・4) は，磁束Φが時間変化するとき，つまり右辺にあるΦの時間微分が0でない値をもつときに，$\boldsymbol{E}$には回転する要素があることを示している．磁束密度$\boldsymbol{B}$に時間変化があれば，回転する$\boldsymbol{E}$がつくられるのである．

式(16・4) に示されているファラデーの電磁誘導の法則は積分形であり，$\boldsymbol{E}$や$\boldsymbol{B}$を積分することによって初めて，それらの物理量の間の関係を表現することができる．次に，式(16・4) から出発して，ファラデーの電磁誘導の法則の微分形を導いてみよう．まず，式(16・5) と式(16・6) に示すように，右辺の時間微分と面積分の順番を入れ換えることを考える．

$$\oint_C \boldsymbol{E} \cdot \mathrm{d}\boldsymbol{l} = -\frac{\mathrm{d}}{\mathrm{d}t}\int_S \boldsymbol{B} \cdot \boldsymbol{n}\,\mathrm{d}S \qquad (16・5)$$

（$\boldsymbol{B}$：時間変化する，S：時間変化しない）

$$= -\int_S \frac{\partial \boldsymbol{B}}{\partial t} \cdot \boldsymbol{n}\,\mathrm{d}S \qquad (16・6)$$

（偏微分になっている）

面積分を行う面Sは時間的に変化せず，$\boldsymbol{B}$のみが時間変化するものと仮定することによって，式(16・6) のように微分記号を積分の中に入れることができていることに注意する．この段階では，式(16・6) の左辺は線積分，右辺は面積分であるため，積分の中身を直接的に比較することができない．そこで，ストークスの定理〔式(16・7)〕を用いて，左辺の線積分を面積分に置き換える．

ストークスの定理 $$\oint_C \boldsymbol{F} \cdot \mathrm{d}\boldsymbol{l} = \int_S (\nabla \times \boldsymbol{F}) \cdot \boldsymbol{n}\,\mathrm{d}S \qquad (16・7)$$

ストークスの定理を用いることによって，式(16・8) のように，ファラデーの電磁誘導の法則の積分形の左辺を面積分に変換できる．

（ストークスの定理）

$$\int_C \boldsymbol{E} \cdot \mathrm{d}\boldsymbol{l} = \int_S (\nabla \times \boldsymbol{E}) \cdot \boldsymbol{n}\,\mathrm{d}S = -\int_S \frac{\partial \boldsymbol{B}}{\partial t} \cdot \boldsymbol{n}\,\mathrm{d}S \qquad (16・8)$$

（一致する必要がある）

右辺にマイナスが付くのはなぜか？
面Sを貫く磁束が変化して生じる起電力の方向を示している．起電力の方向は，起電力によって流れる電流が磁束の変化を“妨げる”方向になる．その性質を表現するために，右辺にマイナスが付けられている．

下線部の厳密な表現は
式(16・4) に忠実に述べるならば，磁束密度$\boldsymbol{B}$を面積分して求めた磁束Φに時間変化があれば…というべきである．

全微分から偏微分に変更
式(16・6) で，微分記号が全微分から偏微分になっているのは，$\boldsymbol{B}$が空間と時間の関数であるためである．式(16・5) において$\boldsymbol{B}$を面積分した結果は時間のみの関数となる．しかし，積分を行う前の段階では，$\boldsymbol{B}$は時間だけでなく，空間の関数でもあるので，積分の中で時間微分を行う際には，“時間で微分をする”ことを明示的に表すため，偏微分に変更する必要がある．

ストークスの定理
ストークスの定理は，線積分を面積分に変換するためのベクトル解析の定理であった．詳しくは5章のコラム(35ページ) を参照．

式(16・8) から微分形へ
式(16・8) の2項目と3項目の積分の中身を直接比べる．式(16・8) の赤線の部分が同じでなければならない．

どのような面Sについて面積分を行っても式(16・8) が成り立つためには，両辺の積分の中身が一致する必要があることを思い出そう．この要請から，以下のファラデーの電磁誘導の法則の微分形を得ることができる．

ファラデーの電磁誘導の法則（微分形）

$$\nabla \times \boldsymbol{E} = -\frac{\partial \boldsymbol{B}}{\partial t} \tag{16・9}$$

式(16・9) は微分形であるため，空間のある1点（広がりのない点）において成り立つものと考えられる．ある点における電界$\boldsymbol{E}$の回転が，その点での磁束密度$\boldsymbol{B}$の時間微分にマイナスを付けたものに等しくなることを示している．

渦なし則とファラデー則
磁束密度$\boldsymbol{B}$の時間微分が0であるとき（つまり時間変化がないとき）ファラデーの電磁誘導の法則は静電界渦なし則になる．なので，ファラデーの電磁誘導の法則は，静電界渦なし則も含んでいると考えてよい．

ここで，ファラデーの電磁誘導の法則が表現していることについて考えてみよう．5章で述べたように，時間変化のない静電界においては，式(16・10) で表される“静電界渦なし則”が必ず成立した．静電界には，いかなる場合も電界$\boldsymbol{E}$に渦があってはならないという強い要請が存在したのである．これに対して，時間変化が許された世界においては，静電界渦なし則の代わりにファラデーの電磁誘導の法則が成立する．式(16・11) は，磁束密度$\boldsymbol{B}$の時間微分が0でなければ，電界$\boldsymbol{E}$に回転する成分が生まれることを意味している．

▶ 時間変化なし（静電界）

静電界渦なし則　$$\nabla \times \boldsymbol{E} = 0 \tag{16・10}$$

▶ 時間変化あり

ファラデーの電磁誘導の法則　$$\nabla \times \boldsymbol{E} = -\frac{\partial \boldsymbol{B}}{\partial t} \tag{16・11}$$

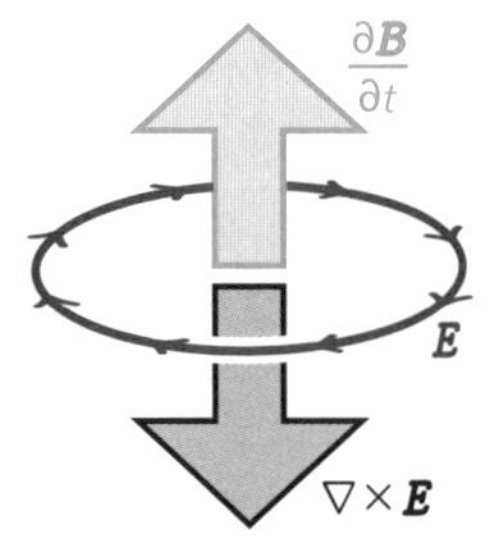

図16・2　ファラデーの電磁誘導の法則（微分形）のイメージ．上方向に$\boldsymbol{B}$の時間微分のベクトルが向いている．これは，$\boldsymbol{B}$の上方向の成分が増えていることを意味している．

ファラデーの電磁誘導の法則（特に微分形）のイメージを図16・2に示す．上方向に$\boldsymbol{B}$の時間微分のベクトルが向いているとする（緑色の矢印）．式(16・9) のファラデーの電磁誘導の法則に従うと，$\nabla \times \boldsymbol{E}$ベクトルは，この$\boldsymbol{B}$の時間微分のベクトルにマイナスを付けたもの（下向きの灰色の矢印）になる．$\boldsymbol{E}$は$\nabla \times \boldsymbol{E}$のベクトルに対して右ねじに巻付く方向の回転をもつため，電界$\boldsymbol{E}$は赤い矢印で示すような回転する渦状のベクトル場になることがわかる．つまり，ある点において$\boldsymbol{B}$が時間変化すると，その周囲に回転する要素をもつ$\boldsymbol{E}$がつくられる（周囲の空間の電界をねじって，回転を生み出す）ことを示しているのである．式(16・4) に示されているファラデーの電磁誘導の法則の積分形でも，表現は異なるが，磁束に時間変化があれば電界がねじられて経路Cに沿って回転する要素をもつようになることを意味している．

16・2　速度起電力

この節では，ファラデーの電磁誘導の法則に関連する**速度起電力**について考えてみたい．前節で，ファラデーの電磁誘導の法則の積分形から微分形を導出する際に，時間微分と面積分の順序を入れ換えたことを覚えているだろうか．このときは，時間変化するのは $\boldsymbol{B}$ のみで面Sは時間変化しないという仮定をおくことで，微分と積分の入れ換えが可能になった．しかし実際には，閉回路Cが動くと面積分を行う面Sも変わることになるため，式(16・5) から式(16・6) にかけて行った微積分の入れ換えは一般には成立しない．ここからは磁束密度 $\boldsymbol{B}$ と面Sの双方が時間変化する状況を考えていく．この場合，式(16・12) に示すように，式(16・6) の右辺に加えて，"閉回路が動いたことによる磁束の変化がつくり出す起電力"も考える必要がある．この追加分が速度起電力とよばれるものである．

式(16・5) から式(16・6) にかけて微積分の順序を入れ換えた．

$$\int_{\mathrm{C}} \boldsymbol{E}\cdot \mathrm{d}\boldsymbol{l} = -\frac{\mathrm{d}}{\mathrm{d}t}\int_{\mathrm{S}} \boldsymbol{B}\cdot\boldsymbol{n}\,\mathrm{d}S$$

（$\boldsymbol{B}$：時間変化する，S：閉回路が動くとSも変化する）

$$= -\int_{\mathrm{S}} \frac{\partial \boldsymbol{B}}{\partial t}\cdot\boldsymbol{n}\,\mathrm{d}S + \text{速度起電力} \qquad (16\cdot 12)$$

速度起電力を導くために図16・3のような状況を考える．空間に磁束密度 $\boldsymbol{B}$ がベクトル場として存在しており，時刻 $t=0$ に閉回路Cが図の下側（水色の円）に位置している．閉回路Cは時刻 $t=\Delta t$ に（Δt 秒後に）図の上側（赤色の円）に移動し，これを閉回路C′とよぶことにする．閉回路C，閉回路C′によって囲まれる面をそれぞれ面S，面S′とする．図16・3では空間に存在する磁束密度 $\boldsymbol{B}$ のベクトル場は時間変化しない，つまり，$\boldsymbol{B}$ はカチッと固まって動かない．しかし，場所によって $\boldsymbol{B}$ の大きさや方向は異なる．そのため，面Sが異なる場所に移動すると，その面を貫く $\boldsymbol{B}$ の総量（磁束 Φ）が変わり，ファラデーの電磁誘導の法則によって起電力が生じることになるのである（これが速度起電力）．

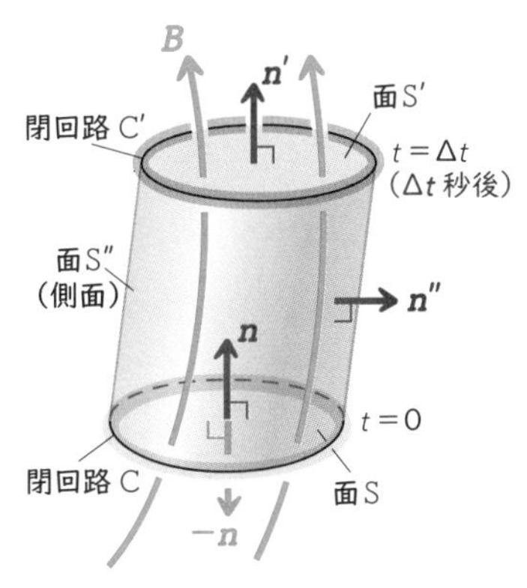

図16・3　時間変化しない磁束密度 $\boldsymbol{B}$ のベクトル場の中を移動する閉回路．

速度起電力を求めるために，閉回路が移動したことによる磁束の変化 $\Delta\Phi$ を計算してみよう．式(16・13) は $\Delta\Phi$ を書きくだしたものであるが，ここでは面S′の法線ベクトルを $\boldsymbol{n}'$，面Sの法線ベクトルを $\boldsymbol{n}$ としている．また，面S′上の場所を与える位置ベクトルを $\boldsymbol{r}'$，面S上の場所を与える位置ベクトルを $\boldsymbol{r}$ とする．

$$\Delta\Phi = \underbrace{\int_{\mathrm{S}'} \boldsymbol{B}(\boldsymbol{r}')\cdot\boldsymbol{n}'\,\mathrm{d}S}_{t=\Delta t\text{での磁束}} - \underbrace{\int_{\mathrm{S}} \boldsymbol{B}(\boldsymbol{r})\cdot\boldsymbol{n}\,\mathrm{d}S}_{t=0\text{での磁束}} \qquad (16\cdot 13)$$

式(16・13) の意味
$t=\Delta t$ において面S′を貫く磁束から，$t=0$ において面Sを貫く磁束を差し引くことによって，磁束の変化分 $\Delta\Phi$ を求めている．

ここで少し唐突ではあるが，図16・3に描かれている円柱状の閉曲面（灰色の円柱）に対して，磁束密度に関するガウスの法則の積分形〔式(14・6) 参照〕を適用してみよう．その閉曲面を貫く磁束は式(16・14) の左辺のように表され，積分の結果は常に0にならなければならない．

$$\oint_{\mathrm{S}+\mathrm{S}'+\mathrm{S}''} \boldsymbol{B}\cdot\boldsymbol{n}\,\mathrm{d}S = 0 \qquad (16\cdot 14)$$

円柱状の閉曲面は
円柱状の閉曲面は，図16・3に示すようにS, S′, S″という三つの面によって囲まれている（S″が側面）．ここではこの閉曲面をS+S′+S″と表現する．

左辺の$\boldsymbol{B}$の面積分はS，S′，S″の三つの面について式(16・15)のように分解することができる．

右辺の第1項にマイナスが付く理由
式(16・14)の閉曲面に関する面積分では，法線ベクトルは常に外向きにとらなければならない．一方，図16・3の面Sの法線ベクトル$\boldsymbol{n}$は閉曲面に対して内向きである．よって，式(16・15)では外向きの法線ベクトルを$-\boldsymbol{n}$と表す必要があるため，第1項にマイナスが付くことになる．

$$\text{左辺} = \underbrace{\overbrace{-\int_{\mathrm{S}} \boldsymbol{B}(\boldsymbol{r})\cdot\boldsymbol{n}\,\mathrm{d}S}^{\text{下面}} + \overbrace{\int_{\mathrm{S}'} \boldsymbol{B}(\boldsymbol{r}')\cdot\boldsymbol{n}'\,\mathrm{d}S'}^{\text{上面}}}_{\Delta\Phi\text{と同じ}} + \overbrace{\int_{\mathrm{S}''} \boldsymbol{B}(\boldsymbol{r}'')\cdot\boldsymbol{n}''\,\mathrm{d}S''}^{\text{側面}}$$
$$= 0 \qquad (16・15)$$

式(16・15)の1行目の赤線をひいた2項をみると，式(16・13)で示した$\Delta\Phi$に等しいことがわかる．つまり，$\Delta\Phi$は式(16・16)に示すように側面S″の寄与のみで表現することができる．

$$\Delta\Phi = -\int_{\mathrm{S}''} \underbrace{\boldsymbol{B}(\boldsymbol{r}'')\cdot\boldsymbol{n}''\,\mathrm{d}S''}_{\text{被積分項}} \qquad (16・16)$$

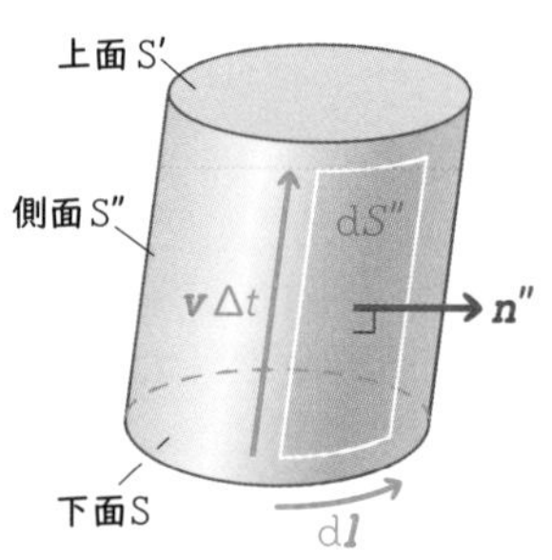

図16・4　側面を貫く磁束を求めるための面積分を線積分に書き換える作業．d$\boldsymbol{l}$と$\boldsymbol{v}\Delta t$の外積が$\boldsymbol{n}''$の方向と同じになっている．また，dS''がd$\boldsymbol{l}$と$\boldsymbol{v}\Delta t$の大きさを掛けたものに一致することから，式(16・17)の変形が成り立つ．

ここで式(16・16)の被積分項に着目して，図16・4を参照しながら$\boldsymbol{n}''\mathrm{d}S''$を書き換えると，式(16・17)が得られる．$\boldsymbol{v}$は，面Sが移動する速度を表している．d$S''$という面要素が，面Sを囲む経路の線要素d$\boldsymbol{l}$と面の移動距離$\boldsymbol{v}\Delta t$によって張られる（つくられる）面になっていることによって，$\boldsymbol{n}''\mathrm{d}S''$を近似的に書き換えることができている．

$$\boldsymbol{B}(\boldsymbol{r}'')\cdot\boldsymbol{n}''\,\mathrm{d}S'' = \boldsymbol{B}(\boldsymbol{r}'')\cdot(\mathrm{d}\boldsymbol{l}\times\boldsymbol{v}\Delta t) \qquad (16・17)$$

さらに，式(16・18)に示すベクトル公式を用いて変形を行う．

$$\boldsymbol{a}\cdot(\boldsymbol{b}\times\boldsymbol{c}) = (\boldsymbol{c}\times\boldsymbol{a})\cdot\boldsymbol{b} \qquad (16・18)$$

最終的に，式(16・16)の被積分関数を式(16・19)のように表すことができる．

$$\boldsymbol{B}(\boldsymbol{r}'')\cdot\boldsymbol{n}''\,\mathrm{d}S'' = (\boldsymbol{v}\Delta t\times\boldsymbol{B}(\boldsymbol{r}''))\cdot\mathrm{d}\boldsymbol{l} \qquad (16・19)$$

この結果から，式(16・16)の面積分を線積分に変換することができ，$\Delta\Phi$を式(16・20)のように表現することができる．

$$\Delta\Phi = -\oint_{\mathrm{C}} (\boldsymbol{v}\Delta t\times\boldsymbol{B})\cdot\mathrm{d}\boldsymbol{l} \qquad (16・20)$$

ここで，$\Delta\Phi$はΔtという有限の時間の間の磁束の変化量であるが，Δtについて極限をとることによって，磁束Φの時間微分を式(16・21)のように表すことができる．これが，閉回路が動くことによって面を貫く磁束が変化した結果として生じる速度起電力である．

$$-\frac{\mathrm{d}\Phi}{\mathrm{d}t} = -\lim_{\Delta t\to 0}\frac{\Delta\Phi}{\Delta t}$$
$$= \underbrace{\oint_{\mathrm{C}} (\boldsymbol{v}\times\boldsymbol{B})\cdot\mathrm{d}\boldsymbol{l}}_{\text{速度起電力}} \qquad (16・21)$$

式(16・21) で求められた速度起電力を，式(16・12) に戻すことで，ファラデーの電磁誘導の法則の積分形を式(16・22) のように表現することができる．

$$\oint_C \boldsymbol{E}\cdot d\boldsymbol{l} = -\int_S \frac{\partial \boldsymbol{B}}{\partial t}\cdot \boldsymbol{n}\,dS + \oint_C (\boldsymbol{v}\times\boldsymbol{B})\cdot d\boldsymbol{l} \qquad (16\cdot 22)$$

起電力　*B* そのものの時間変化による起電力　Cが動くことに伴う磁束の変化から生じる“速度起電力”

式(16・22) の右辺第 2 項は，閉回路が速度 $\boldsymbol{v}$ で動くことによって，回路に沿って $\boldsymbol{v}\times\boldsymbol{B}$ に相当する電界（誘導電界）が生じ，それが速度起電力をつくり出していることを示している．

ここまでの流れを踏まえて，この速度起電力がファラデーの電磁誘導の法則の微分形にどのように入ってくるのかを考えてみよう．$\boldsymbol{B}$ のみが時間変化し，$\boldsymbol{E}$ や $\boldsymbol{B}$ を考えている点が静止している場合は，これまでと同じ式(16・23) になる．しかし，$\boldsymbol{B}$ が時間変化するだけでなく，$\boldsymbol{E}$ や $\boldsymbol{B}$ を考えている点が速度 $\boldsymbol{v}$ で動いている場合，式(16・24) のように速度起電力に関係する項 $\nabla\times(\boldsymbol{v}\times\boldsymbol{B})$ が右辺に付加されることになる．

▶ *B* のみが時間変化，考えている点は静止

$$\nabla\times\boldsymbol{E} = -\frac{\partial \boldsymbol{B}}{\partial t} \qquad (16\cdot 23)$$

▶ *B* は時間変化，考えている点も動く

$$\nabla\times\boldsymbol{E} = -\frac{\partial \boldsymbol{B}}{\partial t} + \nabla\times(\boldsymbol{v}\times\boldsymbol{B}) \qquad (16\cdot 24)$$

考えている点が動く速度

式(16・22) までは動く閉回路を考えていたが，もう閉回路という広がりのある領域を考えなくても，考えている点が動いている場合には，その動きに伴う誘導電界が発生し，式(16・24) が成り立つのである．この速度起電力を生み出す誘導電界の起源については，次ページのコラムで詳しく述べる．

起電力を生み出す二つの要素
磁束の時間変化が起電力を生み出すというファラデーの電磁誘導の法則が変わるわけではない．ここでは，1) 磁束密度 *B* そのものが時間変化することによる磁束の変化，2) 閉回路 C が動くことによる磁束の変化，を分けて表現しているだけである．

誘導電界 *v*×*B*
式(16・22) の左辺の起電力は，電界を閉回路 C について線積分したものとなっている．一方，右辺第 2 項の速度起電力は，$\boldsymbol{v}\times\boldsymbol{B}$ を同じ経路で線積分したものになっている．つまり，閉回路 C が動くことによって，$\boldsymbol{v}\times\boldsymbol{B}$ という電界（誘導電界）が現れていると考えることができる．

“考えている点” とは
その点において $\boldsymbol{E}$ や $\boldsymbol{B}$ の計測を行い，そこで計測した物理量に基づいてファラデーの電磁誘導の法則を考えようとしている点をイメージする．考えている点が動く場合についてより厳密にいうと，慣性座標系に対して相対速度 $\boldsymbol{v}$ で動く座標系に乗った点ということができる．

演 習 問 題

16・1　辺の長さが a, b の長方形コイルが xy 面に置かれており，コイルには抵抗 R が接続されている．このコイルに時間変化する磁束密度 $\boldsymbol{B} = B_0\{1-\exp(-kt)\}\boldsymbol{e}_z$ をかけた．コイルに発生する起電力と生じる電流の大きさを求めよ．

16・2　z 軸正の方向を向き，x とともに大きさが変わる磁束密度 $\boldsymbol{B} = B_0 x \boldsymbol{e}_z$ がある．xy 面内に，x 軸方向の長さ a，y 軸方向の長さ b の長方形コイルを置き，x 軸正の方向に速さ v で等速度運動させた．次の問いに答えよ．

(a) 時刻 t のときの磁束を求めよ．長さ b の辺で y 軸に近いほうは $x = vt$ にあるとする．

(b) 時刻 t のときに流れる電流の大きさを正の値で答えよ．コイルの抵抗は R とする．

(c) 作図をして，(b) の電流の向きとそれがコイル内につくる磁束密度の向きを示せ．

(d) 速度起電力の立場で考えて，生じる電界 $\boldsymbol{E}$ の向きも (c) の図に書け．4 辺すべてに何か書くこと．電界がゼロと思う場合には，その旨を明示すること．

(e) この電界を周回積分すると起電力となる．各辺の電界は起電力にどのように寄与しているか．簡単に文章で述べよ．

ADDITIONAL TIME　ファラデーの電磁誘導の法則 “再考”

“ファラデーの電磁誘導の法則” と “速度起電力” の間にはどのような関係があるのだろうか．ここでは，みなさんがよく知っている (であろう) 例を取上げて，ファラデーの電磁誘導の法則について (特に速度起電力との関係について) 再考してみたい．図 16・5 に示すように，抵抗 R を含むコの字形の導線が水平に置かれている．この空間には，どの場所にも上向きに磁束密度 $\boldsymbol{B}$ が存在しており，その大きさは一様であるものとする (どの場所でも $\boldsymbol{B}$ は同じ)．コの字形の導線の上に，円柱状の導体棒が置かれており，右方向に速度 $\boldsymbol{v}$ で動いている．このときこの回路に生じる起電力 U，もしくは流れる電流 I について，二つの異なる (ようにみえる) 立場に立って考えてみよう．

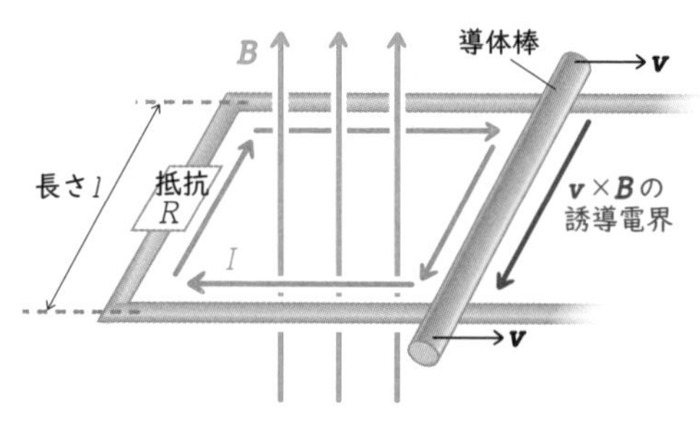

図 16・5　一様な磁束密度 $\boldsymbol{B}$ が存在する空間に置かれたコの字形の導線と動く導体棒からなる閉回路．

まず，式 (16・4) に示すファラデーの電磁誘導の法則の “積分形” を素直にあてはめることを考えよう．この立場で考える場合，コの字形の導線と導体棒でできる閉回路を貫く磁束 Φ を求め，その時間微分をとることによって回路に生まれる起電力 U を計算することができる．$t=0$ の時刻に導体棒がある場所にあったとして，そこから $t=t$ の時刻まで移動したときに，導体棒が通過した面積は vtl と表せる．この面積は閉回路の面積の増大分に相当するため，$t=0$ から $t=t$ までの磁束の増加量は式 (16・25) のように表すことができる．

$t=0$ から $t=t$ までの磁束の増加

$$\Phi = Bvtl \tag{16・25}$$

(vtl：時間 t の間に導体棒が通過した面積)

ファラデーの電磁誘導の法則の積分形を考えると，この磁束の時間微分に相当する大きさの起電力 U が閉回路に働く．起電力の大きさは Φ を時間微分することで式 (16・26) のように求められる．

$$|U| = \left|-\frac{\mathrm{d}\Phi}{\mathrm{d}t}\right| = \frac{\mathrm{d}}{\mathrm{d}t}Bvtl = Bvl \tag{16・26}$$

ここまでの考え方は，導体棒の移動によって閉回路の面積が大きくなるため，閉回路を貫く磁束が増大し，その増大を妨げる方向に起電力 U が働く，というふうにとらえることができる．また，閉回路には抵抗 R が含まれているため，閉回路には式 (16・27) で示されるような電流 I が流れることになる．

$$I = \frac{U}{R} = \frac{Bvl}{R} \tag{16・27}$$

実際に，図中に青い矢印で示した方向に電流が流れることになるが，電流は，閉回路の内部に下向きの $\boldsymbol{B}$ をつくり出し，確かに，導体棒の移動に伴う磁束の増大を妨げる方向になっていることがわかる．

次に，§16・2で導入した速度起電力の考え方を使って起電力の発生を理解してみよう．§16・2で学んだように，$\boldsymbol{B}$が存在する空間において$\boldsymbol{v}$で動く導体棒には$\boldsymbol{v}\times\boldsymbol{B}$の誘導電界が生じる．今，$\boldsymbol{B}$は上向き，$\boldsymbol{v}$は右向きなので，誘導電界$\boldsymbol{v}\times\boldsymbol{B}$は図16・5の中の赤い矢印で描かれたような方向となる．導体棒の長さlの部分にこの誘導電界が一様に発生するため，それによる起電力Uを式(16・28）のように求めることができる．

$$U = |\boldsymbol{v}\times\boldsymbol{B}|\,l = vBl \qquad (16\cdot 28)$$

（誘導電界を長さlにわたって積分している）
（$\boldsymbol{v}\perp\boldsymbol{B}$なので大きさは$vB$になる）

ここで求められている起電力Uは，ファラデーの電磁誘導の法則を使って磁束の変化から求めた式(16・26）と完全に一致する．導体棒の長さlの部分に起電力Uが発生し，この部分が電池のような働きをすることで，閉回路には，やはり青い矢印で示されている方向に，式(16・29）のような電流Iが流れる．

$$I = \frac{U}{R} = \frac{vBl}{R} \qquad (16\cdot 29)$$

当然であるが，一つ目の立場で，ファラデーの電磁誘導の法則の積分形を用いた場合と同じ結果が得られる．なお，この例では$\boldsymbol{B}$そのものに時間変化がないため，それに伴う起電力は発生していない．あくまでも，動く導体棒に誘導される電界が起電力の源となっていることに注意する．

もう少しだけ踏み込んで，$\boldsymbol{v}\times\boldsymbol{B}$で表される誘導電界の源について考えてみよう．図16・5で考えた動く導体棒を拡大して近視眼的に見たものを図16・6に示す．

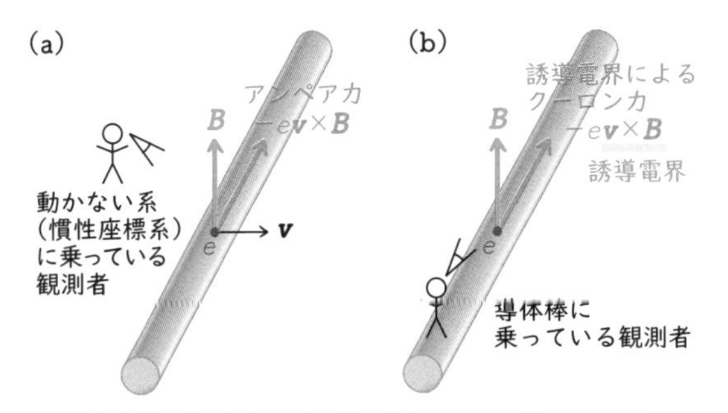

図16・6 動く導体棒に働く誘導電界の源は何か．

まず，図16・6(a）は，動く導体棒を動かない座標系（慣性座標系）に乗った観測者が見ている場合を示している．動く導体棒の中には，7章で学んだように自由電子が存在している．この自由電子は導体とともに動くため，観測者から見ると，図の右側に向かって速度$\boldsymbol{v}$で運動していることになる．速度をもつ荷電粒子にはアンペア力$q\boldsymbol{v}\times\boldsymbol{B}$が働くが，自由電子の電荷は負（$-e$）であるため，$-e\boldsymbol{v}\times\boldsymbol{B}$の力がかかることになり，これは導体棒に沿って奥向きとなる（$\boldsymbol{v}\times\boldsymbol{B}$誘導電界とは逆向き）．自由電子はこのアンペア力によって奥向きに運動する．同じ状況を，今度は導体棒に乗った（速度$\boldsymbol{v}$で導体棒とともに動く系に乗っている）観測者が見ている場合を考えてみる〔図16・6(b)〕．この系で見ても，電子は$-e\boldsymbol{v}\times\boldsymbol{B}$の力を受けて奥向きに運動していることは変わらない．しかし，導体棒に乗った観測者からすると導体棒の速度が見えなくなっているため（導体棒と一緒に動いているので観測者から見ると導体棒は動いていない），その系ではアンペア力はかかっていないことになる．そこで，この奥向きの運動が，$\boldsymbol{v}\times\boldsymbol{B}$誘導電界によるクーロン力が働くことによるものであると考える．この$\boldsymbol{v}$で動く系において$\boldsymbol{v}\times\boldsymbol{B}$という新たな電界が発生したと考えるのである．つまり，速度$\boldsymbol{v}$で動く系で速度起電力（$\boldsymbol{v}\times\boldsymbol{B}$誘導電界）ができる原因は，元をたどれば慣性座標系で働いているアンペア力$q\boldsymbol{v}\times\boldsymbol{B}$ということになる．

この話から，純粋な磁束密度$\boldsymbol{B}$の時間変化に伴う起電力と速度起電力の起源は別であると考えたほうがよさそうであることがわかる．式(16・22）のようにそれぞれの寄与を明確に分けた形のファラデーの電磁誘導の法則においては，その違いが明確になっている．

$$\oint_C \boldsymbol{E}\cdot \mathrm{d}\boldsymbol{l} = -\int_S \frac{\partial \boldsymbol{B}}{\partial t}\cdot\boldsymbol{n}\,\mathrm{d}S + \oint_C (\boldsymbol{v}\times\boldsymbol{B})\cdot \mathrm{d}\boldsymbol{l}$$

（起電力）（$\boldsymbol{B}$そのものの時間変化による起電力）（速度起電力）

(16・22，再掲)

しかし，式(16・4）のように双方の寄与を混ぜた形の表現では，速度起電力の寄与が磁束の時間変化に“押し込められている（含まれている）”ことになる．

ファラデーの電磁誘導の法則（積分形）

$$\oint_C \boldsymbol{E}\cdot \mathrm{d}\boldsymbol{l} = -\frac{\mathrm{d}}{\mathrm{d}t}\int_S \boldsymbol{B}\cdot\boldsymbol{n}\,\mathrm{d}S$$

(16・4，再掲)

このように，起源が異なる二つの起電力を混在させていても，ファラデーの電磁誘導の法則の積分形に矛盾が出てこないことは非常に興味深い．

17

インダクタンス，磁気エネルギー

前章で学んだファラデーの電磁誘導の法則は，磁束密度$\boldsymbol{B}$（磁束Φ）に時間変化があるとき，電界$\boldsymbol{E}$（起電力U）が生まれる（誘導される）ことを示すものでした．本章では，ファラデーの電磁誘導の法則に関連して現れるインダクタンスというものについて学びます．インダクタンスは，単一のコイルもしくはコイルの集団について，起電力の誘導されやすさを示します．また，静電界の静電エネルギーに対応して，磁界に現れる磁気エネルギーについても本章で導入します．8章『コンデンサ，静電エネルギー』で学んだ静電界の話と対比させながら内容を理解することが大切です．

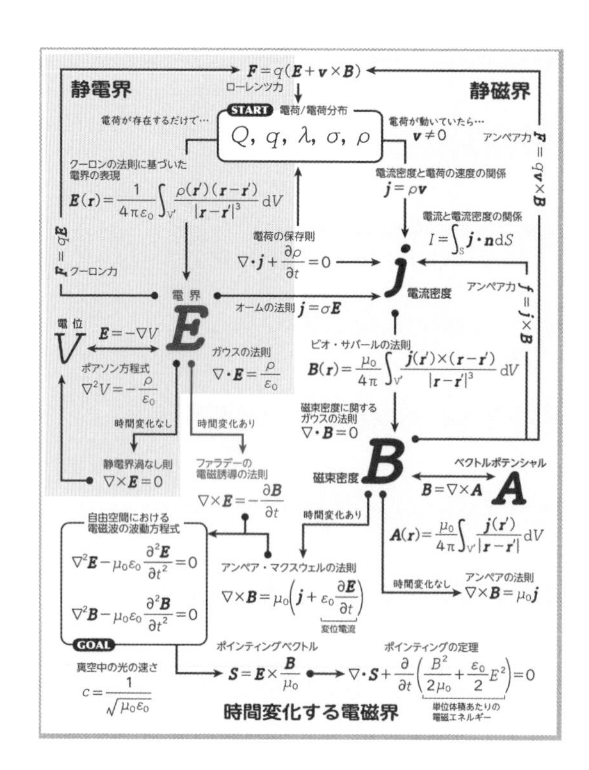

17・1　インダクタンス

前章で学んだファラデーの電磁誘導の法則の積分形を，もう一度示す．

$$\underbrace{\oint_C \boldsymbol{E}\cdot\mathrm{d}\boldsymbol{l}}_{\text{起電力}} = -\frac{\mathrm{d}}{\mathrm{d}t}\underbrace{\int_S \boldsymbol{B}\cdot\boldsymbol{n}\,\mathrm{d}S}_{\text{磁束}}$$

ある閉回路Cを貫く磁束に変化があると，その変化を妨げる方向に起電力が発生することを表している．ここで，図17・1のような二つの隣接するコイルを考えてみよう．コイル1には青い矢印で示されている方向に電流I_1が流れていて，コイル1を上向きに貫く磁束密度$\boldsymbol{B}$をつくり出している．ここで，コイル1の1巻分の磁束Φ_1の大きさは，I_1の大きさに比例することに注意する．コイルに流す電流を大きくすればするほど，コイルの内部につくられる磁束が大きくなるためである．N巻分の磁束もI_1に比例することから，その比例係数をL_1とすると式(17・1)のような表現が得られる．

$$\Phi_1 \propto I_1 \quad \Longrightarrow \quad \underbrace{N\Phi_1}_{N\text{巻分の磁束}} = \underbrace{L_1}_{\text{自己インダクタンス}} I_1 \qquad (17\cdot 1)$$

電流とコイルを貫く総磁束（今の場合N巻き分の磁束）の間の比例係数を**自己インダクタンス**とよび，Lを用いて表す．式(17・1)でLの添字が1なのは，コイル1を流れる電流がコイル1に（自己的に）つくり出す磁束を考えているためである．

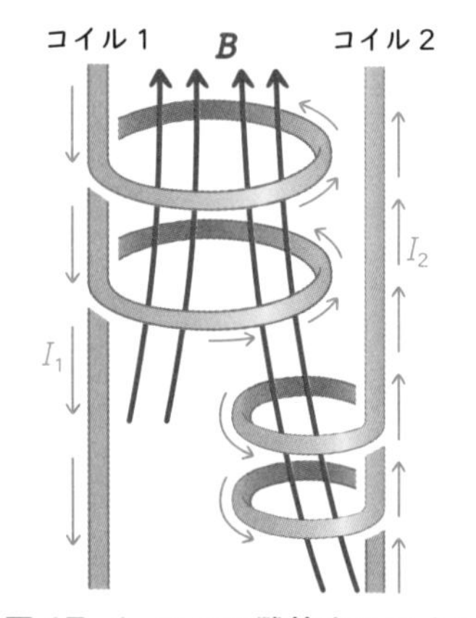

図17・1　二つの隣接するコイル（コイル1とコイル2）．それぞれのコイルを流れる電流I_1，I_2は，電流に対して右ねじに巻付くような$\boldsymbol{B}$をつくり出す．そのため，これらのコイルの内部には上向きの$\boldsymbol{B}$が発生する．

***L*はコイルごとに固有の量**
Lはコイルの巻数や形状によって決まる“コイルごとに固有の量”である．静電容量Cがコンデンサごとに決まる固有の量であることと似ている．

ここで，I_1 が時間とともに変化する状況を考えてみよう．I_1 が変化すると Φ_1 が変化するため，コイル 1 に起電力 U_{11} が発生する．ファラデーの電磁誘導の法則は，この起電力がコイルを貫く総磁束 $N\Phi_1$ の時間変化によって与えられることを示しており，U_{11} は式(17・2) のように自己インダクタンス L_1 を用いて表現できる．

$$\underset{\text{起電力}}{U_{11}} = -\frac{\mathrm{d}}{\mathrm{d}t}(N\Phi_1) = -L_1\frac{\mathrm{d}I_1}{\mathrm{d}t} \tag{17・2}$$

起電力 U_{11}
コイル 1 に流れる電流の時間変化によってコイル 1 に生じる起電力なので，添字が 11 になっている．自分自身のコイルに（自己的に）発生する起電力である．

図 17・1 に描かれているように，コイル 1 の近傍にはコイル 2 が存在している．コイル 2 には電流 I_2 が流れており，この電流がつくる磁束はコイル 2 だけでなく，コイル 1 も貫くことになる．I_2 によってコイル 1 につくられる 1 巻分の磁束 Φ_{12} は I_2 に比例するため，N 巻分の総磁束は式(17・3) のように表される．

$$N\Phi_{12} = M_{12}I_2 \tag{17・3}$$

（Φ_{12}：2 から 1 への影響，M_{12}：相互インダクタンス）

相互インダクタンス M_{12}
添字である二つの数字 12 は，前の数字が“磁束がつくられるコイル”を示し，後の数字が“磁束変化をつくり出す電流が流れているコイル”を表している．

ここで，I_2 とそれによってコイル 1 につくられる総磁束の間の比例係数を**相互インダクタンス**とよび，M を用いて表す．式(17・3) で M の添字が 12 になっているのは，コイル 2 を流れる電流がコイル 1 に（相互的に）つくり出す磁束を考えているためである．先程と同様に，I_2 が時間とともに変化するとコイル 1 を貫く磁束が変化し起電力 U_{12} が生じる．その起電力は相互インダクタンス M_{12} を用いて式(17・4) のように表すことができる．

起電力 U_{12}
コイル 2 に流れる電流の時間変化によってコイル 1 に発生する起電力．添字 12 の前の数字は“起電力が生じるコイル”，後の数字は“電流が流れるコイル”を示す．

$$U_{12} = -\frac{\mathrm{d}}{\mathrm{d}t}(N\Phi_{12}) = -M_{12}\frac{\mathrm{d}I_2}{\mathrm{d}t} \tag{17・4}$$

コイル 1 に発生するすべての起電力 U_1 は，I_1 と I_2 の双方の時間変化の影響を受ける．つまり，U_1 は U_{11} と U_{12} を足し合わせたものとなり，式(17・2) と式(17・4) から，式(17・5) のように求められる．

$$U_1 = -L_1\frac{\mathrm{d}I_1}{\mathrm{d}t} - M_{12}\frac{\mathrm{d}I_2}{\mathrm{d}t} \tag{17・5}$$

またコイル 2 にも，コイル 1 の場合と同様に，I_1 と I_2 の双方の時間変化の影響を受けて起電力 U_2 が生まれる．

コイル 2 の場合
コイル 2 の場合は，自分自身を流れる電流が I_2，近傍の別のコイルを流れる電流が I_1 になる．I_2 によって自己的に誘導された起電力 U_{22} と，I_1 によって相互的に誘導された起電力 U_{21} を足したものが U_2 となる．

$$U_2 = -L_2\frac{\mathrm{d}I_2}{\mathrm{d}t} - M_{21}\frac{\mathrm{d}I_1}{\mathrm{d}t} \tag{17・6}$$

相互インダクタンス M_{12} と M_{21} は同じ値をもつことが知られている（与える影響と受ける影響の程度は同じになる）．また，相互インダクタンスは，二つのコイルの巻数，形状，互いの位置関係によって決まる．そのため，影響を及ぼしあう二つのコイルに固有の量ということができる．

自分自身のコイルを流れる電流の時間変化によって起電力が生まれることを**自己誘導**，近傍にある別のコイルを流れる電流の時間変化によるものを**相互誘導**とよぶ．それぞれについて，“電流の時間変化の程度（電流の時間微分)”と“つくられる起電力の大きさ”の間をつなぐ比例係数がインダクタンスである．インダクタンスが大きいコイルほど，少ない電流変化でも大きな起電力が誘導される．

ここからは，自己インダクタンスの計算の実例をみていこう．図17・2のように，同じ大きさの電流Iが逆方向に流れている系を考え，2本の電流に挟まれた長さlの領域について自己インダクタンスを求めてみよう．

図17・2の説明
上下に描かれている導線の中を互いに逆向きに電流が流れている．導線の両端は無限遠まで伸びており，破線で示すように無限遠でつながっているものとする．中央に電流に挟まれた長さlの領域（図中で緑で囲まれた領域）を考え，この領域の自己インダクタンスを求める．

平行電流はコイル？
これまではコイルを考えてインダクタンスの話をしてきた．ここで急に平行電流をもち出していることを気持ち悪く感じる人がいるはずである．しかし，上でも述べたとおり平行電流は無限遠ではつながっているので，巨大なコイルと思ってよい．そのコイルの一部について，インダクタンスを考えようとしているのである．

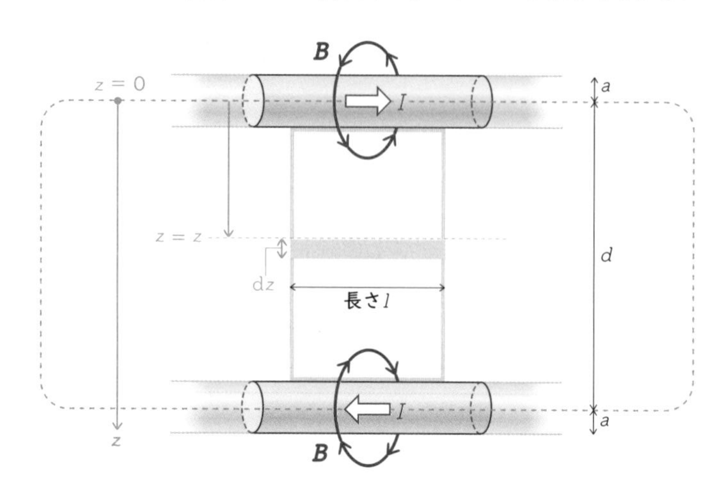

図 17・2　2本の平行電流に挟まれた領域の自己インダクタンスを求める．

アンペアの法則の適用
まず上側の電流がつくる磁束密度を考える．上側の電流の中心を$z=0$として，下向きにz座標をとる．$z=0$を中心として半径がzの円形の閉回路を考え，アンペアの法則を適用する（15章参照）．対称性から閉回路上で$\boldsymbol{B}$の大きさは同じ，かつ$\boldsymbol{B}$は電流に巻付く成分しかもたないため，以下が成り立つ．

$$2\pi z B = \mu_0 I$$

下側の電流についても同様にアンペアの法則を適用すると以下が得られる．

$$2\pi(d-z)B = \mu_0 I$$

これらをBについて解いて，足し合わせることによって式(17・7)が得られる．

まず，アンペアの法則を用いて，電流に挟まれた領域における磁束密度$\boldsymbol{B}$を求める．電流に挟まれた領域には，双方の電流が紙面奥向きの$\boldsymbol{B}$をつくり出している．その大きさをzの関数として式(17・7)のように表すことができる（§15・2の例1を参照）．

$$B(z) = \frac{\mu_0 I}{2\pi z} + \frac{\mu_0 I}{2\pi(d-z)} \qquad (17 \cdot 7)$$

次に，式(17・7)で得られた磁束密度を積分することで，長さlの領域全体を貫く総磁束を求める．まず，$z=z$のところに，z方向の厚みが$\mathrm{d}z$の短冊状の領域を考える．この領域を貫く微小磁束$\mathrm{d}\Phi$は，微小面積が$l\mathrm{d}z$であることを考えると式(17・8)のように表すことができる．

$$\mathrm{d}\Phi = B(z)\, l\, \mathrm{d}z \qquad (17 \cdot 8)$$

微小磁束をzについて積分し，長さlの領域の総磁束を得ることができる〔式(17・9)〕．なお，電流は半径aの導線の中を流れているため，総磁束を計算する領域のz方向の広がりは$z=a$から$z=d-a$までになる．そのため，z方向の積分区間は$z=a$から$z=d-a$になっている．

$$\Phi = \int_a^{d-a} B(z)\, l\, \mathrm{d}z = l\int_a^{d-a}\left(\frac{\mu_0 I}{2\pi z} + \frac{\mu_0 I}{2\pi(d-z)}\right)\mathrm{d}z$$
$$= \frac{\mu_0 l I}{\pi}\log\frac{d-a}{a} = LI \qquad (17 \cdot 9)$$

ここで，ΦとIの間に比例関係があり，その比例係数が自己インダクタンスLであることを考えると，総磁束ΦはLIに一致しなければならない．ここから，長さlの領域の自己インダクタンスLを式(17・10)のように求めることができる．

$$L = \frac{\mu_0 l}{\pi} \log\frac{d-a}{a} \tag{17・10}$$

17・2 磁気エネルギー

コイルに電流を流すとコイルの内部に磁束がつくられる．特に，ソレノイドとよばれるコイルに電流を流すと，その内部にのみ磁束密度$\boldsymbol{B}$がつくられる（ソレノイドの内部に$\boldsymbol{B}$が閉じ込められる）．また，前章および前節で学んだように，コイルに流す電流を増やすとファラデーの電磁誘導の法則によって起電力が生じるが，起電力の方向は電流の増大を妨げる方向になる．つまり，コイルに電流を流そうとするとき，常にそれを妨げようとする起電力が発生していることになる．この逆方向の起電力に逆らって流す電流を増やし，コイルの内部に磁束をつくるためには，仕事をする必要があるが，この外部からなされた仕事はどこにいったのだろうか．実は，コイルに電流を流すために外部からなされた仕事は，コイルの内部に磁束密度$\boldsymbol{B}$が保持するエネルギーとして蓄積されていると考えることができる．このエネルギーのことを**磁気エネルギー**とよぶ．

磁気エネルギーを導出してみよう．図17・3のようなソレノイド（単位長さあたりの巻数n）を考え，そのうちの長さlの部分に蓄積される磁気エネルギーを計算する．

ソレノイド
ソレノイドについては§15・2で学んだ．アンペアの法則の積分形を用いることによって，ソレノイドの内部には一様な磁束密度ができ，外側の磁束密度が0になることが導かれた．

静電エネルギーとの類似性
§8・2で静電エネルギーについて学んだ．コンデンサの極板への電荷の蓄積量を増やし極板間の電界を大きくしていくためになされた仕事が，コンデンサ内部の電界$\boldsymbol{E}$が保持するエネルギー（静電エネルギー）として蓄積されているものである．磁気エネルギーを考える場合，静電エネルギーの場合のコンデンサがコイルになり，電界$\boldsymbol{E}$が磁束密度$\boldsymbol{B}$になっているという違いがあるものの，考え方の枠組みはよく似ている．

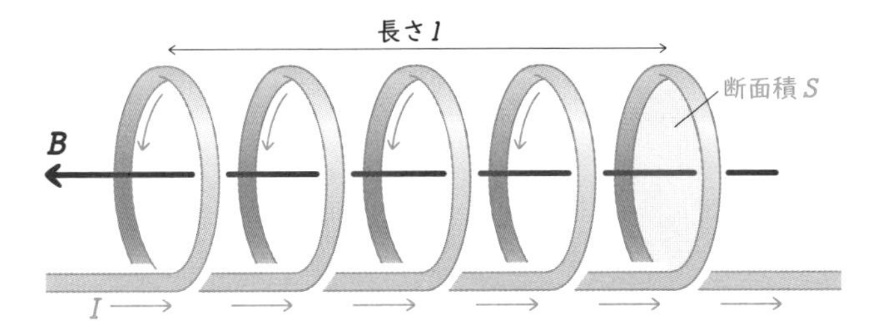

図17・3 単位長さあたりの巻数がnのソレノイド．

時刻$t=0$でソレノイドに電流は流れておらず（$I=0$），t秒後，つまり時刻$t=t$においてソレノイドに大きさIの電流が流れているものとする．ここでは，$t=t$で大きさIの電流が流れている状態をつくるためになされた仕事を計算し，磁気エネルギーを導く．まず，時刻$t=t$から微小時間$\mathrm{d}t$が経過したとき，電流の大きさが$I+\mathrm{d}I$に増大したと考える．このとき，電流が増大するのでその増大を妨げる逆方向起電力が発生するが，その大きさは式(17・11)のように表される．

$$|U| = L\frac{\mathrm{d}I}{\mathrm{d}t} \tag{17・11}$$

逆方向起電力の大きさ
式(17・11)の逆方向起電力の大きさ$|U|$については，式(17・2)を思い出そう．電流の時間変化に自己インダクタンスLを掛けたものが$|U|$となる．

L はソレノイドの長さ l の部分の自己インダクタンスである．つまり，U は長さ l の部分に対応する起電力に相当する．対応する導線の長さは，コイルの半径を a とすると $2\pi anl$ で表すことができるため，この部分につくられる電界の大きさ E は，式(17・12) のように表すことができる．

導線の長さの計算
コイルは，単位長さあたり n 回巻かれている．つまり，l という長さには nl 回の "巻き" が含まれている．1巻きの導線の長さは $2\pi a$ なので，コイルの長さ l の部分に対応する導線の長さは $2\pi anl$ となる．

$$E = \frac{|U|}{2\pi anl} = \frac{L}{2\pi anl}\frac{\mathrm{d}I}{\mathrm{d}t} \tag{17・12}$$

単位長さあたりの電位差（起電力）が電界なので距離で割る

ここで，ソレノイドの導線の中の電荷量が単位長さあたり A であると考えると，コイルの長さ l の部分には全体として $2\pi anlA$ の電荷が存在することになる．逆方向起電力に伴う電界によってこれらの電荷に働くクーロン力の大きさは，式(17・13) のようになる．

クーロン力の大きさは，電荷量に電界の大きさを掛けたもので表現できる．

$$F = 2\pi anlAE = 2\pi anlA\frac{L}{2\pi anl}\frac{\mathrm{d}I}{\mathrm{d}t} = AL\frac{\mathrm{d}I}{\mathrm{d}t} \tag{17・13}$$

起電力に逆らってされる仕事
この電荷の移動によってソレノイドに電流が流れる．逆方向起電力に逆らう力をかけながら電荷を動かすことになるため，外部からの仕事が必要となる．なお，今の場合，仕事は力と距離を掛けたものと考えてよい．

導線に沿った電荷の移動速度の大きさを v とすると，$\mathrm{d}t$ という微小時間に電荷は距離 $v\mathrm{d}t$ だけ移動する．よって，逆方向起電力に伴って発生するクーロン力に逆らって，電荷を距離 $v\mathrm{d}t$ だけ動かすために外部からなされる微小仕事 $\mathrm{d}W$ は，式(17・14) のように表せる．

2行目の式変形では，電流 I が Av で表現できることを用いている．A の単位は C/m，v の単位は m/s なので Av の単位は電流の単位 C/s = A になっている．

$$\mathrm{d}W = F v\mathrm{d}t = AL\frac{\mathrm{d}I}{\mathrm{d}t}v\mathrm{d}t = L\frac{\mathrm{d}I}{\mathrm{d}t}I\mathrm{d}t = LI\mathrm{d}I \tag{17・14}$$

（注記：F … 力，$v\mathrm{d}t$ … 距離，$I = Av$）

積分を行う意味
コイルに電流が流れていない $I = 0$ の状態から，I の大きさの電流が流れるようになるまで，誘導起電力に逆らって電流を増やしていくためになされた "全" 仕事を求めるために行っている．

ここで得られた $\mathrm{d}W$ を，$I = 0$ から $I = I$ まで積分することによって，ソレノイドに大きさ I の電流が流れる状態をつくり出すためになされた全仕事 W が求められる．

$$W = \int \mathrm{d}W = \int_0^I LI\,\mathrm{d}I = \left[\frac{1}{2}LI^2\right]_0^I = \frac{1}{2}LI^2 \tag{17・15}$$

静電エネルギーの場合
静電容量 C のコンデンサに電荷 Q が蓄積されているとき，このコンデンサの内部につくられた電界 $\boldsymbol{E}$ が保持する静電エネルギーは $Q^2/2C$ で表される〔式(8・14)〕．

式(17・15) で得られた全仕事が，ソレノイドコイルの内部に磁束密度 $\boldsymbol{B}$ が保持する磁気エネルギーとして蓄積されるものと考える．つまり，自己インダクタンス L のコイルに大きさ I の電流が流れている場合，そのコイルに蓄積されている磁気エネルギーは式(17・15) で与えられるのである．

次に，このソレノイドの自己インダクタンスを求めてみよう．ソレノイド内の磁束密度は一様で $\mu_0 nI$ であるため，ソレノイドの断面積 S を掛けることで，1巻分の磁束は式(17・16) のように求められる.

$$\Phi = \mu_0 nIS \qquad (17\cdot16)$$

ソレノイドの内部の**B**の大きさは，§15・2の式(15・16) で求めているように，内部のすべての場所で$\mu_0 nI$となる.

ここから，長さlの部分の総磁束を求めると以下のようになる.

$$\begin{aligned} nl\Phi &= nl\mu_0 nIS \\ &= \underbrace{\mu_0 n^2 lS}_{\text{自己インダクタンス}L} I = LI \qquad (17\cdot17) \end{aligned}$$

単位長さあたりの巻数がnで，考えている長さがlなので，長さlの部分での全巻数はnlになる.

式(17・17) から，ソレノイドの長さlの部分の自己インダクタンスが$\mu_0 n^2 lS$であることがわかる．ソレノイドに蓄積される磁気エネルギーが式(17・15) のように表せることを思い出すと，式(17・17) で求めたLを用いることで以下のような式変形を行うことができる.

自己インダクタンスLは磁束と電流の間の比例係数なので，式(17・17) をみれば，どの部分がLに相当するかがわかる.

$$\begin{aligned} W &= \frac{1}{2}LI^2 \\ &= \frac{1}{2}\mu_0 n^2 lSI^2 = \frac{1}{2\mu_0}(\underbrace{\mu_0{}^2 n^2 I^2}_{\text{ソレノイド内の}|\boldsymbol{B}|\text{の2乗}})lS \\ &= \frac{B^2}{2\mu_0}lS = \underbrace{\frac{B^2}{2\mu_0}}_{\text{単位体積あたりの磁気エネルギー}}V \qquad (17\cdot18) \end{aligned}$$

（lS，V：ソレノイドの中の空間の体積）

“何か” × “ソレノイドの体積” = “ソレノイドに蓄積されている磁気エネルギー” になっているので，“何か” の部分は “単位体積あたりの磁気エネルギー” になる.

式(17・18) において青で囲まれた部分がソレノイドの中の空間の体積（長さlの部分）になっていることから，単位体積あたりの磁気エネルギーを式(17・19) のように求めることができる．また，単位体積あたりの磁気エネルギーから，ある体積領域Vに蓄積されている磁気エネルギーを式(17・20) のように表すことができる.

磁気エネルギー

単位体積あたりの磁気エネルギー　$\dfrac{B^2}{2\mu_0}$　（B：$\boldsymbol{B}$の大きさ）　(17・19)

ある体積領域Vに蓄積されている磁気エネルギー　$\displaystyle\int_V \frac{B^2}{2\mu_0}\,\mathrm{d}V$　(17・20)

磁気エネルギーは，空間に電流を流して磁束密度**B**をつくり出すためになされた仕事が，**B**が保持する形で空間に蓄積されているものである．一方，静電エネルギーは，空間に電荷を配置して電界**E**をつくり出すためになされた仕事が，**E**が保持する形で空間に蓄積されているものであり，式(17・21) のように表される.

§8・2で述べたように，静電エネルギーは，コンデンサの内部につくられた電界に逆らって電荷を極板に運び込むときになされた仕事がもとになっている．磁気エネルギーは，流す電流を増やそうとするときに生じる逆方向起電力に逆らって電流を流す（電荷を動かす）ときの仕事がもとになっている．鍵となる物理過程は少し異なるものの，電荷が溜まった状態，もしくは，電流が流れた状態をつくり出すためになされた仕事がエネルギーの源になっている点は共通している.

ある体積領域Vに蓄積されている静電エネルギー　$\displaystyle\int_V \frac{\varepsilon_0}{2}E^2\,\mathrm{d}V$　(17・21)

空間に$\boldsymbol{E}$と$\boldsymbol{B}$の双方が存在する場合，静電エネルギーと磁気エネルギーの双方が空間に蓄積されることになる．この双方を足し合わせた**電磁エネルギー**については，21章『電磁波の伝搬』でふたたび考えることになる．

演習問題

17・1　図17・4に示すように，半径がそれぞれaとb（$b>a$）の二つの無限長円筒状導体を中心軸を一致させて配置し，それぞれの円筒の表面に反対向きの電流Iを流す．この円筒間の空間の長さlの領域の自己インダクタンスを求めよ．

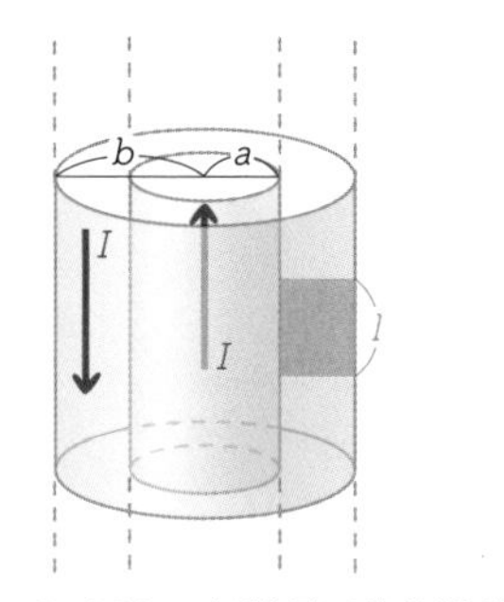

図17・4　同心の無限長円筒状導体系．

17・2　断面の半径がaの無限長円柱導体の内部に電流Iが一様に流れているとき，単位長さあたりの自己インダクタンスを，次の方法によって求めよ．ただし，導体内の透磁率はμであるとする．

(a) 中心軸からの距離がrの場所における磁束密度$\boldsymbol{B}$の大きさをアンペアの法則から求めよ．

(b) (a)で求めた$\boldsymbol{B}$の大きさから単位体積あたりの磁気エネルギー$\mathrm{d}W$を求めよ．

(c) (b)の結果を積分することで単位長さあたりの全磁気エネルギーWを求めよ．積分は円柱座標で行うべきであることに注意し，体積要素を考慮すること．

(d) (c)が$\dfrac{1}{2}LI^2$に等しいことを用いて，自己インダクタンスLを求めよ．

18

変 位 電 流

16 章で学んだファラデーの電磁誘導の法則は，磁束密度 $\boldsymbol{B}$ に時間変化があると，回転する $\boldsymbol{E}$ がつくり出されることを示すものでした．ファラデーの電磁誘導の法則の左辺には $\boldsymbol{E}$，右辺には $\boldsymbol{B}$ が現れていて，一つの法則の中で共存しています．これは，互いに交わることがなかった $\boldsymbol{E}$ と $\boldsymbol{B}$ が，時間変化を認めると“相互作用”するようになったことを意味しています．では，$\boldsymbol{E}$ の時間変化が $\boldsymbol{B}$ をつくり出すことはないのでしょうか？ 実は，$\boldsymbol{E}$ に時間変化があると回転する $\boldsymbol{B}$ が生まれます．本章では，その過程を表現するアンペア・マクスウェルの法則について学び，$\boldsymbol{E}$ と $\boldsymbol{B}$ の間の相互作用について理解します．

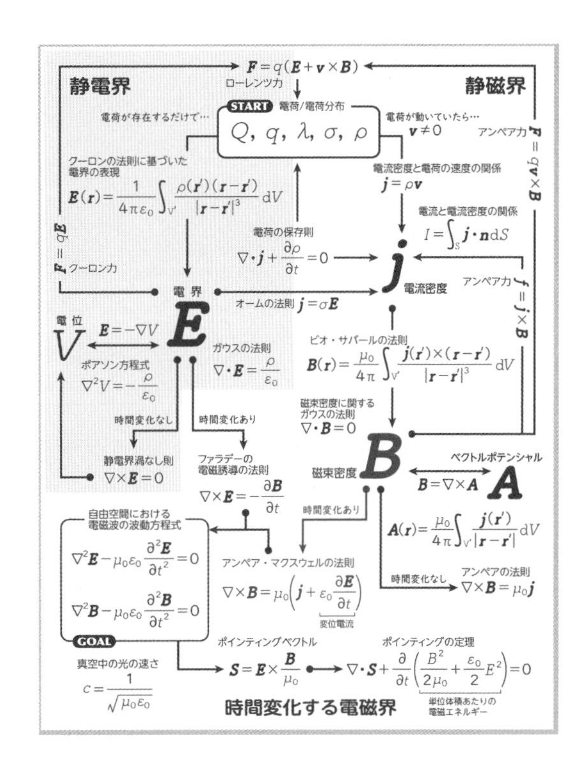

18・1　アンペア・マクスウェルの法則

15 章で学んだアンペアの法則は，電流がその周囲に回転する $\boldsymbol{B}$ をつくることを示すものであった．アンペアの法則は，時間変化が許された世界でも変わらず成り立つのだろうか．その点を確かめるために“電荷の保存則”と“アンペアの法則”という二つの法則の間の整合性を考えてみよう．特に“時間変化がない場合”と“時間変化がある場合”で，二つの法則の間の整合性がどのように変わるかを順番にみていくことにしよう．

式(18・1) に電荷の保存則の微分形を示す．空間のある 1 点における電流密度 $\boldsymbol{j}$ の発散によって，その点における電荷密度 ρ が決まることを示している（§9・2 参照）．まず始めに“時間変化がない場合”について考えていこう．§9・2 で触れたが，時間変化がない状態を**定常状態**とよぶ．定常状態においては電荷密度 ρ を時間で偏微分した項が 0 になるため，電荷の保存則は式(18・2) のようになる〔式(9・10)参照〕．これらの電荷の保存則〔式(18・1) は時間変化がある場合，式(18・2) はない場合に対応〕は，あとでアンペアの法則との整合性を確認する際に用いる．

整合性って何？
電荷の保存則は，式(18・1) に示されているように，時間に関する偏微分を含む．つまり，時間変化がある状況にも対応している法則である．アンペアの法則が(時間変化に対応している)電荷の保存則と矛盾しなければ，アンペアの法則も時間変化がある状況を表現できると考えられる．

電荷の保存則

$$\nabla\cdot\boldsymbol{j}+\frac{\partial\rho}{\partial t} = 0 \qquad (18\cdot 1)$$

定常状態　$$\nabla\cdot\boldsymbol{j}(\boldsymbol{r}) = 0 \qquad (18\cdot 2)$$

時間に依存しない位置の関数

式(18・2) では
時間変化がない場合を考えているため，電流密度 $\boldsymbol{j}$ は位置座標 $\boldsymbol{r}$ のみの関数になっていることに注意する．

一方，アンペアの法則の微分形は式(18・3) のように書くことができる［式(15・19)参照］.

$$\text{アンペアの法則}\quad \nabla\times\boldsymbol{B}(\boldsymbol{r}) = \mu_0\boldsymbol{j}(\boldsymbol{r}) \qquad (18\cdot 3)$$

時間に依存しない位置の関数

アンペアの法則においても，まずは定常状態を考える．式(18・3) において，$\boldsymbol{B}$ や $\boldsymbol{j}$ は位置座標 $\boldsymbol{r}$ のみの関数になっていることに注意する．時間 t には依存しない，つまり，時間によって変化しないことを意味する．

ここで，唐突ではあるが，アンペアの法則の左辺と右辺の発散を別々に計算してみよう．左辺は，式(18・4) に示すように，任意のベクトルについて回転の発散が常に0になることから0になる．右辺には，式(18・5) に示されるように $\boldsymbol{j}$ の発散が現れる．

回転の発散は0
ベクトル $\boldsymbol{F}=(F_x, F_y, F_z)$ を考え，公式に従って回転をとったあとで発散を計算すると，六つの項が互いに打ち消しあって0になる．これは，電磁気学で出てくるベクトル量に限ったことではなく，任意のベクトルについて成立する．

$$\text{左辺}\quad \nabla\cdot(\nabla\times\boldsymbol{B}(\boldsymbol{r})) = 0 \qquad (18\cdot 4)$$

$$\text{右辺}\quad \nabla\cdot(\mu_0\boldsymbol{j}(\boldsymbol{r})) = \mu_0\nabla\cdot\boldsymbol{j}(\boldsymbol{r}) \qquad (18\cdot 5)$$

⇩

定常状態の電荷の保存則 $\nabla\cdot\boldsymbol{j}(\boldsymbol{r}) = 0$

アンペアの法則の両辺の発散は一致する必要があるため，式(18・4) と式(18・5) の右辺を比較することによって $\nabla\cdot\boldsymbol{j}(\boldsymbol{r})=0$ が導き出される．この形は式(18・2) で与えられた“定常状態の電荷の保存則”に一致する．このことから，時間変化がない場合は，アンペアの法則と電荷の保存則の間に矛盾がないことがわかる．

次に“時間変化がある場合”について，あらためて電荷の保存則とアンペアの法則の間の整合性を考えていくことにしよう．まず，時間変化を考慮したうえで，ふたたびアンペアの法則の両辺の発散をとってみる．時間変化がある場合についてアンペアの法則が成り立つとすると，式(18・6) のように表現される．

重要な注意
ここでは“アンペアの法則がそのままの形で時間変化のある場合についても成り立つならば何が起こるのか？”を考えようとしている．実際には，そのままの形では矛盾が起こり，アンペアの法則は時間変化がある場合には成り立たない．よって，式(18・6) は実際には成立しない法則であることに注意する．

$$\nabla\times\boldsymbol{B}(\boldsymbol{r},t) = \mu_0\boldsymbol{j}(\boldsymbol{r},t) \qquad (18\cdot 6)$$

時間 t と位置 $\boldsymbol{r}$ の双方に依存する物理量

$\boldsymbol{B}$ や $\boldsymbol{j}$ といった物理量が位置を表す $\boldsymbol{r}$ の関数になっているだけでなく，時間 t にも依存していることから，時間変化を考慮しようとした式であることがわかる．ここで，定常状態のときと同じ手続きによって式(18・6) の両辺の発散をとると式(18・7) と式(18・8) が得られ，両式の右辺を比較する．

時間変化がある場合，つまり $\boldsymbol{j}$ が $\boldsymbol{r}$ だけでなく t の関数にもなっている場合でも，回転の発散が常に0になることに変わりはない．よって，式(18・7) で $\boldsymbol{B}(\boldsymbol{r},t)$ に回転を作用させたあとで発散をとったものは0になる．従って，$\boldsymbol{j}(\boldsymbol{r},t)$ の発散は時間変化がない場合と同じように0になってしまう．

$$\text{左辺}\quad \nabla\cdot(\nabla\times\boldsymbol{B}(\boldsymbol{r},t)) = 0 \qquad (18\cdot 7)$$

$$\text{右辺}\quad \nabla\cdot(\mu_0\boldsymbol{j}(\boldsymbol{r},t)) = \mu_0\nabla\cdot\boldsymbol{j}(\boldsymbol{r},t) \qquad (18\cdot 8)$$

⇩

やはり $\nabla\cdot\boldsymbol{j}(\boldsymbol{r},t) = 0$ になる

電流密度 $\boldsymbol{j}$ が時間変化するような場合でも，定常状態と同じ $\nabla\cdot\boldsymbol{j}(\boldsymbol{r},t)=0$ という結果が得られる．この結果は式(18・9) に示すように，時間変化が

ある場合の電荷の保存則〔式(18・1)〕と矛盾するものとなってしまう．

$$\nabla\cdot\boldsymbol{j}(\boldsymbol{r},t)=0 \quad \underset{\text{矛盾}}{\Longleftrightarrow} \quad \nabla\cdot\boldsymbol{j}(\boldsymbol{r},t)+\frac{\partial\rho(\boldsymbol{r},t)}{\partial t}=0 \tag{18・9}$$

この矛盾は，何らかの形でアンペアの法則に修正を加えない限り，時間変化がある状況を表現できないことを意味している．この矛盾を解消するために，イギリス人マクスウェルによって導き出されたのが，式(18・10)に示した**アンペア・マクスウェルの法則**である．

アンペア・マクスウェルの法則（微分形）

$$\nabla\times\boldsymbol{B}(\boldsymbol{r},t)=\mu_0\left(\boldsymbol{j}(\boldsymbol{r},t)+\underbrace{\varepsilon_0\frac{\partial\boldsymbol{E}(\boldsymbol{r},t)}{\partial t}}_{\text{変位電流 } \boldsymbol{j}_\mathrm{d}}\right) \tag{18・10}$$

元になっているのは
時間変化がない場合のアンペアの法則の微分形に対して修正を加えた（変位電流の項を加えた）ものが，式(18・10)に示されたアンペア・マクスウェルの法則の微分形である．

アンペアの法則の微分形〔式(18・3)〕と見比べると，右辺の電流密度 $\boldsymbol{j}(\boldsymbol{r},t)$ の後ろに**変位電流 $\boldsymbol{j}_\mathrm{d}$** と書かれた項が追加されていることがわかる．変位電流の項には $\boldsymbol{E}$ の時間微分が含まれている．つまり，電界 $\boldsymbol{E}$ に時間変化があると変位電流とよばれる“何か”が現れるのである．また，変位電流 $\boldsymbol{j}_\mathrm{d}$ の項は，厳密にいうならば変位電流の電流密度であることにも注意する．

添え字 d の意味
変位電流は英語で displacement current とよばれる．この頭文字をとって，変位電流を $\boldsymbol{j}_\mathrm{d}$ と表すことが多い．

ここでもう一度，両辺の発散をとる計算を行い，電荷の保存則との整合性を考えてみよう．式(18・10)のアンペア・マクスウェルの法則の両辺の発散をとると，式(18・11)のようになる．

$$\nabla\cdot(\nabla\times\boldsymbol{B}(\boldsymbol{r},t))=\nabla\cdot\left\{\mu_0\left(\boldsymbol{j}(\boldsymbol{r},t)+\varepsilon_0\frac{\partial\boldsymbol{E}(\boldsymbol{r},t)}{\partial t}\right)\right\} \tag{18・11}$$

再度，発散をとってみる
アンペアの法則のままでは，両辺の発散をとったときに出てくる式が電荷の保存則と矛盾した．アンペア・マクスウェルの法則で同様の手続きをとると，矛盾が解消するのだろうか？なお，式(18・12)以降，$\boldsymbol{B}$，$\boldsymbol{j}$，$\boldsymbol{E}$ などが $\boldsymbol{r}$ と t の関数であることを示す表現は省略している．

左辺はこれまでどおり0になり，右辺を展開すると式(18・12)のようになる．さらに右辺第2項を変形し，$\boldsymbol{E}$ に関するガウスの法則の微分形〔式(4・19)参照〕を考慮する．

$$0=\mu_0\nabla\cdot\boldsymbol{j}+\mu_0\varepsilon_0\nabla\cdot\frac{\partial\boldsymbol{E}}{\partial t} \tag{18・12}$$

$$\frac{\partial}{\partial t}(\nabla\cdot\boldsymbol{E})=\frac{\partial}{\partial t}\left(\frac{\rho}{\varepsilon_0}\right)=\frac{1}{\varepsilon_0}\frac{\partial\rho}{\partial t}$$

ガウスの法則

式(18・13)に至る式変形
左辺が0になるのは，これまでと同じである（回転の発散は必ず0）．右辺の変形では，発散という空間微分と時間微分の前後を入れ換えることで $\nabla\cdot\boldsymbol{E}$ をつくり，この部分を $\boldsymbol{E}$ に関するガウスの法則の微分形で置き換えている．

すると，式(18・13)が得られる．

$$0=\mu_0\left(\nabla\cdot\boldsymbol{j}+\frac{\partial\rho}{\partial t}\right) \tag{18・13}$$

式(18・13)が，時間変化がある場合の電荷の保存則〔式(18・1)〕と一致していることがわかるだろうか．これは，電荷の保存則とアンペア・マクスウェルウェルの法則の間に矛盾がないことを意味している．つまり，アンペアの法則に変位電流という項を加えアンペア・マクスウェルの法則にすることで，時間変化がある状況においても電磁界の振舞いを矛盾なく記述することが可能になっているのである．

アンペア・マクスウェルの法則で新たに追加された変位電流が，空間にどのような形で存在しているのかについては，次節で詳しく解説する．ここでは，式(18・10)で与えられるアンペア・マクスウェルの法則の微分形に基づいて，変位電流の“働き”を確認しておこう．特に，電荷が動くことによって流れる通常の電流（**伝導電流**）と比較することで，変位電流の働きを理解したい．

伝導電流は，図18・1(a)に示すように，電流密度ベクトル$\boldsymbol{j}$に対して右ねじに巻付くような$\boldsymbol{B}$の回転を生み出す．一方，変位電流の電流密度ベクトル$\boldsymbol{j}_{\mathrm{d}}$は，式(18・10)に示されているように，電界$\boldsymbol{E}$の時間変化そのものである．アンペア・マクスウェルの法則は，電界が時間とともに変化することが，伝導電流と同じ働き（周囲に回転する磁束密度$\boldsymbol{B}$をつくること）をすることを表現している．このイメージを図18・1(b)に示す．$\boldsymbol{E}$に時間変化がある場合，$\boldsymbol{E}$の時間変化のベクトルの方向（これが変位電流$\boldsymbol{j}_{\mathrm{d}}$の方向である）に，右ねじに巻付いて回転するような$\boldsymbol{B}$が生み出されるのである．

変位電流と伝導電流

変位電流は，実際に電荷が動くことで流れる電流（伝導電流）ではない．○○電流という名前でよばれているにもかかわらず，電荷が流れているわけではないのである．図18・1(b)に$\boldsymbol{j}_{\mathrm{d}}$が描かれているがこれは，

$$\boldsymbol{j}_{\mathrm{d}} = \varepsilon_0 \frac{\partial \boldsymbol{E}}{\partial t}$$

に従って，つまり電界$\boldsymbol{E}$の時間変化によって，変位電流が存在する状態になっているだけで，伝導電流が流れているわけではない．

ファラデーの電磁誘導の法則は，$\boldsymbol{B}$に変化があると回転する$\boldsymbol{E}$ができることを示すものであった．アンペア・マクスウェルの法則は，電界$\boldsymbol{E}$に時間変化があると（つまり変位電流が存在すると）周囲に回転する$\boldsymbol{B}$が生み出されることを意味している．

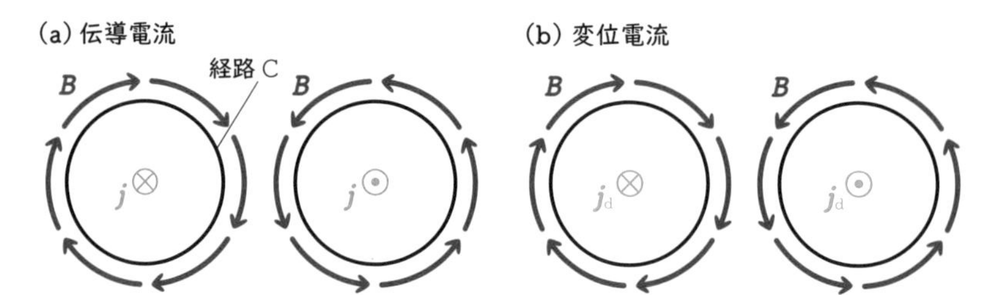

図 18・1 (a) 伝導電流$\boldsymbol{j}$が周囲の空間につくり出す$\boldsymbol{B}$，(b) 変位電流$\boldsymbol{j}_{\mathrm{d}}$が周囲の空間につくり出す$\boldsymbol{B}$.

ここまではアンペア・マクスウェルの法則の微分形を考えてきたが，積分形はどのような形式になるだろうか．微分形においてアンペアの法則との唯一の違いは，伝導電流に加えて変位電流を考えなければならないことであった．つまり，積分形においても，伝導電流に変位電流を追加することで，式(18・14)のようにアンペア・マクスウェルの法則の積分形を導くことができる．

アンペア・マクスウェルの法則（積分形）

$$\oint_{\mathrm{C}} \boldsymbol{B}\cdot \mathrm{d}\boldsymbol{l} = \mu_0 \int_{\mathrm{S}} \Bigl(\boldsymbol{j} + \underbrace{\varepsilon_0 \frac{\partial \boldsymbol{E}}{\partial t}}_{\text{変位電流 } \boldsymbol{j}_{\mathrm{d}}}\Bigr)\cdot \boldsymbol{n}\, \mathrm{d}S \qquad (18\cdot 14)$$

アンペアの法則の積分形は式(15・3)で与えられているが，右辺の$\boldsymbol{j}$のと

ころに変位電流の項が追加されている点のみが異なっている．

18・2 変位電流

変位電流の存在をもう少し具体的に感じるため，図18・2に示すコンデンサを含む系において，電界が時間変化する状況を考えてみよう．

電界が時間変化する状況では，変位電流を考えないと矛盾が生じる．図18・2の例を用いて，それがどのような矛盾で，変位電流を考えることによってその矛盾がどのように解消されるのかを確認しよう．

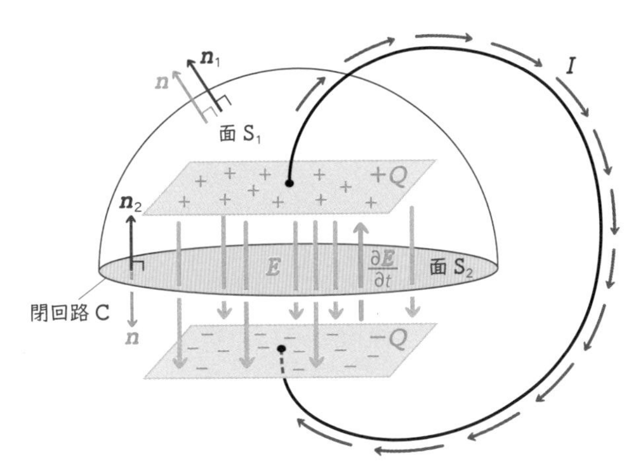

図 18・2 導線でつながれた平行平板コンデンサを含む系．

最初にコンデンサの上側の極板に$+Q$，下側に$-Q$の電荷が与えられている状態を考える．この状態において上下の極板を導線で接続すると，上側の極板から下側の極板に向かって導線をたどって正電荷が移動する．つまり，導線には正電荷の移動と同じ方向に電流Iが流れる．電流Iが流れることによって，極板に溜められた電荷量の絶対値Qは“減る”ので，式(18・15)が成り立つ〔式(9・2) 参照〕.

$$I = -\frac{\mathrm{d}Q}{\mathrm{d}t} \tag{18・15}$$

この電荷が移動し電流が流れている状況に対して，式(18・16) に示すアンペアの法則の積分形を適用することを考える〔式(15・3)参照〕.

$$\oint_C \boldsymbol{B} \cdot \mathrm{d}\boldsymbol{l} = \mu_0 \int_S \boldsymbol{j} \cdot \boldsymbol{n}\, \mathrm{d}S \tag{18・16}$$

このアンペアの法則は積分形なので，適用するためには，ある閉回路Cと，それによって囲まれる面Sが必要になる．逆にいえば，閉回路Cによって囲まれた面Sがあれば，どんな面に対してもアンペアの法則を適用することができる．ここでは，図18・2に示されているように，上側の極板を取囲むS_1，S_2という二つの面を考える．面S_1は上側の極板を上から覆うような半球状の面であり，面S_2は極板間に存在する円形の面である．それぞれの面にアンペアの法則を適用すると，式(18・17) と式(18・18) が得られる．

時間変化がある状態
ここで重要なのは，時間変化がある状態を考えているということである．電荷が移動することによって，Qの絶対量が確かに時間変化している．上側の極板では正電荷が逃げ出すので電荷量Qが減少する．下側の極板では正電荷が入ってくるので，負である電荷量の絶対値Qがやはり小さくなる．この時間変化がある状態に対してアンペアの法則を適用すると“矛盾が生じる”ことが予想される．

面 S_1 の形がわかりにくい
面S_1はラーメンの“どんぶり”のようなものをイメージすればよい．コンデンサの上側の極板が，どんぶりの中に完全に入っている状態である．また，面S_2は面S_1にぴったりとはまる“ふた”のようなものをイメージすればよい．

面 S_1 では，導線に沿って流れる電流 I のみが面を貫いている．つまり，式（18・17）の右辺は $\mu_0 I$ になる．一方，コンデンサの間に導線は存在せず，電荷の流れを伴う伝導電流 I は流れていない．したがって，式(18・18)の右辺（面 S_2 を貫く電流）は 0 になる．

$$\text{面 } S_1 \quad \oint_{C_1=C} \boldsymbol{B}\cdot d\boldsymbol{l} = \mu_0 \int_{S_1} \boldsymbol{j}\cdot\boldsymbol{n}_1\, dS = \mu_0 I \tag{18・17}$$

$$\text{面 } S_2 \quad \oint_{C_2=C} \boldsymbol{B}\cdot d\boldsymbol{l} = \mu_0 \int_{S_2} \boldsymbol{j}\cdot\boldsymbol{n}_2\, dS = 0 \tag{18・18}$$

同じになる ←―― 矛盾 ――→ 同じにならない

図 18・2 からもわかるように S_1，S_2 という二つの面を取囲む閉回路はどちらも C となっているため，式(18・17) と式(18・18) の左辺は共通になる．それに対して，アンペアの法則の右辺に現れる“面を貫く総電流”は面 S_1 のみに存在し，面 S_2 には存在しないので，式(18・17) と式(18・18) の右辺は同じにならない．よって，式(18・17) と式(18・18) の間に矛盾が生じてしまう．この矛盾を解消するには，極板間に入り込んでいる面 S_2 を貫く電流（もしくは電流と等価な働きをする何か）があればよい．つまり，式(18・18) の右辺が $\mu_0 I$ になるような何らかの仕組みが必要になる．

図 18・3 に極板の中の様子を模式的に示す．極板に蓄積されている電荷のために，極板間には下向きの電界 $\boldsymbol{E}$（青色の矢印）が存在する．今考えている状況では，極板間をつないだ導線を通して正電荷が移動しているため，極板に存在する電荷量は時間とともに減少する．この電荷量の減少に伴って，極板間の電界 $\boldsymbol{E}$ も時間とともに小さくなっていく．下向きの電界 $\boldsymbol{E}$ が減少しているので，その時間微分（緑色の矢印）は上向きのベクトル量となる．アンペア・マクスウェルの法則において新たに導入された変位電流 $\boldsymbol{j}_d$ は，電界 $\boldsymbol{E}$ の時間微分に真空の誘電率 ε_0 を掛けたものであるため，図 18・3 に示されるように，変位電流 $\boldsymbol{j}_d$（赤色の矢印）も上向きとなる．もし，この変位電流 $\boldsymbol{j}_d$ を面 S_2 で面積分したものが $\mu_0 I$ と同じになれば，式(18・17) と式(18・18) の間にあった矛盾が，変位電流を考えることによって解消できる．

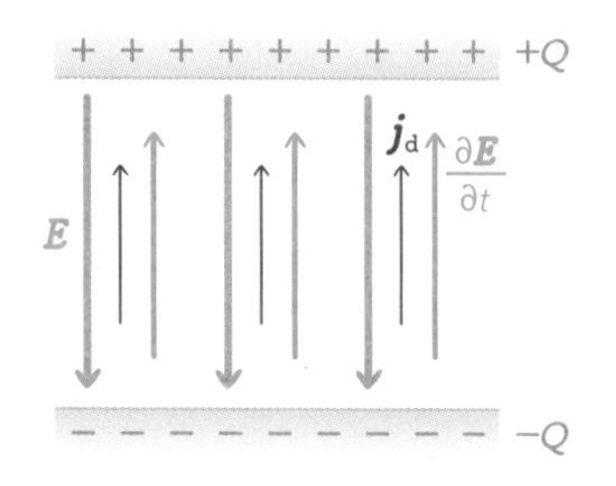

図 18・3　図 18・2 の極板の拡大図．電界 $\boldsymbol{E}$ は下向きであるが，Q が減少しているので $\boldsymbol{E}$ も時間とともに小さくなっていく．その結果，$\boldsymbol{E}$ の時間微分，および極板間に存在する変位電流 $\boldsymbol{j}_d$ は上向きとなる．

もちろん，変位電流は電荷の流れを伴う伝導電流ではない．しかし，コンデンサの極板間にも伝導電流と同じ働きをすることができる“電流のような何か（つまりは変位電流）”が存在しているのである．

極板間に存在する変位電流を具体的に求めてみよう．極板間の $\boldsymbol{j}_d$ を面 S_2 で面積分したもの（極板間の変位電流の総量）は，式(18・19) の左辺のように表すことができる．右辺は形式的な変形を行ったものであるが，右辺第 2 項は変位電流密度を面 S_1 で面積分したものであり，極板の外側に $\boldsymbol{E}$ が存在しないことからそもそも 0 になる．つまり，式変形のために，0 である項を形式的に差し引いているのである．さらに，S_1 と S_2 を組合わせた閉曲面を考えると，式(18・19) の右辺の二つの項を式(18・20) のようにまとめることができる．

式(18・20) に至る式変形
面 S_2 は面 S_1 に対する“ふた”になる．よって，S_1 と S_2 を組合わせると，どんぶりに“ふた”をしたような閉じた面（閉曲面）ができる．式(18・20) では，面 S_2 についての面積分と面 S_1 についての面積分を結合することによって，閉曲面 S_1+S_2 の面積分をつくり出している．

変位電流 $\boldsymbol{j}_d$

$$\int_{S_2} \varepsilon_0 \frac{\partial \boldsymbol{E}}{\partial t}\cdot\boldsymbol{n}_2\, dS = \int_{S_2} \varepsilon_0 \frac{\partial \boldsymbol{E}}{\partial t}\cdot\underset{-\boldsymbol{n}}{\boldsymbol{n}_2}\, dS - \int_{S_1} \varepsilon_0 \frac{\partial \boldsymbol{E}}{\partial t}\cdot\underset{\boldsymbol{n}}{\boldsymbol{n}_1}\, dS \tag{18・19}$$

そもそも 0 であるものを差し引く

$$= -\oint_{S_1+S_2} \varepsilon_0 \frac{\partial \boldsymbol{E}}{\partial t}\cdot\boldsymbol{n}\, dS \tag{18・20}$$

ここで，S_1，S_2 の法線ベクトルである $\boldsymbol{n}_1$，$\boldsymbol{n}_2$ と，新しく考えた閉曲面 S_1+

S_2 の法線ベクトル $\boldsymbol{n}$ が S_2 については逆向きとなるため，マイナスの符号が付いていることに注意する．式(18・20) の積分と微分の順序を入れ換えることによって，式(18・21) が得られる．式(18・21) の右辺に $\boldsymbol{E}$ に関するガウスの法則の積分形〔式(4・1) 参照〕を適用すると，積分部分を Q に置き換えることができる．さらに式(18・15) を考慮することによって，最終的に式(18・22) が得られる．

法線ベクトルがややこしい
閉曲面 S_1+S_2 の法線ベクトル $\boldsymbol{n}$ は，面に対して垂直，かつ外向きになることに注意する．図18・2に示されているとおり，$\boldsymbol{n}$ は，$\boldsymbol{n}_2$ とは反平行，$\boldsymbol{n}_1$ とは平行になっている．

変位電流 j_d

$$\int_{S_2} \varepsilon_0 \frac{\partial \boldsymbol{E}}{\partial t} \cdot \boldsymbol{n}_2 \, \mathrm{d}S = -\frac{\mathrm{d}}{\mathrm{d}t} \oint_{S_1+S_2} \varepsilon_0 \boldsymbol{E} \cdot \boldsymbol{n} \, \mathrm{d}S \qquad (18 \cdot 21)$$

ガウスの法則 $\oint_S \boldsymbol{E} \cdot \boldsymbol{n} \, \mathrm{d}S = \dfrac{Q}{\varepsilon_0}$

$$= -\frac{\mathrm{d}Q}{\mathrm{d}t}$$

$$= I \qquad (18 \cdot 22)$$

伝導電流の大きさに一致

閉曲面 S_1+S_2 の内部には，上側の極板だけが含まれている．つまり，この閉曲面に対してガウスの法則を適用したときに出てくる右辺の総電荷は，上側の極板上の電荷 Q となる．

式(18・22) は“極板間に存在する変位電流の総量が，極板の外側の伝導電流の総量と一致する”ことを示す．つまり，極板間には，電荷の流れを伴う伝導電流ではないものの，総電流量 I の変位電流が存在しているのである．

この大きさ I の変位電流が極板間に存在すると考えることによって，式(18・17) と式(18・18) の間にあった矛盾が解消する．つまり，変位電流の貢献によって，式(18・18) の右辺を $\mu_0 I$ にすることができるのである．この矛盾が解消した状態では，コンデンサの外部を流れる伝導電流 I と同じ大きさの変位電流 I が極板間に存在し，閉回路を1周する形で電流が連続的になっていることになる．これは，時間変化がある場合を考えるときは，伝導電流に加えて変位電流を考える必要があることを意味している．つまり，前節で学んだように，時間変化を許した状況を記述するためには，アンペアの法則に変位電流を加え，アンペア・マクスウェルの法則を構成する必要があるのである．

演 習 問 題

18・1　面積 S の中空平行平板コンデンサがあり，上側の極板に $+Q$，下側の極板に $-Q$ の電荷が一様に分布している．今，これらの電荷の絶対値が $Q = Q_0 \exp(-t/\tau)$ のように減衰した．この結果，極板間に生じる単位面積あたりの変位電流密度の大きさ j_d を求めよ．なお，τ は定数とする．

18・2　アンペア・マクスウェルの法則からスタートして電荷の保存則を導出せよ．

19

マクスウェルの方程式

本章では，これまで順番に学んできたいくつかの法則を束ねて，マクスウェルの方程式としてまとめます．マクスウェルの方程式を構成しているのは，右に示した電磁気学マップにおいて赤色の四つの法則です．これらの法則は，電界$\boldsymbol{E}$と磁束密度$\boldsymbol{B}$を“何が”“どのように”つくり出しているのか，を明確に語っています．本章ではマクスウェルの方程式に基づいて，$\boldsymbol{E}$と$\boldsymbol{B}$の源が何なのかを改めて考えます．さらに$\boldsymbol{E}$と$\boldsymbol{B}$が時間変化することによって，$\boldsymbol{E}$の世界と$\boldsymbol{B}$の世界が交わり合うことの意味を考えます．その後で，マクスウェルの方程式の各法則について，意味とイメージを整理したいと思います．

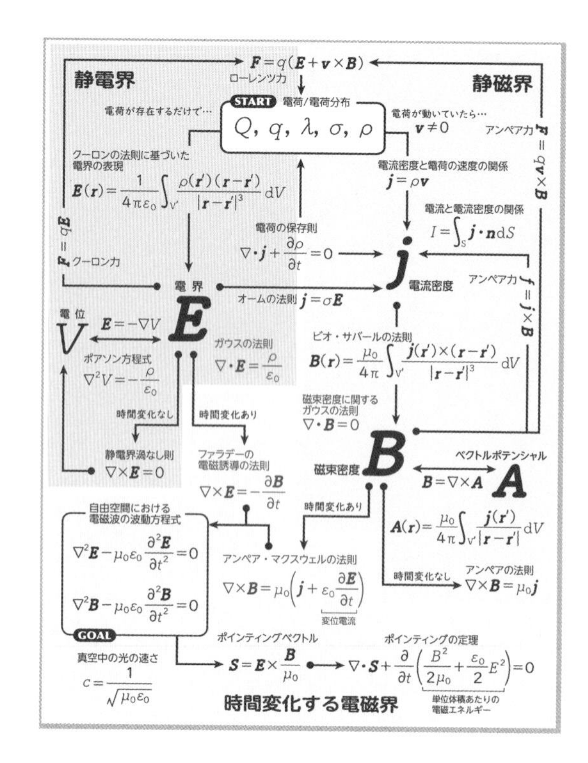

19・1　マクスウェルの方程式

マクスウェルの方程式の微分形は，式(19・1)から式(19・4)のようにまとめられる．マクスウェルの方程式はこれまでの章で学んできた法則によって構成されている．すべての法則が時間変化が存在する状態で成り立つものであることから，マクスウェルの方程式は“時間変化がある場合の電磁界($\boldsymbol{E}$と$\boldsymbol{B}$)を記述するための基本法則”ということができる．

マクスウェルの方程式が表現していること
マクスウェルの方程式は$\boldsymbol{E}$と$\boldsymbol{B}$それぞれについて，発散があるか〔式(19・1)，式(19・2)〕？回転があるか〔式(19・3)，式(19・4)〕？を示しているにすぎない．式(19・2)以外については，$\boldsymbol{E}$や$\boldsymbol{B}$のベクトル場に発散もしくは回転があってよい．このとき，右辺には“何が発散や回転をつくり出しているのか”が示されている．電荷や電流だけでなく$\boldsymbol{E}$や$\boldsymbol{B}$の時間変化がその源になっていることがわかる．

マクスウェルの方程式(微分形)

ガウスの法則

$$\nabla\cdot\boldsymbol{E}=\frac{\rho}{\varepsilon_0} \quad (19\cdot 1)$$

ρ ─電荷密度

磁束密度に関するガウスの法則

$$\nabla\cdot\boldsymbol{B}=0 \quad (19\cdot 2)$$

ファラデーの電磁誘導の法則

$$\nabla\times\boldsymbol{E}=-\frac{\partial\boldsymbol{B}}{\partial t} \quad (19\cdot 3)$$

アンペア・マクスウェルの法則

$$\nabla\times\boldsymbol{B}=\mu_0\left(\boldsymbol{j}+\varepsilon_0\frac{\partial\boldsymbol{E}}{\partial t}\right) \quad (19\cdot 4)$$

$\boldsymbol{j}$：伝導電流　$\varepsilon_0\frac{\partial\boldsymbol{E}}{\partial t}$：変位電流

本書では，最初に静電界，静磁界という時間変化がない状況で$\boldsymbol{E}$と$\boldsymbol{B}$がどのようにつくられるかを学んできた．それらの法則のうち，静電界渦なし則とアンペアの法則は，時間変化する電磁界の振舞いを記述することができないため，ファラデーの電磁誘導の法則とアンペア・マクスウェルの法則によって置き換える必要があった．マクスウェルの方程式には，これら二つの時間変化に対応した法則が含められており，このことからも，マクスウェルの方程式が時間変化する電磁界（電界 $\boldsymbol{E}$ と磁束密度 $\boldsymbol{B}$）を記述するための基本法則であることがわかる．

電磁界が何によってつくり出されるのかを改めて考えてみよう．これまでの章で述べたとおり，静電界，静磁界において，$\boldsymbol{E}$ をつくるためには電荷が，$\boldsymbol{B}$ をつくるためには電荷の流れである電流（伝導電流）が必要であった．時間変化が許された状況においても，電荷があれば $\boldsymbol{E}$ がつくられ，伝導電流が流れれば $\boldsymbol{B}$ がつくられる．しかし，時間変化が許された状況では，電荷分布 ρ や電荷の流れを表す電流密度 $\boldsymbol{j}$ のような“物質的な”存在がなくても $\boldsymbol{E}$ や $\boldsymbol{B}$ をつくることができる．具体的には，図 19・1 に示すように，$\boldsymbol{B}$ に時間変化があれば起電力 U が生じ，電界 $\boldsymbol{E}$ がつくられる．また，$\boldsymbol{E}$ に時間変化があれば変位電流 $\boldsymbol{j}_{\mathrm{d}}$ が生じ，磁束密度 $\boldsymbol{B}$ がつくられるのである．

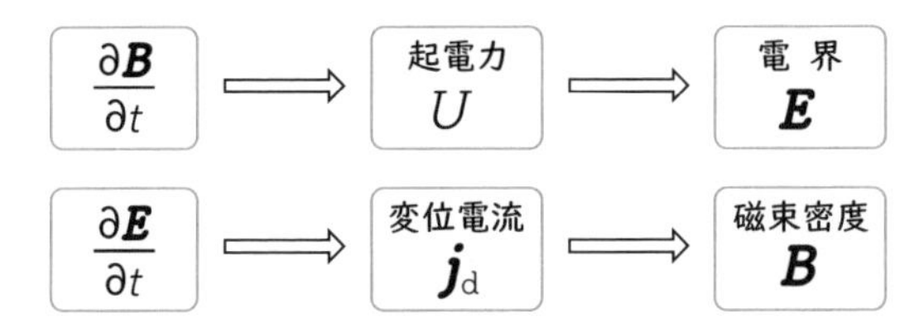

図 19・1 ρ や $\boldsymbol{j}$ という物質的な存在がなくてもつくられる $\boldsymbol{E}$ と $\boldsymbol{B}$.

これは，時間変化が許された状況では，ρ や $\boldsymbol{j}$ のような物質的な存在に頼ることなしに $\boldsymbol{E}$ や $\boldsymbol{B}$ を生み出すことができることを意味している．以下に，電荷密度 ρ や電流密度 $\boldsymbol{j}$ が存在しない空間である**自由空間**におけるマクスウェルの方程式を示す．

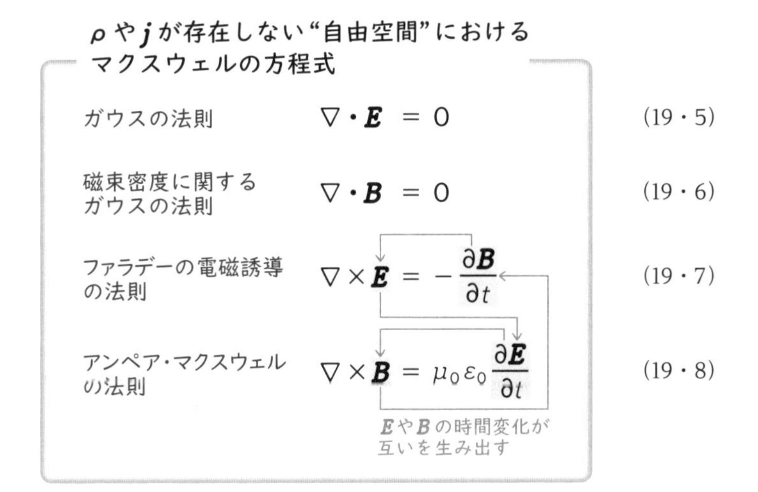

$$\nabla \cdot \boldsymbol{E} = 0 \quad (19 \cdot 5)$$

$$\nabla \cdot \boldsymbol{B} = 0 \quad (19 \cdot 6)$$

$$\nabla \times \boldsymbol{E} = -\frac{\partial \boldsymbol{B}}{\partial t} \quad (19 \cdot 7)$$

$$\nabla \times \boldsymbol{B} = \mu_0 \varepsilon_0 \frac{\partial \boldsymbol{E}}{\partial t} \quad (19 \cdot 8)$$

電荷分布や電流密度が存在しないため，物質的な存在から $\boldsymbol{E}$ や $\boldsymbol{B}$ がつくられることはない．その代わり，式(19・7)と式(19・8)に示されているように，$\boldsymbol{B}$ の時間変化が回転する $\boldsymbol{E}$ を誘導し（$\boldsymbol{E}$ に変化が生まれる），それに

時間変化のない世界では
時間変化のない世界では，ファラデーの電磁誘導の法則は静電界渦なし則であり，アンペア・マクスウェルの法則はアンペアの法則であったことを思い出そう．

物質的な存在とは
5 章で述べたように，電荷を構成する要素は，それぞれ正や負に帯電したイオンや電子であることが多い．これらの粒子は質量や大きさ（体積）をもつことからもわかるように“物質的な”存在である．また，伝導電流も電荷の流れであるため物質的な存在である．$\boldsymbol{E}$ や $\boldsymbol{B}$ は空間に確かに存在する物理量であるが，質量や体積をもたないため物質的な存在とはいえない．

自由空間と真空
自由空間と真空を混同しがちになるかもしれない．自由空間は電荷密度 ρ や電流密度 $\boldsymbol{j}$ が存在しない空間を指す．それに対して，真空は空間に物質（原子や分子）がそもそも存在しない状態を指す．

自由空間では
式(19・1)～式(19・4)において ρ および $\boldsymbol{j}$ を 0 としたものが，自由空間におけるマクスウェルの方程式である．4 本の方程式の中に ρ や $\boldsymbol{j}$ が存在しないため，それらを源として $\boldsymbol{E}$ や $\boldsymbol{B}$ をつくり出すことはできない．

互いを生み出しあう
この連鎖過程は，次章以降に述べる電磁波の伝搬において重要になる．電磁波（電波）が伝搬する空間には ρ や $\boldsymbol{j}$ が存在しなくても構わない．そのような場合でも，$\boldsymbol{E}$ や $\boldsymbol{B}$ の時間変化が互いを生み出しあうことによって電磁界がつくられ，その変化が伝わっていくのである．

伴う$\boldsymbol{E}$の時間変化が回転する$\boldsymbol{B}$をつくり出す連鎖反応のような過程が起こる．このように$\boldsymbol{E}$や$\boldsymbol{B}$の時間変化が互いを生み出しあうことによって，ρや$\boldsymbol{j}$が存在しない空間においても$\boldsymbol{E}$や$\boldsymbol{B}$がつくられていく（維持される）のである．

19・2　マクスウェルの方程式のイメージ

前節では，マクスウェルの方程式を構成する四つの法則を微分形で示したが，それらの積分形については言及を避けた．本節では，マクスウェルの方程式の積分形を再度整理し，そのイメージを説明する．

$\boldsymbol{E}$に関するガウスの法則については4章で学んだ．

■ ガウスの法則　電界$\boldsymbol{E}$に関するガウスの法則の積分形は以下のようになる〔微分形は式(19・1)〕．

$$\text{ガウスの法則}\quad \oint_S \boldsymbol{E}\cdot\boldsymbol{n}\,\mathrm{d}S = \frac{Q}{\varepsilon_0} = \frac{1}{\varepsilon_0}\int_V \rho\,\mathrm{d}V$$

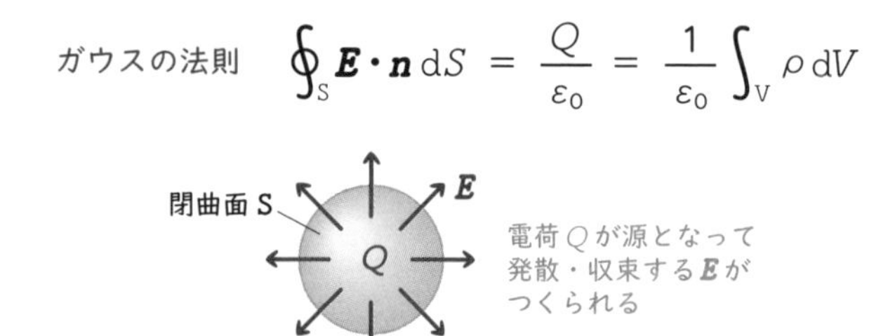

左辺は$\boldsymbol{E}$をある閉曲面Sで面積分したものである．この積分量は，ある閉じた空間（今の場合は閉曲面Sで囲まれた体積領域V）から，外向きに$\boldsymbol{E}$が発散しているのか，収束しているのかを表している．積分の結果が正の場合は，閉曲面Sを貫いて$\boldsymbol{E}$が外側に発散していることを意味する．逆に，結果が負の場合は，閉曲面Sを貫いて$\boldsymbol{E}$が内側に収束していることを示す．この$\boldsymbol{E}$の発散・収束の大きさ（もしくは強さ）をコントロールしているものが，右辺の総電荷Qである．Qは電荷密度ρを体積領域Vで体積積分したものであり，総電荷Qが正の場合は，左辺も正となり$\boldsymbol{E}$は発散する．Qが負の場合は，左辺も負になり$\boldsymbol{E}$は収束する．ガウスの法則は，電荷が源となって発散・収束する$\boldsymbol{E}$がつくられることを意味している．

発散・収束の強さを決めるもの
発散か収束かだけでなく，発散・収束がどのくらい強いかも電荷がコントロールしている．電荷量の絶対値が大きいほど，$\boldsymbol{E}$の発散・収束が強い．

$\boldsymbol{B}$に関するガウスの法則については14章で学んだ．

■ 磁束密度に関するガウスの法則　磁束密度に関するガウスの法則の積分形は以下のようになる〔微分形は式(19・2)〕．

$$\text{磁束密度に関するガウスの法則}\quad \oint_S \boldsymbol{B}\cdot\boldsymbol{n}\,\mathrm{d}S = 0$$

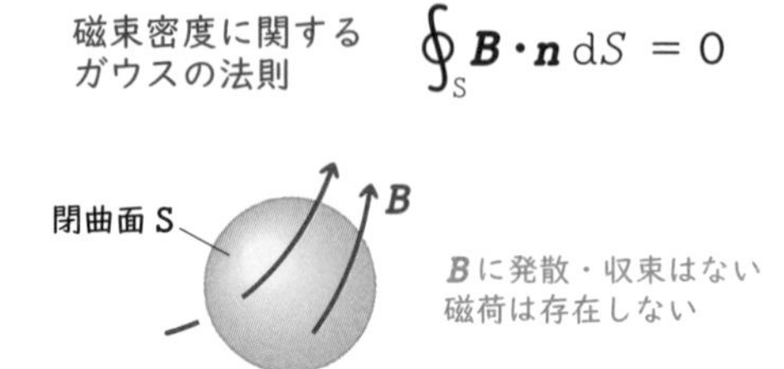

電界$\boldsymbol{E}$に関するガウスの法則のときと同様に，左辺の面積分は，閉曲面Sの表面を貫いて外側に出ていく磁束密度$\boldsymbol{B}$の総量を示している．電界$\boldsymbol{E}$の場合は，この積分量が右辺に示される総電荷Qによってコントロールされていたが，磁束密度$\boldsymbol{B}$の場合，右辺は常に0となる．これは，いかなる場合にも磁束密度$\boldsymbol{B}$に発散・収束があってはならないことを示している．電荷は発散・収束する電界$\boldsymbol{E}$をつくるが，発散・収束する磁束密度$\boldsymbol{B}$をつくり出す仕組み（磁荷とよべるようなもの）は存在しないのである．ガウスの法則は，電界$\boldsymbol{E}$と磁束密度$\boldsymbol{B}$のどちらについても，時間変化の有無に関係なく成立する．

■ ファラデーの電磁誘導の法則　ファラデーの電磁誘導の法則の積分形は以下のようになる〔微分形は式(19・3)〕．

ファラデーの電磁誘導の法則は16章で学んだ．

ファラデーの電磁誘導の法則

$$\oint_C \boldsymbol{E}\cdot \mathrm{d}\boldsymbol{l} = -\frac{\mathrm{d}}{\mathrm{d}t}\int_S \boldsymbol{B}\cdot\boldsymbol{n}\,\mathrm{d}S$$

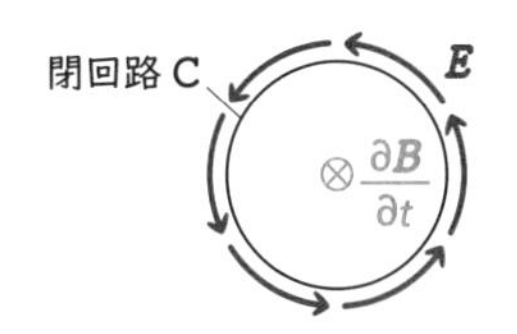

$\boldsymbol{B}$に時間変化があると回転する$\boldsymbol{E}$がつくられる

左辺は，ある閉回路Cについて電界$\boldsymbol{E}$を線積分したものである．この線積分の結果が0のとき，電界$\boldsymbol{E}$に回転する要素はない．静電界においては，この線積分は常に0にならなければならない．本書ではこの法則を**静電界渦なし則**とよんできた．一方，左辺の線積分が0でない場合は，電界$\boldsymbol{E}$に回転する要素があることを示す．このとき，回転する$\boldsymbol{E}$をつくり出す源となっているのが右辺である．右辺は閉回路Cで囲まれた面Sを貫く総磁束（磁束密度$\boldsymbol{B}$を面Sで面積分したもの）の時間微分にマイナスを付けたものとなっている．ファラデーの電磁誘導の法則は，ある面を貫く総磁束に時間変化がある場合，その周囲に回転する$\boldsymbol{E}$がつくられることを意味している．

時間変化のあるなし
ファラデーの電磁誘導の法則を時間変化がない場合について適用すると，つまり右辺が0であるような状況を考えると，当然ながら“静電界渦なし則”になる．

■ アンペア・マクスウェルの法則　アンペア・マクスウェルの法則の積分形は以下のようになる〔微分形は式(19・4)〕．

アンペア・マクスウェルの法則は18章で学んだ．

アンペア・マクスウェルの法則

$$\oint_C \boldsymbol{B}\cdot \mathrm{d}\boldsymbol{l} = \mu_0\int_S \left(\boldsymbol{j} + \underbrace{\varepsilon_0\frac{\partial \boldsymbol{E}}{\partial t}}_{\text{変位電流}}\right)\cdot\boldsymbol{n}\,\mathrm{d}S$$

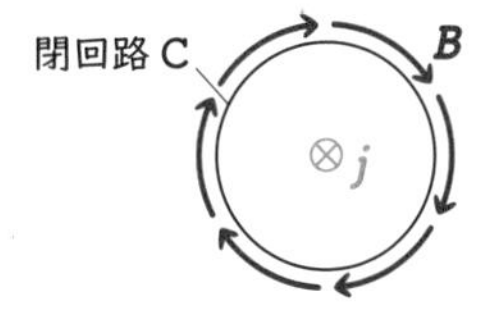

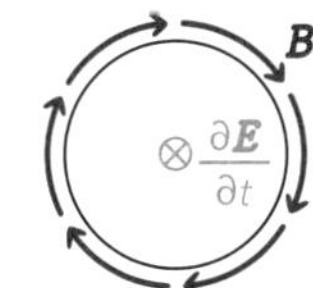

電流が流れる，もしくは$\boldsymbol{E}$に時間変化があると回転する$\boldsymbol{B}$がつくられる

ファラデーの電磁誘導の法則のときと同様に，左辺の線積分は$\boldsymbol{B}$に回転があるかないかを表している．この積分の結果が0でない場合，回転する$\boldsymbol{B}$

時間変化のあるなし
アンペア・マクスウェルの法則を時間変化がない場合について適用すると，つまり変位電流がないような状況を考えると，当然ながら“アンペアの法則”になる．

がつくられているが，その回転を生み出しているのが右辺である．時間変化がない場合，右辺には伝導電流を含む項のみが存在し，**アンペアの法則**とよばれる．伝導電流の電流密度 $\boldsymbol{j}$ を閉回路Cによって囲まれた面 S で面積分すると電流 I が導かれる．アンペアの法則は，閉曲面を貫いて電流が流れている場合，電流の流れる方向に右ねじに巻付いて回転する $\boldsymbol{B}$ がつくられることを意味している．時間変化がある場合は，電界 $\boldsymbol{E}$ が時間変化することによって生まれる変位電流も回転する $\boldsymbol{B}$ をつくり出す．変位電流の働きは伝導電流と同じで，変位電流の方向に右ねじに巻付いて回転する $\boldsymbol{B}$ を生み出す．つまり，アンペア・マクスウェルの法則は，“伝導電流が流れる”もしくは“$\boldsymbol{E}$ に時間変化があり変位電流が存在するとき”に回転する $\boldsymbol{B}$ がつくられることを意味している．

演習問題

19・1　4本あるマクスウェルの方程式の微分形を示し，それぞれが何を意味しているかを文章で述べよ．

20

電　磁　波

電磁気学のゴールが近づいてきました．本章では，前章でまとめた４本のマクスウェルの方程式を出発点として，電磁波の存在を導きます．まず，電界$\boldsymbol{E}$や磁束密度$\boldsymbol{B}$といった物理量の変化が波動として伝わるということがどういうことなのか，どのような方程式を満たせば“物理量が波として伝わっている”といってよいか，について述べます．そのあとで，マクスウェルの方程式の微分形を出発点として，ベクトル解析を駆使することで，電界$\boldsymbol{E}$と磁束密度$\boldsymbol{B}$（電磁界）が波動として空間を伝わることを示す方程式（波動方程式とよびます）を導きます．最後に，導出した波動方程式に基づいて，電磁波が真空中を伝わるときの速さを求めます．

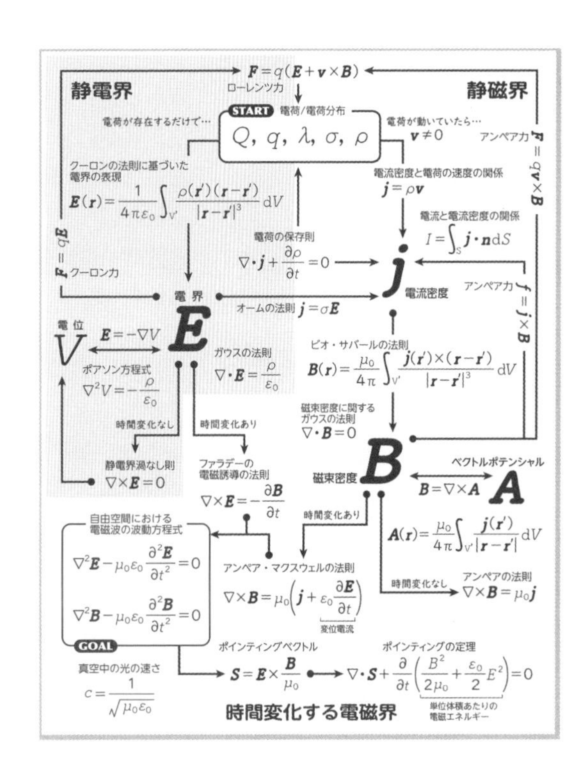

20・1 波動方程式

波と波動
本書では“波”と“波動”を全く同じ意味で用いている．

まず，電磁波という電磁界の波に限定せず，一般的に“波動とは何なのか”について考えてみよう．簡単な例としてロープを伝わる波を取上げる．図20・1に示すように，x軸に沿ってロープを張り，その左端の原点に位置する部分をy軸方向に$y=-A$から$y=A$まで$y=A\sin\omega t$で振動させることを考える．この振動する部分を**波源**とよぶ．

波源の振動を表す式
波源の振動は時間tのみの関数になっていることに注意する．

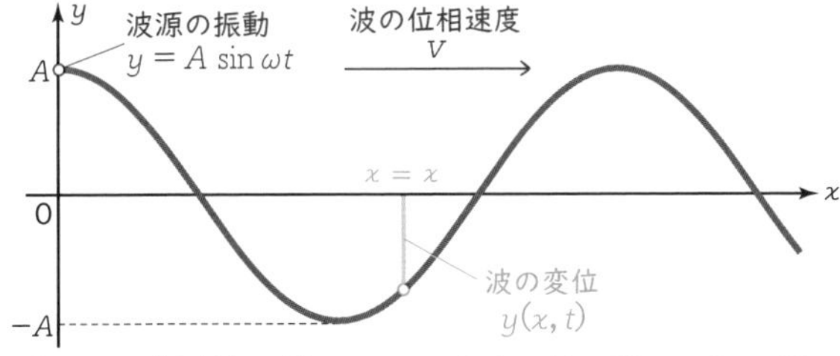

図20・1　ロープを伝わる波．$t=t$のときの波の形のスナップショット．

たとえば，時間$t=0$に波源（ロープの左端）がy軸に沿って原点から上側に動き始めると，ロープに働く張力によって，波源から少し右側の部分も上側に引っ張り上げられる．図20・2に示すように，ロープに働く張力は，さらに右側の部分にもy軸方向のロープの位置の変化を伝えていく．y軸方向のロープの位置を波の変位とよぶが，波源が振動するだけで，波源から離れた部分にもこの変位が伝わっていくのである．ここで，外部から変動が与

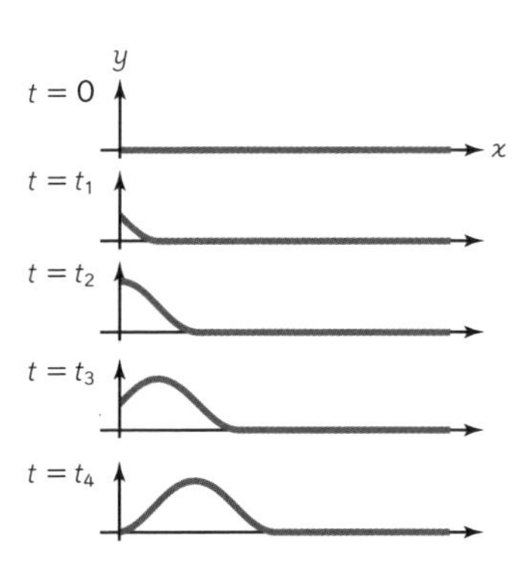

図20・2　波源の変化がロープに働く張力を介して離れた場所に伝わっていく様子．

えられているのは波源に相当するロープの左端のみであることに留意する．今の場合，張力の働きによって波源の変位が隣に伝わることで，ロープの変位が波動として離れたところに伝わっていくのである．つまり，何らかの仕組み（今の場合はロープに働く張力）によって“隣を変える”ことが，波動の伝搬にとっては必須となる．

隣を変える
ロープを伝わる波，海面を伝わる波，音波など，いろいろな波があるが，“隣を変える”ための仕組みはさまざまである．電磁波の場合がどうなのかについては，次章で述べる．

波動を数式で表現してみよう．図 20・1 に示すように，時間 $t = t$ における位置 $x = x$ でのロープの変位を $y(x, t)$ とおく．また，波は x 軸方向に位相速度 v で伝搬しているものとする．このとき $x = 0$ にある波源が振動すると，$x = x$ の位置のロープはある時間だけ遅れて波源と同じ振動をする．波が位相速度 v で伝わるため，その変動が $x = x$ まで伝わるのに x/v の時間を要する．つまり，$y(x, t)$ における変位は，波源の $t = t - x/v$ における変位と同じになる．

位相速度 v は，厳密にいうと“位相速度の大きさ v”である（速度は一般にベクトル量であるため）．

$x = x$ における変位は，波源よりも x/v だけ時間的に遅れる．つまり，$x = x$ における時間 $t = t$ の変位は，$t = t$ から x/v だけ時間を遡ったとき（巻き戻したとき）の波源の変位と同じになる．

$$
\begin{aligned}
y(x, t) &= A \sin \omega\left(t - \frac{x}{v}\right) \\
&= A \sin\left(\omega t - \frac{\omega x}{v}\right) \qquad (20 \cdot 1)
\end{aligned}
$$

$\frac{x}{v}$：$x = x$ の位置のロープはこの時間だけ遅れて振動する

角周波数 ω，位相速度 v，波数 k には式(20・2) の関係がある．

$$
k = \frac{\omega}{v} \qquad (20 \cdot 2)
$$

（k：波数，ω：角周波数，v：位相速度）

これを用いると，波の式〔式(20・1)〕は式(20・3) のように書き直すことができる．

$$
y(x, t) = A \sin(\omega t - kx) \qquad (20 \cdot 3)
$$

この波の式について少しだけ詳しくみていこう．ロープの変位 $y(x, t)$ は位置 x と時間 t の双方の関数になっていることに注意する．たとえば，時間を固定すると，y は位置 x のみの関数となる．この x のみの関数は，図 20・1 に描かれているある時間 t における波の変位のスナップショットに相当する．一方，ある位置 x を固定して波の式に代入すると，変位 y は時間 t のみの関数となる．これは，ある点 x だけに着目してその位置でのロープの変位が時間とともにどのように変わるかを表したものとなっている．

少し唐突であるが，式(20・3) の波の式を x および t で 2 階微分してみよう．すると，式(20・4) と式(20・5) が導かれる．

$y(x, t) = A \sin(\omega t - kx)$

$$
\frac{\partial^2 y}{\partial x^2} = -k^2 A \sin(\omega t - kx) = -k^2 y \qquad (20 \cdot 4)
$$

$$
\frac{\partial^2 y}{\partial t^2} = -\omega^2 A \sin(\omega t - kx) = -\omega^2 y \qquad (20 \cdot 5)
$$

2 階微分したものは，どちらも $y(x, t)$ 自身に“ある正の数”を掛けてマイナスを付けたものになっている．ここから式(20・6) のような微分方程式を得ることができる．

ここでは k^2 と ω^2 がそれぞれ“ある正の数”になっている．

$$\underbrace{\frac{\partial^2 y}{\partial x^2}}_{-k^2 y} - \frac{k^2}{\omega^2}\underbrace{\frac{\partial^2 y}{\partial t^2}}_{-\omega^2 y} = 0 \qquad (20・6)$$

式(20・6)の導出が唐突に感じられるかもしれない．式(20・6)の左辺に式(20・4)と式(20・5)を代入すると右辺が0になることで納得してもらいたい．

さらに式(20・2)から $v = \omega/k$ であることを考えると式(20・7)が得られる．

波動方程式 $$\frac{\partial^2 y}{\partial x^2} - \frac{1}{v^2}\frac{\partial^2 y}{\partial t^2} = 0 \qquad (20・7)$$

式(20・7)は，y の x による微分（空間微分）と t による微分（時間微分）が混在した偏微分方程式になっており**波動方程式**とよばれる．波動方程式は，波として伝わる物理量が満たすべき微分方程式である．つまり，ある物理量が波動方程式を満たす場合，その物理量の変化は波動として伝わることになる．なお，式(20・3)は，この波動方程式という微分方程式の解になっている．

波の式と波動方程式の違い
式(20・3)は，ある時空間変化する物理量があったとき，その変位を“位置”と“時間”の関数で表現したものである（波の式とよぶことが多い）．位置と時間を決めれば変位が与えられる．波動方程式と明確に区別する必要がある．

波動方程式の形をかみ砕いて表現すると，式(20・8)のようになる．

（空間についての2階微分）－（正の数）（時間についての2階微分）$= 0$　(20・8)

つまり，ある物理量の“空間についての2階微分”と“時間についての2階微分”がこの形式で結合しているとき，その微分方程式は波動方程式になっていて，その物理量の変化が波として伝わることを意味する．次節では，マクスウェルの方程式を出発点としてベクトル解析を駆使して式変形を行い，$\boldsymbol{E}$ と $\boldsymbol{B}$ に関する波動方程式を導出できるかについて考える．それがうまくいけば，$\boldsymbol{E}$ と $\boldsymbol{B}$ は波として伝わってよい，つまり電磁波が存在してよい，ということになる．

空間微分と時間微分
式(20・7)の波動方程式において，y は x と t の関数になっている．空間についての微分は y を x で偏微分したものであり，時間についての微分は y を t で偏微分したものである．

20・2　電磁波の導出

本節では，**電磁波**が存在すること，つまり電界 $\boldsymbol{E}$ と磁束密度 $\boldsymbol{B}$ の変化が波動として空間を伝搬しうるかについて考える．具体的には，自由空間におけるマクスウェルの方程式を出発点として，ベクトル解析を用いた式変形を行うことによって，$\boldsymbol{E}$ と $\boldsymbol{B}$ に関する波動方程式に到達することを目指す．

出発点である自由空間におけるマクスウェルの方程式は以下の4本である．

❶ $\nabla\cdot\boldsymbol{E} = 0$　　❸ $\nabla\times\boldsymbol{E} = -\dfrac{\partial\boldsymbol{B}}{\partial t}$

❷ $\nabla\cdot\boldsymbol{B} = 0$　　❹ $\nabla\times\boldsymbol{B} = \mu_0\varepsilon_0\dfrac{\partial\boldsymbol{E}}{\partial t}$

自由空間
自由空間におけるマクスウェルの方程式については§19・1で学んだ〔式(19・5)～式(19・8)〕．自由空間は，電荷が存在せず，電流も流れていない空間であるため，ρ および $\boldsymbol{j}$ が0になっている．

まず，❸の両辺の回転をとる．次に示すように右辺の計算を先に進め，途中で❹を用いることで $\boldsymbol{B}$ を $\boldsymbol{E}$ に置き換える．これにより式(20・9)を得る．

$$\nabla\times(\nabla\times\boldsymbol{E}) = \nabla\times\left(-\frac{\partial\boldsymbol{B}}{\partial t}\right)$$

回転（∇×）と時間微分を入れ換えた

$$= -\frac{\partial}{\partial t}(\nabla\times\boldsymbol{B}) = -\frac{\partial}{\partial t}\left(\mu_0\varepsilon_0\frac{\partial\boldsymbol{E}}{\partial t}\right)$$

❹を用いた

$$= -\mu_0\varepsilon_0\frac{\partial^2\boldsymbol{E}}{\partial t^2} \qquad (20\cdot9)$$

式(20・9）の左辺については，ベクトル公式を用いて次式のように変形する．❶より右辺第1項が0になるので，最終的には式(20・10）のように書き換えることができる．

用いたベクトル公式
$\nabla\times(\nabla\times\boldsymbol{F}) = \nabla(\nabla\cdot\boldsymbol{F}) - \nabla^2\boldsymbol{F}$

ベクトル公式

$$\nabla\times(\nabla\times\boldsymbol{E}) = \nabla(\nabla\cdot\boldsymbol{E}) - \nabla^2\boldsymbol{E}$$

❶より0

$$= -\nabla^2\boldsymbol{E} \qquad (20\cdot10)$$

ラプラシアンふたたび
ここで現れた ∇^2 は，ラプラシアンとよばれるものであった．§6・1で初めて出てきた微分演算子である．

式(20・9）と式(20・10）から式(20・11）が得られる．

$$\nabla^2\boldsymbol{E} - \mu_0\varepsilon_0\frac{\partial^2\boldsymbol{E}}{\partial t^2} = 0 \qquad (20\cdot11)$$

式(20・11）は電界 $\boldsymbol{E}$ についての波動方程式になっている．この表現を波動方程式と考えてよい理由は後述する．

上では，❸のファラデーの電磁誘導の法則の両辺に回転を作用させることで $\boldsymbol{E}$ についての波動方程式を導いた．ここからは，❹のアンペア・マクスウェルの法則に対して回転をとり，同じ流れの式変形〔式(20・12)～式(20・14)〕を行うことによって $\boldsymbol{B}$ についての波動方程式を導く．

$$\nabla\times(\nabla\times\boldsymbol{B}) = \nabla\times\left(\mu_0\varepsilon_0\frac{\partial\boldsymbol{E}}{\partial t}\right)$$

回転（∇×）と時間微分を入れ換えた

$$= \mu_0\varepsilon_0\frac{\partial}{\partial t}(\nabla\times\boldsymbol{E}) = \mu_0\varepsilon_0\frac{\partial}{\partial t}\left(-\frac{\partial\boldsymbol{B}}{\partial t}\right)$$

❸を用いた

$$= -\mu_0\varepsilon_0\frac{\partial^2\boldsymbol{B}}{\partial t^2} \qquad (20\cdot12)$$

用いたベクトル公式
$\nabla\times(\nabla\times\boldsymbol{F}) = \nabla(\nabla\cdot\boldsymbol{F}) - \nabla^2\boldsymbol{F}$

ベクトル公式

$$\nabla\times(\nabla\times\boldsymbol{B}) = \nabla(\nabla\cdot\boldsymbol{B}) - \nabla^2\boldsymbol{B}$$

❷より0

$$= -\nabla^2\boldsymbol{B} \qquad (20\cdot13)$$

$$\nabla^2\boldsymbol{B} - \mu_0\varepsilon_0\frac{\partial^2\boldsymbol{B}}{\partial t^2} = 0 \qquad (20\cdot14)$$

行っている式変形は$\boldsymbol{E}$の場合とほぼ同じであり，最終的には式(20・14)に示されている$\boldsymbol{B}$についての波動方程式を得ることができた．

ここからは，得られた2本の波動方程式〔式(20・11)と式(20・14)〕について詳しくみていこう．特に，これらの二つの式の左辺第1項に現れる$\nabla^2\boldsymbol{E}$と$\nabla^2\boldsymbol{B}$について考える．∇^2は6章で電位に関するポアソン方程式を考えたときに初めて出てきた．式(20・15)に示すような“空間に関する”微分演算子であり，ラプラシアンとよばれるものであった．

$$\nabla^2 \equiv \nabla \cdot \nabla = \frac{\partial^2}{\partial x^2} + \frac{\partial^2}{\partial y^2} + \frac{\partial^2}{\partial z^2} \qquad (20 \cdot 15)$$

6章ではラプラシアンを作用させる対象がスカラー量である電位Vであったが，今の場合は∇^2を$\boldsymbol{E}$や$\boldsymbol{B}$のようなベクトル量に対して作用させている．この演算について理解するために，ベクトル量$\boldsymbol{E}$に対して∇^2を作用させる計算をやってみよう．ここで$\boldsymbol{E}$は直交座標系において(E_x, E_y, E_z)のように書けるものとする．$\nabla^2\boldsymbol{E}$を具体的に書きくだしてみると式(20・16)のようになる．

$$\nabla^2\boldsymbol{E} = \nabla^2(E_x, E_y, E_z) = \Bigl(\underbrace{\frac{\partial^2 E_x}{\partial x^2} + \frac{\partial^2 E_x}{\partial y^2} + \frac{\partial^2 E_x}{\partial z^2}}_{x\text{成分}},\ \underbrace{\frac{\partial^2 E_y}{\partial x^2} + \frac{\partial^2 E_y}{\partial y^2} + \frac{\partial^2 E_y}{\partial z^2}}_{y\text{成分}},\ \underbrace{\frac{\partial^2 E_z}{\partial x^2} + \frac{\partial^2 E_z}{\partial y^2} + \frac{\partial^2 E_z}{\partial z^2}}_{z\text{成分}}\Bigr) \qquad (20 \cdot 16)$$

∇^2は微分演算子であるが，形式としてはスカラーである．そのため，ベクトル量に対して作用させる場合，∇^2を各成分にそのまま掛け合わせればよいことになる．

$\nabla^2\boldsymbol{E}$がベクトル量のままであり，かつ，各成分は，E_x, E_y, E_zのそれぞれを空間座標であるx, y, zについて2階微分したものによって構成されていることがわかる．つまり，式(20・11)と式(20・14)の$\nabla^2\boldsymbol{E}$と$\nabla^2\boldsymbol{B}$の項は，空間座標による2階微分になっているのである．よって式(20・11)と式(20・14)は，以下に示す“波動方程式が満たすべき形式”〔式(20・8)参照〕に従っているということができる．

本節では，式(20・11)と式(20・14)を導いた時点で，これらの$\boldsymbol{E}$と$\boldsymbol{B}$に関する微分方程式が波動方程式であることを述べてしまっていた．しかし本来は，式(20・17)と式(20・18)に示すように，波動方程式が満たすべき形式に従っていることを確認してから，波動方程式とよぶべきである．

空間についての2階微分　時間についての2階微分　正の数

$$\nabla^2\boldsymbol{E} - \mu_0\varepsilon_0\frac{\partial^2\boldsymbol{E}}{\partial t^2} = 0 \qquad (20 \cdot 17)$$

$$\nabla^2\boldsymbol{B} - \mu_0\varepsilon_0\frac{\partial^2\boldsymbol{B}}{\partial t^2} = 0 \qquad (20 \cdot 18)$$

前節において，“ある物理量が式(20・8)のような形式の微分方程式（波動方程式）を満たす場合，その物理量の変化は波動として空間を伝搬することができる”ということを述べた．つまり，式(20・17)と式(20・18)はそれぞれ$\boldsymbol{E}$と$\boldsymbol{B}$についての波動方程式であり，$\boldsymbol{E}$と$\boldsymbol{B}$が波動として空間を伝搬できることを証明しているのである．この空間を伝搬する$\boldsymbol{E}$と$\boldsymbol{B}$の波を**電磁波**とよぶ．

最後に電磁波が伝搬するときの位相速度を求めておこう．波動方程式の一般的な形を与えている式(20・7)に立ち戻って考えると，空間の2階微分と時間の2階微分をつないでいる“正の数”が $1/v^2$ に対応することがわかる．$\boldsymbol{E}$ と $\boldsymbol{B}$ に関する波動方程式〔式(20・17)と式(20・18)〕では，この部分が $\mu_0\varepsilon_0$ であることから，式(20・19)のように電磁波の位相速度 v を求めることができる．

$$\frac{1}{v^2} = \mu_0\varepsilon_0$$

$$v = \pm\frac{1}{\sqrt{\mu_0\varepsilon_0}} \tag{20・19}$$

式(20・19)に現れる真空の誘電率 ε_0 と真空の透磁率 μ_0 の実際の値は，それぞれ3章，10章において導入されている．それらの値を式(20・19)に代入すると，電磁波の位相速度 v の大きさが真空中の光の速さ $c = 2.99792458\times10^8$ m/s（おおよそ秒速30万キロメートル）に一致することがわかる．つまり，電磁波は光の速さで伝搬するのである．これは，光が電磁波の一部であることを意味している．

演習問題

20・1 次の空欄 (a)～(e) を埋めよ．

アンペアの法則を時間変化も含めて一般化するためには，[(a)]というものを右辺に加える必要がある．[(a)]は，真空の誘電率 ε_0，電界 $\boldsymbol{E}$ を使って $\boldsymbol{j}_\mathrm{d}$ = [(b)]のように表せる．この一般化されたアンペアの法則（アンペア・マクスウェルの法則）と，他の三つの式をあわせてマクスウェルの方程式とよんでいる．

今，電荷および通常の電流がない空間（このような空間を自由空間とよぶ）を考える．マクスウェルの方程式の中のファラデーの電磁誘導の法則の式の両辺に回転を作用させた後，その式の中の $\nabla\times\boldsymbol{B}$ を $\boldsymbol{E}$ で表された形に置き換えて式を変形すると，$\boldsymbol{B}$ のない $\boldsymbol{E}$ だけの式[(c)] = 0 が導ける．この式は $\boldsymbol{E}$ が波として伝わることを表している．もし[(b)]がなければ[(c)] = 0 は[(d)] = 0 となって電磁波の存在が許されなくなる．[(a)]の意義の大きさがわかるであろう．

$\boldsymbol{B}$ についても同様に，自由空間におけるアンペア・マクスウェルの法則の両辺に回転を作用させた後，その式の中の $\nabla\times\boldsymbol{E}$ を $\boldsymbol{B}$ で表された形に置き換えて式を変形すると，$\boldsymbol{E}$ のない $\boldsymbol{B}$ だけの式[(e)] = 0 が導ける．この式は $\boldsymbol{B}$ が波として伝わることを表している．

20・2 次のベクトル公式が成り立つことを確認せよ．

$$\nabla\times(\nabla\times\boldsymbol{F}) = \nabla(\nabla\cdot\boldsymbol{F}) - \nabla^2\boldsymbol{F}$$

21

電磁波の伝搬

前章では，マクスウェルの方程式から出発し，ベクトル解析を用いて波動方程式を導出することで，電磁波の存在を示しました．電磁波が存在してよいことは示しましたが，電磁波がどのような“姿”をしているのか，どうして波として伝搬できるのか，波は“何”を運んでいるのか，については全く述べませんでした．本章では，マクスウェルの方程式，特にファラデーの電磁誘導の法則とアンペア・マクスウェルの法則に立ち戻って，電磁波が空間を波として伝搬する仕組みを考えたいと思います．また，“電磁波が運んでいる何か”に関する保存則であるポインティングの定理についても学びたいと思います．

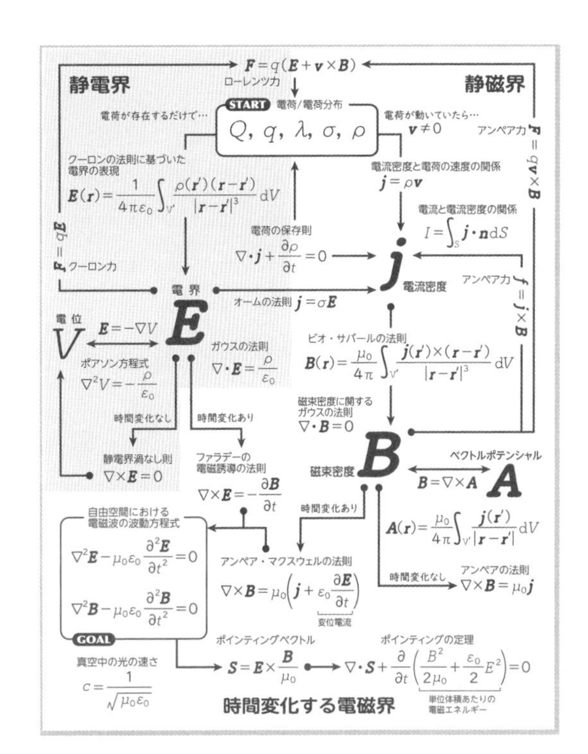

21・1　電磁波が伝搬する仕組み

前章では，以下に再掲する $\boldsymbol{E}$ と $\boldsymbol{B}$ に関する二つの波動方程式を導出した．

$$\nabla^2\boldsymbol{E}-\mu_0\varepsilon_0\frac{\partial^2\boldsymbol{E}}{\partial t^2}=0 \qquad (21\cdot1)$$

$$\nabla^2\boldsymbol{B}-\mu_0\varepsilon_0\frac{\partial^2\boldsymbol{B}}{\partial t^2}=0 \qquad (21\cdot2)$$

§20・1で述べたように，物理量が波動として空間を伝搬するためには，ある場所における物理量の時間的な変化が，隣の場所の物理量を変化させる必要がある．電磁波の場合，どのような仕組みで“隣に変化が伝わる”のだろうか．ここでは，ファラデーの電磁誘導の法則〔式(21・3)〕とアンペア・マクスウェルの法則〔式(21・4)〕の二つの法則に立ち戻って考えてみたい．

ロープを伝わる波を思い出す
§20・1では，張ったロープの片側（波源）を振動させて，その変位が波として伝わっていく例を考えた．この例では，ロープに働く張力によって，ある点の時間的な変位が隣を変化させ，ロープの変位が波動として空間を伝わった．

ファラデーの電磁誘導の法則
$$\nabla\times\boldsymbol{E}=-\frac{\partial\boldsymbol{B}}{\partial t} \qquad (21\cdot3)$$

アンペア・マクスウェルの法則
$$\nabla\times\boldsymbol{B}=\mu_0\varepsilon_0\frac{\partial\boldsymbol{E}}{\partial t} \qquad (21\cdot4)$$

自由空間を考えている
式(21・3)と式(21・4)は，どちらも自由空間を考えたものになっている．アンペア・マクスウェルの法則には，本来，伝導電流の電流密度 $\boldsymbol{j}$ を含む項が存在するが，自由空間を考えているために，式(21・4)には含まれていないことに注意する．

まず，ベクトル量である $\boldsymbol{E}$ と $\boldsymbol{B}$ を直交座標系において以下のようにおく．

$$\boldsymbol{E}=\left(E_x(z,t),\ E_y(z,t),\ E_z(z,t)\right) \qquad (21\cdot5)$$

$$\boldsymbol{B}=\left(B_x(z,t),\ B_y(z,t),\ B_z(z,t)\right) \qquad (21\cdot6)$$

x, y 座標に依存しないとは
$\boldsymbol{E}$ と $\boldsymbol{B}$ が x, y 座標に依存しないので, $\boldsymbol{E}$ と $\boldsymbol{B}$ は z 軸に垂直な面ではすべて同じ（向きが同じ, 大きさも同じ）になる. この面上で, 波は同位相となり, この面を波面とよぶことができる.

ここでは, 電磁波は z 方向に伝搬していると考える. つまり, $\boldsymbol{E}$ と $\boldsymbol{B}$ は x, y 座標には依存しないものとする. まず始めに, 成分表示をした $\boldsymbol{E}$〔式(21・5)〕と $\boldsymbol{B}$〔式(21・6)〕をファラデーの電磁誘導の法則〔式(21・3)〕に代入してみる.

$$\nabla \times \boldsymbol{E} = -\frac{\partial \boldsymbol{B}}{\partial t} \text{ に代入すると}$$

$$x \text{ 成分} \quad \frac{\partial E_z}{\partial y} - \frac{\partial E_y}{\partial z} = -\frac{\partial B_x}{\partial t} \qquad \left(\frac{\partial E_z}{\partial y} \to 0\right)$$

$$y \text{ 成分} \quad \frac{\partial E_x}{\partial z} - \frac{\partial E_z}{\partial x} = -\frac{\partial B_y}{\partial t} \qquad \left(\frac{\partial E_z}{\partial x} \to 0\right)$$

$$z \text{ 成分} \quad \frac{\partial E_y}{\partial x} - \frac{\partial E_x}{\partial y} = -\frac{\partial B_z}{\partial t} \qquad \left(\frac{\partial E_y}{\partial x} \to 0,\ \frac{\partial E_x}{\partial y} \to 0\right)$$

$\boldsymbol{E}$ の各成分が z と t のみの関数となっていて x, y には依存しないことから, x や y による偏微分が含まれる四つの項が 0 になる. 残った項のみを改めて整理したものを式(21・7)～式(21・9) に示す.

$$x \text{ 成分} \quad -\frac{\partial E_y}{\partial z} = -\frac{\partial B_x}{\partial t} \tag{21・7}$$

$$y \text{ 成分} \quad \frac{\partial E_x}{\partial z} = -\frac{\partial B_y}{\partial t} \tag{21・8}$$

$$z \text{ 成分} \quad 0 = -\frac{\partial B_z}{\partial t} \tag{21・9}$$

ここからは, 式(21・7)～式(21・9) に基づいて, 電磁波の性質や伝搬の仕組みを考えていくことにしよう. まず, 式(21・9) の z 成分について考えると, 左辺が 0 になるため B_z の時間微分は 0 となる. これは, B_z が時間とともに変化しないことを意味する. 今, 電磁波は z 方向に伝搬しているため, 伝搬方向と同じ方向に磁束密度 $\boldsymbol{B}$ は変位しないことになる. つまり, B_z の変化は波として伝わらない.

z 成分に波はない
B_z の時間変化が 0 であることは, B_z そのものが 0 であることを意味するわけではない（B_z に変化がないだけ). しかし, $\boldsymbol{B}$ の z 方向成分に変化がないということは, 波として伝わる $\boldsymbol{B}$ に z 成分は存在しない, ということができる.

次に, 式(21・7) と式(21・8) で与えられている x, y 成分についてみていこう. 右辺にある $\boldsymbol{B}$ の時間変化（時間微分）が, 左辺にある $\boldsymbol{E}$ の空間変化(z 座標での微分)をつくり出しているようにみえないだろうか. ただし, 式(21・7) に示されているように, E_y の空間変化をつくり出しているのは, E_y と直交する方向の磁束密度 B_x の時間変化である. 式(21・8) についても同様で, E_x の空間変化をつくり出しているのは, それと直交する方向の B_y の時間変化である. 本節の後半で図を用いて説明するが, $\boldsymbol{B}$ の時間変化（時間微分）は, それと直交する方向の $\boldsymbol{E}$ の空間変化（空間微分）をつくり出していることになる.

左辺の空間変化とは何か
z 座標での微分は, z 座標つまりは場所が変わると, 物理量がどれくらい変わるかを表す. 空間変化は, 場所が変わったときに物理量が変化することを意味する. つまり, z 座標での微分は空間変化を表す. 時間変化と空間変化を明確に区別したい.

同じ手続きで, 式(21・5) と式(21・6) の成分表示をアンペア・マクスウェルの法則〔式(21・4)〕に代入すると, 次式が得られる.

$\nabla\times\boldsymbol{B}=\mu_0\varepsilon_0\dfrac{\partial \boldsymbol{E}}{\partial t}$ に代入すると

$$x\text{ 成分}\quad \frac{\partial B_z}{\partial y}-\frac{\partial B_y}{\partial z}=\mu_0\varepsilon_0\frac{\partial E_x}{\partial t}$$

$$y\text{ 成分}\quad \frac{\partial B_x}{\partial z}-\frac{\partial B_z}{\partial x}=\mu_0\varepsilon_0\frac{\partial E_y}{\partial t}$$

$$z\text{ 成分}\quad \frac{\partial B_y}{\partial x}-\frac{\partial B_x}{\partial y}=\mu_0\varepsilon_0\frac{\partial E_z}{\partial t}$$

（$\frac{\partial B_z}{\partial y}$，$\frac{\partial B_z}{\partial x}$，$\frac{\partial B_y}{\partial x}$，$\frac{\partial B_x}{\partial y}$ → 0）

ファラデーの電磁誘導の法則に代入したときと同じように，$\boldsymbol{B}$ が z と t の関数になっていて x，y に依存しないので，x や y による偏微分を含む項が消える．残った項のみを式(21・10)～式(21・12) に示す．

$$x\text{ 成分}\quad -\frac{\partial B_y}{\partial z}=\mu_0\varepsilon_0\frac{\partial E_x}{\partial t}\qquad(21\cdot10)$$

$$y\text{ 成分}\quad \frac{\partial B_x}{\partial z}=\mu_0\varepsilon_0\frac{\partial E_y}{\partial t}\qquad(21\cdot11)$$

$$z\text{ 成分}\quad 0=\mu_0\varepsilon_0\frac{\partial E_z}{\partial t}\qquad(21\cdot12)$$

先ほどと同様に，まず，z 成分について考えると，E_z の時間微分が常に 0 になることがわかる．電磁波は z 方向に伝搬しているため，伝搬方向と同じ方向に電界 $\boldsymbol{E}$ は変位しない．つまり，E_z の変化も波として伝わらない．

式(21・10) と式(21・11) に戻って，伝搬方向に垂直な x，y 方向についても同様に考えると，E_x の時間変化が B_y の空間変化をつくり〔式(21・10)〕，E_y の時間変化が B_x の空間変化をつくり出している〔式(21・11)〕ことがわかる．ここでも，$\boldsymbol{E}$ の時間変化（時間微分）が，それと垂直な方向の $\boldsymbol{B}$ の空間変化（空間微分）を生み出している様子がみえる．重要なのは，ある点における $\boldsymbol{E}$ もしくは $\boldsymbol{B}$ の時間変化が，隣との違い（空間変化もしくは空間微分）を生み出していて，それが電磁波の伝搬を駆動しているということである．この空間変化が生み出されるがゆえに，隣の場所において $\boldsymbol{E}$ や $\boldsymbol{B}$ が変化し（隣が変わり），物理量の変化が波として空間を伝わっていくのである．

ここまでの考察から，$\boldsymbol{E}$ についても $\boldsymbol{B}$ についても伝搬方向と平行な方向の変位は波として伝わらず，波として伝わる $\boldsymbol{E}$ と $\boldsymbol{B}$ は伝搬方向に対して垂直な成分のみとなることがわかった．このように物理量の変位の方向が伝搬方向に垂直になる波を**横波**という．“電磁波は横波”なのである．

このようにして $\boldsymbol{E}$ と $\boldsymbol{B}$ が互いをつくり合いながら，電磁波が横波として伝搬していく“姿”を図 21・1 に模式的に示す．伝搬方向である z 方向を右向きにとり，相互作用をするペアのうちの E_x と B_y のみを描写している．E_x の実体は赤色の矢印で描かれたベクトルである（今の場合，x 成分のみを考えているので，x 方向を向いているベクトルになる）．この矢印の先端をつ

$\boldsymbol{B}$ も伝搬方向には変位しなかった
式(21・9) から，磁束密度 $\boldsymbol{B}$ についても z 成分は時間変化しないことが示されていた．つまり，波として伝わる $\boldsymbol{B}$ に z 成分は存在しなかった．

ファラデーのときと逆になる
式(21・7) と式(21・8) に基づいてファラデーの電磁誘導の法則の働きについて考えたときは，$\boldsymbol{B}$ の時間変化がそれと垂直な方向の $\boldsymbol{E}$ の空間変化をつくっていたのであった．$\boldsymbol{E}$ と $\boldsymbol{B}$ が入れ換わっているだけで，仕組みは同じである．

直交する相互作用のペア
互いに直交する E_x と B_y のペアは，式(21・8) と式(21・10) に示されているように，片方の時間変化がもう一方の空間変化をつくり出す．同じく互いに直交する E_y と B_x もペアとなって相互作用するが，図が複雑にならないように図 21・1 には描いていない．

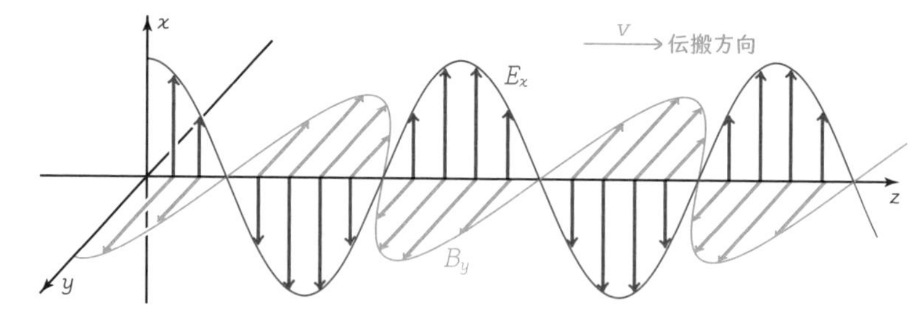

図 21・1 電磁波の伝搬のイメージ．$+z$ 方向に伝わる電磁波の成分である E_x と B_y のみを表現している．

ないだ線によって波の概形をみることができるが，あくまで伝搬している物理量は矢印（$\boldsymbol{E}$ ベクトルの x 方向成分）で表現されているものである．一方，B_y は青色の矢印で描かれており，この場合も矢印は $\boldsymbol{B}$ ベクトルの y 成分を示している．

ここからは，図 21・2 をみながら“時間変化が空間変化をつくって隣を変える”仕組みについて，もう一度考えてみよう．

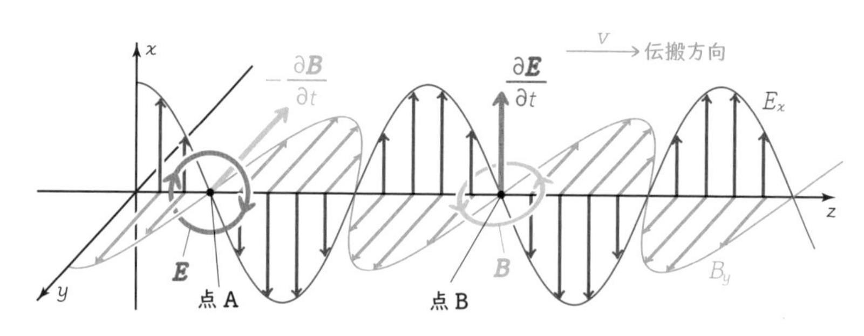

図 21・2 電磁波が伝搬するときに，時間変化が空間変化をつくり出す様子．

まず，図 21・2 の左側の点 A に着目する．点 A における B_y は，この瞬間には 0 である．次の時間には波形が z 方向（右側）にシフトするため，点 A における B_y は y が正の方向に大きくなる（山がやってくる）．つまり，B_y の時間微分は正になり $+y$ 方向を向く．これは，$\boldsymbol{B}$ の時間微分にマイナスを付けたものが $-y$ 方向に向くことを意味する（水色の矢印）．式(21・8) から，B_y の時間微分にマイナスを付けたものが E_x の空間変化をつくり出すことがわかる．今，B_y の時間微分は正なので，E_x を z で微分したものは負にならなければならない．つまり，点 A の左側の E_x は大きくなる必要があり，右側の E_x は小さくなる必要がある．これは，図に示されているように，実質的には E_x に時計まわりの渦（淡紅色の円形の矢印）をつくり出す，もしくは $\boldsymbol{E}$ を時計回りに“ねじる”ことに他ならない．

空間微分ができると
E_x を z で微分したものが負になるということは，E_x は z が大きくなるにつれて小さくなる必要がある．つまり，点 A の右側の E_x は，点 A の左側よりも小さくなる必要がある．

ねじられる方向
$\boldsymbol{E}$ がねじられる方向（$\boldsymbol{E}$ が回転する向き）は，$-\partial \boldsymbol{B}/\partial t$ に右ねじに巻付く方向である．これは，ファラデーの電磁誘導の法則が表現していることである．$\boldsymbol{B}$ がねじられる方向は，$\partial \boldsymbol{E}/\partial t$ に右ねじに巻付く方向である．これは，アンペア・マクスウェルの法則が表現していることに他ならない．

同様に右側の点 B について考えると，この場所では，この瞬間の E_x は 0 であるが，波が右方向に伝搬しているため，次の時間に E_x は正の方向に大きくなる（山がやってくる）．つまり E_x の時間微分が正になる．式(21・10) において，右辺が正になることは，B_y の z による空間微分が負になることに他ならない．これは，点Bの左側のB_yを大きく，右側のB_yを小さくすることに相当し，結果としてB_yを反時計回りにねじることになる（水色の回転の矢印）．このように，ある点における$\boldsymbol{E}$や$\boldsymbol{B}$の時間変化が空間変化をつくり出し，それと直交する方向の$\boldsymbol{E}$や$\boldsymbol{B}$をねじる．ねじられることによって隣の物理量が変化し，物理量の変化が波動として伝わっていく．

この“$\boldsymbol{E}$や$\boldsymbol{B}$のねじりが伝わっていく”過程だけを取出して描写したものが図21・3である．まず図21・3(a)の時間に，原点（波源）において$+x$方向の電界の変動をつくり出す，つまりE_xを時間とともに増大させることを考えてみよう．この原点におけるE_xの増大（時間変化）によって，それと直交する方向の$\boldsymbol{B}$であるB_yがねじられて（原点の右側では奥向き，左側では手前向きにねじられる，アンペア・マクスウェルの法則の働き），波源の隣の場所でB_yが変化する．図21・3(b)は，その次の段階を表したものであるが，波源の右側（z方向正の側）ではB_yが減少するので$-\partial\boldsymbol{B}/\partial t$は$+y$方向となり，この方向に右ねじに巻付くように$E_x$がねじられることになる（今考えている点の右側で上向き,左側で下向きにねじられる,ファラデーの電磁誘導の法則の働き）．この二つの段階を経ることによって，波源におけるE_xの変化が少し離れた場所に伝わっていることがわかるだろうか．このようにして，ファラデーの電磁誘導の法則とアンペア・マクスウェルの法則が1回ずつ“働く”ことによって，電界$\boldsymbol{E}$もしくは磁束密度$\boldsymbol{B}$の変化が離れた場所に伝わり，波として空間を伝搬していく．これが電磁波である．つまり，電磁波の場合，隣を変えるために働いているもの（ロープの波の例で張力に相当するもの）は,ファラデーの電磁誘導の法則とアンペア・マクスウェルの法則による電磁界の“ねじり”なのである．

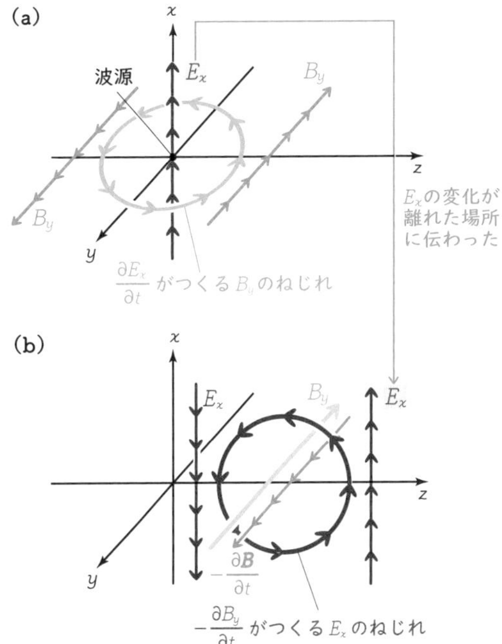

図21・3 ファラデーの電磁誘導の法則とアンペア・マクスウェルの法則が連鎖的に働くことで電磁界が伝わる過程．

最後に電磁波を構成する$\boldsymbol{E}$と$\boldsymbol{B}$の振幅について考えておこう．z方向に伝搬する電磁波を構成するE_xとB_yが以下のような波の式で表されるとする．

振幅　共通の位相

$$E_x = E_{x0}\sin(\omega t - kz) \quad (21\cdot13)$$

$$B_y = B_{y0}\sin(\omega t - kz) \quad (21\cdot14)$$

ここで，波の位相はE_xとB_yで共通であることに注意する．この二つの式を式(21・8)に代入すると式(21・15)を得る．

$\dfrac{\partial E_x}{\partial z} = -\dfrac{\partial B_y}{\partial t}$ に代入すると

$$-kE_{x0}\cos(\omega t - kz) = -\omega B_{y0}\cos(\omega t - kz) \quad (21\cdot15)$$

共通部分　共通部分

位相が共通とは
E_xが山になっているときB_yも山になっている，E_xが谷になっているときB_yも谷になっている，E_xが0になっているときB_yも0になっている，ということ．図21・1は，ある瞬間の波の形のスナップショットであるが，どの場所においても，E_xとB_yの位相が一致している．

式(21・8)はもともとはファラデーの電磁誘導の法則である．

ここで余弦関数によって表現されている部分が共通である（波の位相が共通なので）ことを考えると，式(21・16) が得られる．

$$B_{y0} = \frac{k}{\omega} E_{x0} = \frac{1}{c} E_{x0} \tag{21・16}$$

式(20・3)より $c = \dfrac{\omega}{k}$

B_{y0} と E_{x0} は，それぞれ B_y と E_x の振幅であるが，式(21・16) はその比を表している．つまり，電磁波の電界 $\boldsymbol{E}$ と磁束密度 $\boldsymbol{B}$ の振幅には，式(21・17) のような関係がある．

$$|\boldsymbol{B}| = \frac{|\boldsymbol{E}|}{c} \tag{21・17}$$

図 21・1 をみると，電磁波の伝搬方向である z 方向が，どの場所でみても $\boldsymbol{E}$ と $\boldsymbol{B}$ の外積の方向（$\boldsymbol{E}\times\boldsymbol{B}$ 方向）になっていることもわかる．これは，次節で取扱うポインティングの定理と密接に関連する電磁波の性質である．

電磁波の性質について前章と本章で学んだ内容を簡単にまとめておこう．

1. 真空中において電磁波は真空中の光の速さ c で伝搬する．
2. 電磁波は横波で，波動としての $\boldsymbol{E}$ と $\boldsymbol{B}$ は伝搬方向に垂直な成分のみをもつ．
3. 電磁波の $\boldsymbol{B}$ の振幅は $\boldsymbol{E}$ の振幅を c で割ったものになる〔式(21・17)〕．
4. 電磁波は $\boldsymbol{E}\times\boldsymbol{B}$ 方向に伝搬する．

電磁波の性質だけでなく，電磁波が波として伝搬する仕組みについても学んだ．ファラデーの電磁誘導の法則とアンペア・マクスウェルの法則が交互に働きあって，ある場所における $\boldsymbol{E}$ もしくは $\boldsymbol{B}$ の時間変化が隣に伝わり，$\boldsymbol{E}$ と $\boldsymbol{B}$ が波として伝搬することを理解することが最も大切である．

21・2 ポインティングの定理

前節において，電磁波の伝搬方向が $\boldsymbol{E}\times\boldsymbol{B}$ で与えられることを学んだ．本節では，電磁波が伝搬することによって，この方向に何が運ばれているのかを考える．少し唐突であるが，以下のようなベクトル量 $\boldsymbol{S}$ を考えてみよう．

$$\boldsymbol{S} = \boldsymbol{E} \times \frac{\boldsymbol{B}}{\mu_0} \tag{21・18}$$

ベクトルの診断
未知のベクトル量が現れたら，とりあえず発散もしくは回転をとって，ベクトルの診断をする．

$\boldsymbol{S}$ は $\boldsymbol{E}\times\boldsymbol{B}$ の方向を向いていることから，電磁波が伝搬する方向を指しているベクトル量である．このベクトル量の発散を計算すると次式のようになる．

$$\nabla\cdot\boldsymbol{S} = \nabla\cdot\left(\boldsymbol{E}\times\frac{\boldsymbol{B}}{\mu_0}\right) \tag{21・19}$$

$$= \frac{\boldsymbol{B}}{\mu_0}\cdot(\nabla\times\boldsymbol{E}) - \boldsymbol{E}\cdot\left(\nabla\times\frac{\boldsymbol{B}}{\mu_0}\right) \tag{21・20}$$

ファラデーの電磁誘導の法則より $-\frac{\partial\boldsymbol{B}}{\partial t}$　　アンペア・マクスウェルの法則より $\varepsilon_0\frac{\partial\boldsymbol{E}}{\partial t}$

$$= -\frac{1}{\mu_0}\boldsymbol{B}\cdot\left(\frac{\partial\boldsymbol{B}}{\partial t}\right) - \varepsilon_0\boldsymbol{E}\cdot\left(\frac{\partial\boldsymbol{E}}{\partial t}\right) \tag{21・21}$$

$$= -\frac{1}{\mu_0}\frac{\partial}{\partial t}\left(\frac{\boldsymbol{B}\cdot\boldsymbol{B}}{2}\right) - \varepsilon_0\frac{\partial}{\partial t}\left(\frac{\boldsymbol{E}\cdot\boldsymbol{E}}{2}\right) \tag{21・22}$$

（$\boldsymbol{B}\cdot\boldsymbol{B}$ は B^2，$\boldsymbol{E}\cdot\boldsymbol{E}$ は E^2）

$$= -\frac{\partial}{\partial t}\left(\frac{B^2}{2\mu_0} + \frac{\varepsilon_0}{2}E^2\right) \tag{21・23}$$

単位体積あたりの
磁気エネルギー＋静電エネルギー

式(21・19)→式(21・20)
以下のベクトル公式を用いた
$\nabla\cdot(\boldsymbol{A}\times\boldsymbol{B}) = \boldsymbol{B}\cdot(\nabla\times\boldsymbol{A}) - \boldsymbol{A}\cdot(\nabla\times\boldsymbol{B})$

式(21・21)→式(21・22)
ベクトル量かスカラー量かの違いはあるが，以下のような合成関数の微分，
$$\frac{\mathrm{d}}{\mathrm{d}t}\left(\frac{1}{2}y^2(t)\right) = y(t)\frac{\mathrm{d}y(t)}{\partial t}$$
の逆を行っていると考えればよい．

$\nabla\cdot\boldsymbol{S}$ を計算していくと，式(21・23) に単位体積あたりの**電磁エネルギー**（磁気エネルギーと静電エネルギーの和）の時間微分が現れた．この結果を整理すると式(21・24) のようになる．この関係は**ポインティングの定理**とよばれており，$\boldsymbol{S}$ で表されている**ポインティングベクトル**と，ある点における電磁エネルギーの時間変化の間の関係を示している．後で詳細を述べるがポインティングベクトルはある点における電磁エネルギーの流れを表すベクトルである．

電磁エネルギー
静電エネルギーについては式(8・15)，磁気エネルギーについては式(17・19) を振り返ってみよう．

ポインティングの定理

ポインティングベクトル

$$\nabla\cdot\boldsymbol{S} + \frac{\partial}{\partial t}\left(\frac{B^2}{2\mu_0} + \frac{\varepsilon_0}{2}E^2\right) = 0 \tag{21・24}$$

$\boldsymbol{E}\times\frac{\boldsymbol{B}}{\mu_0}$　　ある点における電磁エネルギーの時間変化（増減）

ポインティングの定理は，実はある量に関する保存則となっている．§9・2 で電荷の保存則〔式(21・25)〕というものを学んだが，それと比較して考えてみよう．

電荷の保存則　$$\nabla\cdot\boldsymbol{j} + \frac{\partial\rho}{\partial t} = 0 \tag{21・25}$$

電荷の保存則は，図 21・4 に描かれているようなイメージで理解できるものであった．ある点に流れ込む電流のほうが流れ出す電流よりも大きい場合，その点における $\boldsymbol{j}$ の発散は負になる（収束がある）．この場合，電荷の保存則に従うと電荷密度 ρ の時間微分は正となり，その点における ρ は増大する．電荷の保存則は，電流が電荷の流れを表していて，ある点における電荷密度

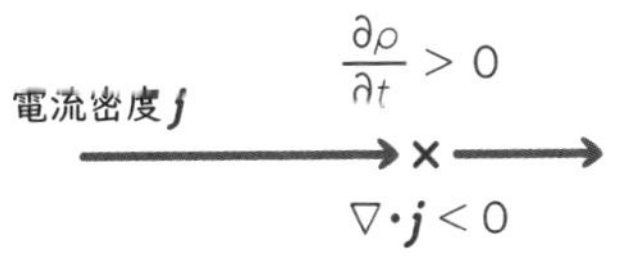

電流密度 $\boldsymbol{j}$　$\frac{\partial\rho}{\partial t} > 0$　×　$\nabla\cdot\boldsymbol{j} < 0$

図 21・4　電荷の保存則で表現されている ρ と $\boldsymbol{j}$ の関係．この場合においては×印の点で電流が収束しており，その点において電荷密度 ρ が増大している．

の時間変化（増減）は，そこに流れ込む電流とそこから流れ出す電流の収支によってコントロールされていることを示すものである．

電荷の保存則の表現やイメージを念頭において，式(21・24)のポインティングの定理をもう一度みてみよう．まず，式の形が非常に似通っている．あるベクトル量の発散と，あるスカラー量の時間微分を足したものが 0 になる点が共通である．式(21・24) のスカラー量は，静電エネルギーと磁気エネルギーを足し合わせたもので，ある点において $\boldsymbol{E}$ と $\boldsymbol{B}$ が保持している電磁エネルギーの量を表す．電荷の保存則の場合は，電荷の量をコントロールしているのが電荷の流れである電流であった．同様に考えて，ある点における電磁エネルギーの量をコントロールしているものが電磁エネルギーの流れを表すポインティングベクトル $\boldsymbol{S}$ であると考えることができる．

電磁エネルギーの量
厳密にいうならば，“ある点における単位体積あたりの電磁エネルギーの量”である．つまり，電磁エネルギーの密度〔単位体積あたり何 J（ジュール）のエネルギーがあるか〕ということができる．

つまり，図 21・5 に示すように，電磁波が伝搬することによって電磁エネルギーの流れが生まれる．このエネルギーの流れはポインティングベクトル $\boldsymbol{S}$ で表すことができる．ある点において $\boldsymbol{S}$ の発散をとり，それが負の場合，$\boldsymbol{S}$ は流入のほうが流出よりも大きくなるためその場の電磁エネルギーは増加する．逆に，ある点において $\boldsymbol{S}$ の発散が正の場合，流出のほうが流入よりも大きいためその場の電磁エネルギーは減少する．電荷の密度か電磁エネルギーの密度かという違いはあるものの，電荷の保存則と同じことを表現しているのである．ポインティングの定理が示しているものは，電磁波が伝搬することによって $\boldsymbol{E}$ と $\boldsymbol{B}$ の変化が空間を伝わっていくが，これによって電磁エネルギーの流れが生じている，ということである．

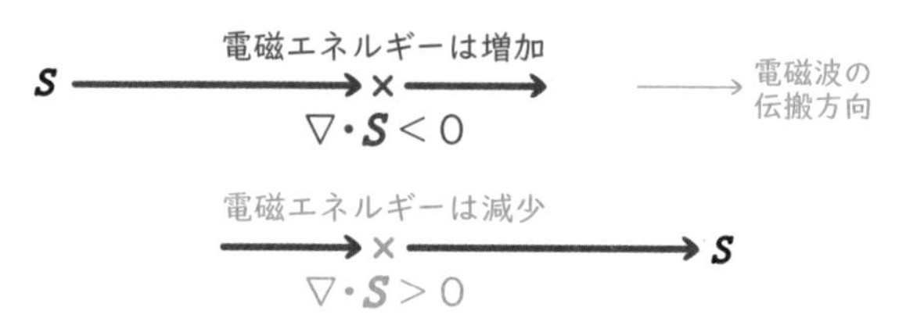

図 21・5　ポインティングの定理のイメージ．

演 習 問 題

21・1　以下の空欄を埋めよ．

アンペアの法則を時間変化も含めて一般化するためには，変位電流というものを右辺に加える必要がある．変位電流は，真空の誘電率 ε_0，電界 $\boldsymbol{E}$ を使って $\boldsymbol{j}_\mathrm{d} = \varepsilon_0 \partial \boldsymbol{E}/\partial t$ のように表せる．この一般化されたアンペアの法則（アンペア・マクスウェルの法則）と，他の三つの式をあわせてマクスウェルの方程式とよんでいる．今，電荷および通常の電流がない空間を考える．マクスウェルの方程式の中のファラデーの電磁誘導の法則の式の両辺に回転を作用させた後，その式の中の $\nabla \times \boldsymbol{B}$ を $\boldsymbol{E}$ で表された形に置き換えて式を変形すると，$\boldsymbol{B}$ のない $\boldsymbol{E}$ だけの式 $\nabla^2 \boldsymbol{E} - \mu_0 \varepsilon_0 \partial^2 \boldsymbol{E}/\partial t^2 = 0$ が導ける．この式は $\boldsymbol{E}$ が波として伝わることを表している．$\boldsymbol{B}$ についても同様である．もし，$\boldsymbol{j}_\mathrm{d} = \varepsilon_0 \partial \boldsymbol{E}/\partial t$ がなければ $\nabla^2 \boldsymbol{E} - \mu_0 \varepsilon_0 \partial^2 \boldsymbol{E}/\partial t^2 = 0$ は $\nabla^2 \boldsymbol{E} = 0$ となっ

て電磁波の存在が許されなくなる．変位電流の意義の大きさがわかるであろう．

$\boldsymbol{E}$ は x 成分のみであり，その変化は z 方向に伝搬するとし，$E_x = E_{x0} \sin(\omega t - kz)$ の形であると仮定する．$\nabla^2 \boldsymbol{E} - \mu_0 \varepsilon_0 \partial^2 \boldsymbol{E}/\partial t^2 = 0$ に代入すると，$\omega/k =$ (a) でなくてはならないことがわかる．これは光の速さ c に一致する．電磁波は $\boldsymbol{E} \times \boldsymbol{B}$ の方向に伝搬することを考えると，$\boldsymbol{B}$ は y 方向に変動し，$B_y = B_{y0} \sin(\omega t - kz)$ の形で表現できる．ここで，$B_{y0} = E_{x0}/c$ の関係があることに注意する．一般に，単位体積あたりの電磁エネルギー u は $|\boldsymbol{E}|^2$ と $|\boldsymbol{B}|^2$ を使って (b) と表せ，今の条件下では，E_{x0}，$\sin(\omega t - kz)$，ε_0 だけを使って書くことができて $u =$ (c) となる．また，ポインティングベクトル $\boldsymbol{S}$ を計算すると，その大きさ S は u を使って $S =$ (d) と書ける．すなわち，ポインティングベクトルは単位面積を毎秒通過するエネルギー量であることがわかる．

22

電磁気学マップ

ゴールに到達してからの振り返り

前章で，電磁気学マップのGOAL地点に到達しました．たどってきた道筋をもう一度振り返り，電磁気学の世界の“仕組み”を整理しましょう．特に，電荷がつくる静電界と電流がつくる静磁界が，時間変化を許すことで互いに影響を及ぼしあうようになり，それが電磁波の存在証明につながっていく，という電磁気学の大きなストーリーを改めて理解したいと思います．

図22・1に改めて“電磁気学マップ”を示す．そこには，私たちが本書でたどってきた道筋が描かれている．この道筋を“静電界”“静磁界”“時間変化する電磁界”という三つのステージに分けて，その途中で“見てきたもの”を振り返ろう．

静 電 界

まず，私たちは，START地点である**電荷 / 電荷分布**から左に針路をとり，電荷によってつくられる**電界 $\boldsymbol{E}$** の世界に入った．その途中に，電荷の空間分布（電荷密度 ρ）から電界 $\boldsymbol{E}$ を求める“**クーロンの法則に基づいた電界の表現**”が示されている．ここで考えている $\boldsymbol{E}$ の世界は，時間変化がない**静電界**であることに注意する．静電界の中心人物である電界 $\boldsymbol{E}$ という物理量はベクトル量である．ここで，静電界 $\boldsymbol{E}$ の“かたち”を表す二つの法則を学んだ．ガウスの法則と静電界渦なし則である．**ガウスの法則**は，電荷によって発散・収束する静電界 $\boldsymbol{E}$ がつくられることを表現している．逆に，**静電界渦なし則**は，静電界 $\boldsymbol{E}$ には渦がない，つまり静電界には回転がないことを物語っている．これらの二つの法則によって，時間変化がない**静電界において電界 $\boldsymbol{E}$ は純粋に発散的（回転性が全くない）**であることが表現されているのである．また，静電界渦なし則が必ず成り立つことによって，静電界においては**電位 V** というスカラー量の存在が保証されていることも学んだ．そこでは，スカラー量 V の勾配にマイナスを付けたものが電界 $\boldsymbol{E}$ になることや，電位 V と電荷密度 ρ の間を結び付ける微分方程式である**ポアソン方程式**についても学習した．

静 磁 界

$\boldsymbol{E}$ の世界を見て回ったあと，私たちは一度START地点に戻り，改めて右側に針路をとることで，電荷が動いている場合に何が起こるのかを学んだ．電荷が動くと電流が流れるが，その大きさと方向を表す**電流密度 $\boldsymbol{j}$** というベクトル量を導入し，スカラー量である**電流 I** との関係を整理した．さらに電流密度と電荷の間を結び付ける**電荷の保存則**について学んだ．この保存則は，電荷が急に生まれたり消えたりせず，ある点における電荷密度の増減は，その点への電荷の流入・流出の収支（つまり電流密度の発散）によってコントロールされていることを表現するもので，マクスウェルの方程式と同等の重要性をもっている．また，電流の流れやすさである**電気伝導度 σ** を導入し，電流密度 $\boldsymbol{j}$ と電界 $\boldsymbol{E}$ の関係を表す**オームの法則**を導出した．そこでは，導体中の電荷の動きを考えることで，導体に電位差をかけると（電界をかけると）電流が流れる仕組みを確認した．

その後，私たちは，電流が流れることによって形づくられる磁束密度 $\boldsymbol{B}$ の世界に本格的に足を踏み入れた．その入り口の部分に，電流密度 $\boldsymbol{j}$ から磁束密度 $\boldsymbol{B}$ を求めるビオ・サバールの法則が示されている．まだ時間変化は考えておらず，ここで考えている $\boldsymbol{B}$ の世界は**静磁界**であることに注意する．電界 $\boldsymbol{E}$ と同様に，磁束密度 $\boldsymbol{B}$ もベクトル量であり，その“かたち”を表す二つの法則を学んだ．磁束密度に関するガウスの法則とアンペアの法則である．**磁束密度に関するガウスの法則**は磁束密度 $\boldsymbol{B}$ に発散・収束がないことを示している．逆に，**アンペアの法則**は電流密度 $\boldsymbol{j}$ が周囲に回転する磁束密度 $\boldsymbol{B}$ をつくり出すことを表現している．これらの二つの法則によって，時間変化がない**静磁界において磁束密度 $\boldsymbol{B}$ は純粋に回転的（発散性が全くない）**であることが表現されているのである．

ここで重要なのは，発散・収束の世界である静電界と，回転の世界である静磁界は鏡のような関係になっていることである．また，$\boldsymbol{E}$ の世界にあるものは何ら

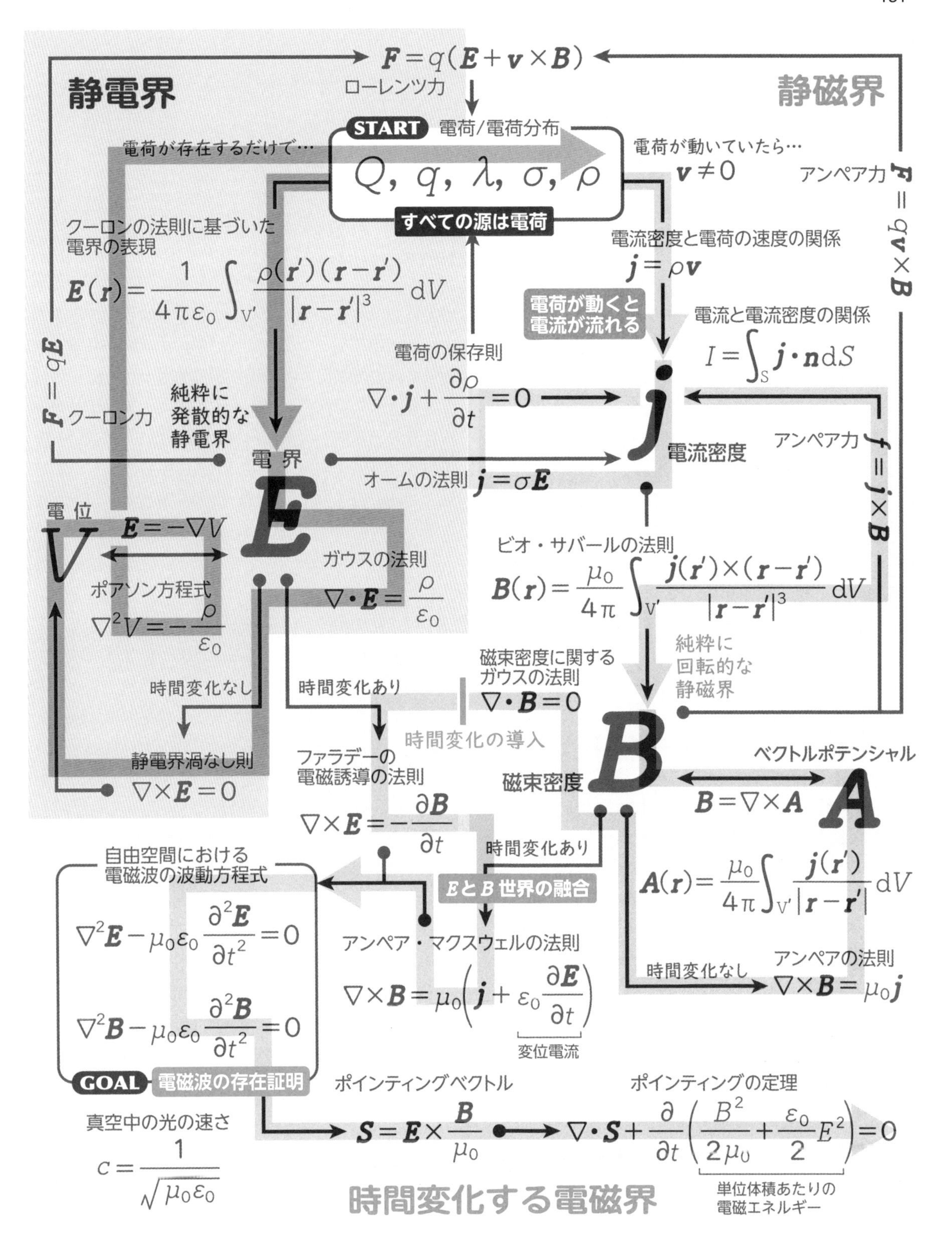

図 22・1 電磁気学マップ再掲．これまでたどってきた道のりを赤，青，緑のラインで描いている．赤のラインは“静電界編”，青のラインは“静磁界編”，緑のラインは“時間変化する電磁界編”をそれぞれ表している．

かの形で$\boldsymbol{B}$の世界にも対応するものがあることも述べた．$\boldsymbol{E}$の世界には電位Vが存在したが，$\boldsymbol{B}$の世界にもこれに対応するものが存在し，**ベクトルポテンシャル$\boldsymbol{A}$**というものが定義できた．電位と違ってベクトルポテンシャルは文字どおりベクトル量であり，$\boldsymbol{A}$の回転が磁束密度$\boldsymbol{B}$を与えることを学んだ．

時間変化する電磁界

時間変化がない静電界と静磁界においては，$\boldsymbol{E}$の世界と$\boldsymbol{B}$の世界は互いに混じり合うことがないパラレルワールドであった．これまでみてきた法則の中に$\boldsymbol{E}$と$\boldsymbol{B}$が同時に現れないことからも，$\boldsymbol{E}$と$\boldsymbol{B}$が互いに影響を及ぼしあわないことがわかる．このことを確認したあと，私たちは，時間変化のある世界に足を踏み入れ，大きな変化をみることになった．時間変化を許すや否や，“$\boldsymbol{E}$の世界は発散的で$\boldsymbol{B}$の世界は回転的”という決まりごとが壊れたのである．

まず，**ファラデーの電磁誘導の法則**によって，$\boldsymbol{B}$の時間変化が回転する$\boldsymbol{E}$をつくることが示された．なお，ファラデーの電磁誘導の法則は，時間変化がない世界では静電界渦なし則とよばれていたものである．また，時間変化がない世界で成り立っていたアンペアの法則に，**変位電流**という“$\boldsymbol{E}$の時間変化によってつくられる電流のようなもの”を加えることで，**アンペア・マクスウェルの法則**を導入した．変位電流は電荷の流れである伝導電流と全く同じ働きをして，周囲に回転する$\boldsymbol{B}$をつくる．つまり，$\boldsymbol{E}$の時間変化が回転する$\boldsymbol{B}$をつくるのである．これら二つの法則は，$\boldsymbol{E}$や$\boldsymbol{B}$に時間変化があると，周囲の$\boldsymbol{B}$や$\boldsymbol{E}$が“ねじられる(回転させられる)”ことを表現している．ここで初めて**$\boldsymbol{E}$の世界と$\boldsymbol{B}$の世界が融合**する，つまり一つの法則の中で$\boldsymbol{E}$と$\boldsymbol{B}$が共存し，互いに影響を及ぼしあえるようになった．

以上の道筋を経て，時間変化する電磁界を記述する法則である**マクスウェルの方程式**が出そろった．マクスウェルの方程式を電荷や電流がない**自由空間**に対して適用し，ファラデーの電磁誘導の法則とアンペア・マクスウェルの法則を組合わせることによって$\boldsymbol{E}$と$\boldsymbol{B}$に関する波動方程式を導くことができた．これは，$\boldsymbol{E}$と$\boldsymbol{B}$が空間を波として伝わることができることを保証するものであり，私たちが**電磁波**の存在証明という GOAL 地点に到達したことを意味する．そのあと，**ポインティングの定理**を導出し，電磁波によって電磁エネルギーが運ばれていることを確認した．

本書の先に何があるか？

本書では，電磁気学の“仕組み”を理解することを目的として，その骨組みから大きく外れないように学びを進めてきた．その目的を優先するために，ほかの教科書では詳しく述べられているいくつかの項目を，あえて割愛した．特に，物質中の電磁気学（誘電体や磁性体の中の$\boldsymbol{E}$や$\boldsymbol{B}$）については全く取扱わず，真空中（誘電率がε_0，透磁率がμ_0である状態）の電磁気現象のみを考えた．誘電性や磁性をもつ物質の中では電磁界のつくられ方が変わる．これらの真空中と異なる電磁界の振舞いを理解するためには，電気双極子，磁気双極子などの項目についても学ぶ必要が出てくる．これらについては，ほかの教科書に譲ることにするが，それらを学ぶ場合にも，本書で学んだ“静電界のかたち”や“静磁界のかたち”をしっかり理解しておくことが助けになるはずである．

また，時間変化による$\boldsymbol{E}$の世界と$\boldsymbol{B}$の世界の融合から電磁波の存在証明に至る流れについても，本書では電磁波の伝搬の仕組みを GOAL 地点としているが，その先にもさまざまな理解しておくべき内容（電磁ポテンシャル，遅延ポテンシャル，電磁波の偏波など）がある．それらについては，以下にあげる発展的な教科書を用いたさらなる学びに期待したい．

[さらなる学習のために]

1) 狩野 覚, 市村宗武, “物理学入門Ⅱ. 電磁気学（大学生のための基礎シリーズ5)”, 東京化学同人 (2005).
2) 太田浩一, “電磁気学の基礎Ⅰ,Ⅱ”, 東京大学出版会 (2012).
3) 中山正敏, “物質の電磁気学（岩波基礎物理シリーズ 新装版)”, 岩波書店 (2021).
4) V. D. Barger, M. G. Olsson, “Classical Electricity and Magnetism: A Contemporary Perspective”, Allyn & Bacon (1987). [“電磁気学—新しい視点にたって Ⅰ,Ⅱ”, 小林澈郎, 土佐幸子 訳, 培風館 (1991, 1992)]

演習問題の解答

解説動画は東京化学同人のウェブサイト（https://www.tkd-pbl.com/）の本書のページからアクセスできます．

2・1　(a) 12　(b) π/4 もしくは 45°
(c) $6\sqrt{2}\boldsymbol{e}_x - 6\sqrt{2}\boldsymbol{e}_y$

2・2　85/6

2・3　$(2/3)\pi\sigma_0 a^3$

2・4　$\pi\rho_0 a^4$

2・5　$1/r^2$

2・6　(13, 16, −7)

2・7　$(-2+6x^2)\boldsymbol{e}_y$

3・1　$\dfrac{4Q}{125\pi\varepsilon_0}\boldsymbol{e}_z$

3・2　$\dfrac{\sigma_0}{2\varepsilon_0}\boldsymbol{e}_z$

4・1　内側: $\dfrac{\rho r}{2\varepsilon_0}$，外側: $\dfrac{\rho a^2}{2\varepsilon_0 r}$

4・2　内側: ρ_0，外側: 0

5・1　$\dfrac{Q}{4\pi\varepsilon_0 r}$

5・2　0

6・1　円柱座標のラプラシアン
$\nabla^2 V = \dfrac{1}{r}\dfrac{\partial}{\partial r}\left(r\dfrac{\partial V}{\partial r}\right) + \dfrac{1}{r^2}\dfrac{\partial^2 V}{\partial \phi^2} + \dfrac{\partial^2 V}{\partial z^2}$ に与えられた V を代入して計算を行うと $\nabla^2 V = 0$ となり，ラプラス方程式が得られる．よって与えられた電位 V はラプラス方程式を満たしている．

6・2　$-\dfrac{1}{4\pi a^2 r}\exp\left(-\dfrac{r}{a}\right)$

7・1　(a) 外側の表面にのみ一様に分布する．
(b) $\dfrac{Q}{4\pi\varepsilon_0}\dfrac{1}{r^2}\boldsymbol{e}_r$　(c) $\dfrac{Q}{4\pi\varepsilon_0}\dfrac{1}{r}$

7・2　(a) 表面に一様に分布する．
(b) $\dfrac{Q}{4\pi\varepsilon_0}\dfrac{1}{r^2}\boldsymbol{e}_r$　(c) $\dfrac{Q}{4\pi\varepsilon_0}\dfrac{1}{r^2}\boldsymbol{e}_r$
(d) $\dfrac{Q}{4\pi\varepsilon_0}\left(\dfrac{1}{r} - \dfrac{1}{b} + \dfrac{1}{c}\right)$

8・1　(a) $\dfrac{\lambda}{2\pi\varepsilon_0 r}\boldsymbol{e}_r$　(b) $\dfrac{\lambda}{2\pi\varepsilon_0}\log\left(\dfrac{b}{a}\right)$
(c) $\dfrac{2\pi\varepsilon_0}{\log(b/a)}$　(d) $\dfrac{\lambda^2}{4\pi\varepsilon_0}\log\left(\dfrac{b}{a}\right)$

9・1　$-4x - 6xy^2 - 4z$

9・2　(a) $\dfrac{1}{\sigma}\dfrac{\mathrm{d}r}{4\pi r^2}$　(b) $\dfrac{1}{4\pi\sigma}\dfrac{b-a}{ab}$
(c) $\dfrac{I}{4\pi\sigma}\dfrac{b-a}{ab}$

10・1　$\boldsymbol{B}$ が北向きの場合，電流密度の大きさが $\dfrac{mg}{BSl}$ の電流を東向きに流せばよい．

11・1
速　度: $v_x = \dfrac{E}{B} - \left(\dfrac{E}{B} - v_0\right)\cos\omega t$
$v_y = \left(\dfrac{E}{B} - v_0\right)\sin\omega t$
位置座標: $x = \dfrac{E}{B}t - \dfrac{1}{\omega}\left(\dfrac{E}{B} - v_0\right)\sin\omega t$
$y = \dfrac{1}{\omega}\left(\dfrac{E}{B} - v_0\right)(1-\cos\omega t)$

12・1　$\dfrac{\mu_0 I a^2}{2(a^2+h^2)^{3/2}}\boldsymbol{e}_z$

13・1　(a) (0, 0, C)　(b) (0, 0, C)
(c) (0, 0, C)

13・2　$\left(-\dfrac{\mu_0 I y}{2\pi r^2}, \dfrac{\mu_0 I x}{2\pi r^2}, 0\right) = \dfrac{\mu_0 I}{2\pi r^2}(-y, x, 0)$

14・1　円柱座標で $\nabla\cdot\boldsymbol{B}$ を計算すると 0 になる．詳細は解説動画を参照．

14・2　直交座標で $\nabla\cdot\boldsymbol{B}$ を計算すると 0 になる．詳細は解説動画を参照．

15・1　内側: $\dfrac{\mu_0 I r}{2\pi a^2}\boldsymbol{e}_\phi$，外側: $\dfrac{\mu_0 I}{2\pi r}\boldsymbol{e}_\phi$

15・2　$r < a$ の場合: 0，$a < r < b$ の場合: $\dfrac{\mu_0 I}{2\pi r}$，
$r > b$ の場合: 0

16・1
起電力: $abB_0 k\exp(-kt)$，電流: $\dfrac{abB_0 k\exp(-kt)}{R}$

16・2 (a) $\dfrac{bB_0}{2}(2avt+a^2)$ (b) $\dfrac{B_0abv}{R}$

(c)

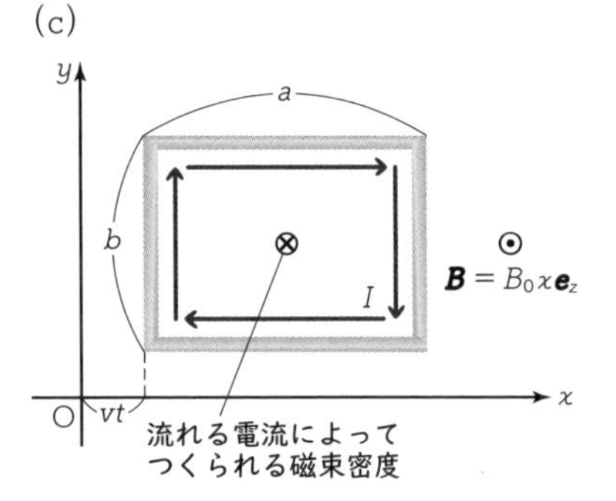

(d)

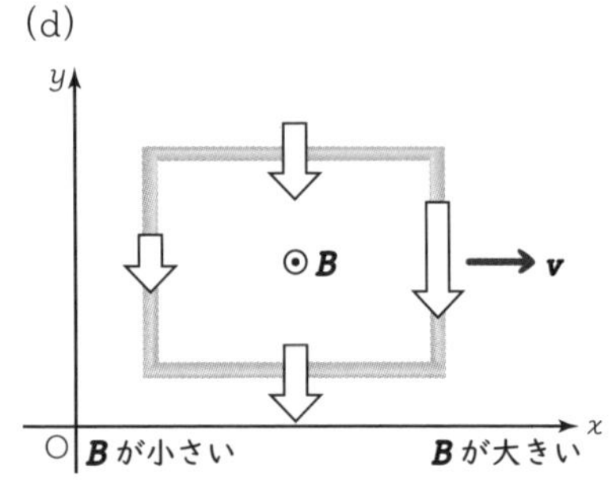

矢印は$\boldsymbol{v}\times\boldsymbol{B}$の方向になっている．ただし，右側のほうが$\boldsymbol{B}$が大きいので生じる$\boldsymbol{E}$も大きい（矢印が長くなっている）．

(e) 上下の2辺に$\boldsymbol{E}$は存在するが$\boldsymbol{E}$と経路の線ベクトルが直交しているため回路の起電力には寄与しない．起電力に寄与するのは左右の2辺のみである．左右の2辺を比べると，右側の辺（x座標が大きい側）の$\boldsymbol{E}$のほうが大きいので，正味の起電力は時計まわりの方向になる．この起電力によって時計まわりに電流が流れ，これは（c）で考えた電流の方向と一致する．

17・1 $\dfrac{\mu_0 l}{2\pi}\log\left(\dfrac{b}{a}\right)$

17・2 (a) $\dfrac{\mu I r}{2\pi a^2}$ (b) $\dfrac{\mu I^2 r^2}{8\pi^2 a^4}$ (c) $\dfrac{\mu I^2}{16\pi}$

(d) $\dfrac{\mu}{8\pi}$

18・1 $\dfrac{Q_0}{\tau S}\exp\left(-\dfrac{t}{\tau}\right)$

18・2 まず，アンペア・マクスウェルの法則の両辺の発散をとる．左辺に現れる“回転の発散”は0になる．また，右辺において時間微分と空間微分の順番を入れ換えると$\nabla\cdot\boldsymbol{E}$が現れるが，これをガウスの法則を用いることで$\rho/\varepsilon_0$に置き換えることができる．これらを考えあわせると，電荷の保存則を導出することができる．

19・1

ガウスの法則

$$\nabla\cdot\boldsymbol{E}=\frac{\rho}{\varepsilon_0}$$

電荷がその周囲に発散・収束する電界$\boldsymbol{E}$をつくり出す．

磁束密度に関するガウスの法則

$$\nabla\cdot\boldsymbol{B}=0$$

磁束密度$\boldsymbol{B}$は，ある点から発散・収束するようにつくり出されることはない．

ファラデーの電磁誘導の法則

$$\nabla\times\boldsymbol{E}=-\frac{\partial\boldsymbol{B}}{\partial t}$$

時間変化する磁束密度$\boldsymbol{B}$は，回転する電界$\boldsymbol{E}$をつくり出す．

アンペア・マクスウェルの法則

$$\nabla\times\boldsymbol{B}=\mu_0\left(\boldsymbol{j}+\varepsilon_0\frac{\partial\boldsymbol{E}}{\partial t}\right)$$

電流密度$\boldsymbol{j}$および電界$\boldsymbol{E}$の時間変化は，回転する磁束密度$\boldsymbol{B}$をつくり出す．

20・1 (a) 変位電流 (b) $\varepsilon_0\dfrac{\partial\boldsymbol{E}}{\partial t}$

(c) $\nabla^2\boldsymbol{E}-\mu_0\varepsilon_0\dfrac{\partial^2\boldsymbol{E}}{\partial t}$ (d) $\nabla^2\boldsymbol{E}$

(e) $\nabla^2\boldsymbol{B}-\mu_0\varepsilon_0\dfrac{\partial^2\boldsymbol{B}}{\partial t}$

20・2 $\boldsymbol{F}=(F_x, F_y, F_z)$とおいて，$x$，$y$，$z$の各成分について左辺と右辺を計算し，一致することを示せばよい．

21・1 (a) $\dfrac{1}{\sqrt{\mu_0\varepsilon_0}}$ (b) $\dfrac{1}{2}\varepsilon_0|\boldsymbol{E}|^2+\dfrac{1}{2\mu_0}|\boldsymbol{B}|^2$

(c) $\varepsilon_0 E_{x0}^2\sin^2(\omega t-kz)$ (d) cu

索　　引

あ　行

か　行

さ　行

た　行

細川敬祐（ほそかわ けいすけ）
1975年 徳島県鳴門市に生まれる
1998年 京都大学理学部 卒
2003年 京都大学大学院理学研究科博士課程 修了
現 電気通信大学大学院情報理工学研究科 教授
専門 超高層大気物理学
博士（理学）

第1版 第1刷 2023年4月10日 発行
第2刷 2023年10月3日 発行

基礎電磁気学
電磁気学マップに沿って学ぶ

著 者 細 川 敬 祐
発行者 石 田 勝 彦
発 行 株式会社 東京化学同人
東京都文京区千石3丁目36-7（〒112-0011）
電 話 03-3946-5311・FAX 03-3946-5317
URL: https://www.tkd-pbl.com/

印刷・製本 株式会社木元省美堂

ISBN978-4-8079-2035-8
Printed in Japan